(1) 加拿大 West Edmonton 购物中心

(2) 台湾所罗门宝藏购物中心(Zoo Mall)

(3) 美国 Landings 购物中心室内效果图

(4) 武汉广场入口

(5) 日本 Louis Vitton Shop

(6) 美国纽约 Carlos Miele 旗舰店

(7) 美国 Brandon Town Center

(8) 日本 Kohas 鞋专卖店

(9) 日本 Kohas 鞋专卖店

(10) 美国 Fashion Valley Center 庭院

(11) 美国 Fashion Valley Center 一角

(12) 美国 Cocowalk 购物中心庭院

(13) 美国 Arizona Center 入口

(14) 美国 Arizona Center 庭院

(15) 美国 Old Ochard 购物中心庭院一角

(17) 美国 Cocowalk 购物中心外观夜景

(16) 美国 Old Ochard 购物中心一角

(18) 广州天河购物中心入口空间之一

(19) 广州天河购物中心门厅之一

(20) Valencia Town Center

(21) 台湾美丽华购物中心观演空间之一

(22) 台湾美丽华购物中心中庭

(23) 广州荔湾广场中庭

(25) 日本某啤酒厂改建的购物中心

(24) 广州中华广场中庭

(26) 美国 River Center 购物中心

(27) 日本惠比寿下沉式中心广场

(28) 美国 East Gate 商业中心

(29) 成都新中兴品牌商业广场

(30) 重庆现代书城

(31) 美国 Boulevard 购物中心

(32) 美国 The Entertaiment Center

(33) 意大利 BCE 大厦商业拱廊

(34) 日本铃吉商场

(35) 日本某玩具店

(36) 日本光格子服装店室内

(37) 日本光格子服装店外观

(38) 成都王府井百货商场

(39) 深圳地王大厦（商业综合体）

(40) 成都汇龙湾购物中心

(41) 成都熊猫城剖面功能示意图
1 海豚表演馆；2 环球影院；3 环球购物中心；4 海底世界；5 欢乐广场；6 室内瀑布；
7 熊猫主题公园；8 超级市场；9 室内步行街

(42) 日本 Namba 购物中心

(43) 德国柏林 Sony Center

(44) 德国波茨坦广场 Arkaden 商场半室外步行街

(45) 赫尔辛基 Kauppakes Kus 购物中心中庭艺术装置

(46) 台北京华城建筑外观

(47) 沈阳中街步行商业街出入口之一

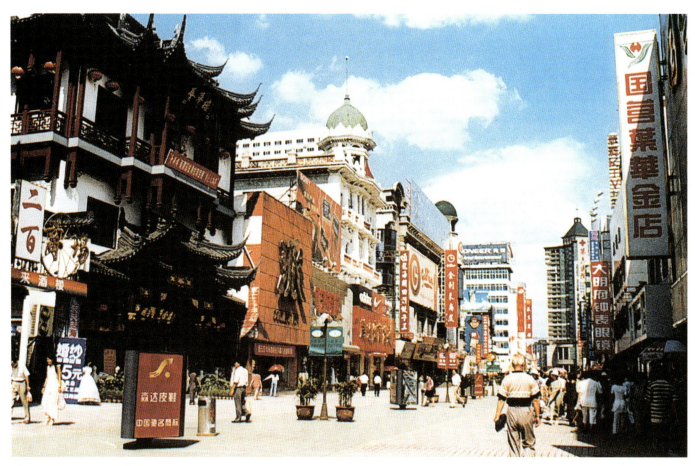

(48) 沈阳中街小东路步行商业街

(49) 美国加利福尼亚某市第三街

(50) 宁波城隍庙步行街

(51) 日本东京浅草商业街

(52) 新加坡的新加坡街

(53) 美国加里福尼亚某市第三街

(54) 上海虹桥友谊商城

(56) 上海新世纪商厦门廊

(55) 上海新世纪商厦整体外观

(57) 杭州解百商城

(58) 杭州元华广场中庭效果图

(59) 重庆东方商业城

(60) 深圳龙岗商业中心

(61) 上海正大商业广场

(62) 上海新天地休闲广场

(64) 上海新天地里弄空间

(63) 上海新天地休闲广场

(65) 上海新天地二期

(66) 宁波天一广场穿越式步行街

(67) 宁波天一广场休闲广场水景与主入口

(68) 杭州湖滨步行街外景之一

(69) 杭州湖滨步行街沿街商廊

(70) 杭州湖滨步行街带有玻璃顶的步行街

(71) 杭州湖滨步行街入口空间之一

(72) 新疆国际大巴扎鸟瞰

(73) 新疆国际大巴扎街景

(74) 嘉兴市华庭街中心广场

(76) 台湾新光三越百货大楼入口外观

(75) 台湾崇光百货大楼

(77) 台湾新光三越百货大楼侧面外观

(78) 台湾丰业中山广场营业空间之一

(79) 台湾丰业中山广场

(80) 台湾新竹风城购物中心外观夜景

(81) 台湾新竹风城购物中心入口太阳广场

(82) 台湾新竹风城购物中心印花玻璃

(83) 台湾新竹风城购物中心室内

(84) 台湾新竹风城购物中心中庭夜景

(85) 台湾新竹风城购物中心户外楼梯等细部

(86) 美国霍顿广场对欢庆场所的体现

(87) 霍顿广场盛装的建筑

(88) 霍顿广场的方尖石碑

(89) 霍顿广场的彩色细部设计

(90) 美国拉斯韦加斯弗雷蒙街内部

(91) 美国拉斯韦加斯弗雷蒙街入口处

(92) 美国拉斯韦加斯 Fashion Show 夜间播放多媒体图像的情况

(93) 美国拉斯韦加斯 Fashion Show

(94) 荷兰 Beursplein 步行街景观(1)

(95) 荷兰 Beursplein 步行街景观(2)

(96) 荷兰 Beursplein 步行街景观(3)

(97) 美国 Metreon 购物中心外观(1)

(98) 美国 Metreon 购物中心外观(2)

(99) 荷兰 Brink 购物中心

(100) 匈牙利 Praga - Zlaty Angel 购物中心外观(1)

(101) 匈牙利 Praga - Zlaty Angel 购物中心外观(2)

(102) 英国 Selfridges 伯明翰商店天桥连接一面外观

(103) 英国 Selfridges 伯明翰商店外景

(104) 英国 Selfridges 伯明翰商店室内

(105) 巴黎柏西购物中心室内

(106) 法国 Euralille 购物中心主入口处外观

(107) 法国 Euralille 购物中心整体外观

(108) 法国 Euralille 购物中心主入口

(109) 德国拉法叶购物中心室内(1)

(110) 德国拉法叶购物中心室内(2)

(111) 德国拉法叶购物中心外观

(112) 日本东京时代广场整体外观

(113) 日本东京时代广场底层平面骑楼式步行街

(114) 日本中三弘前店整体外观

(115) 日本中三弘前店室内

(116) 日本中三弘前店立面细部

(117) 日本HOOP购物中心

(118) 日本HOOP购物中心外观夜景

(119) HOOP购物中心半开敞中庭

(120) HOOP购物中心半开敞中庭地下一层

(121) Prada 东京专卖店外观

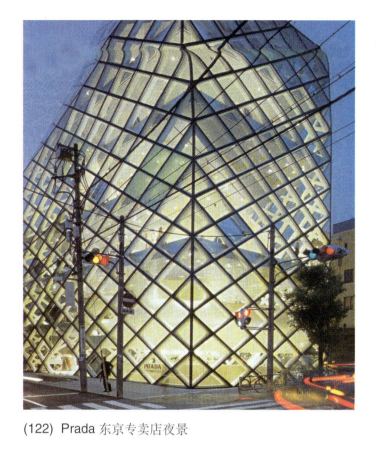

(122) Prada 东京专卖店夜景

(123) Prada 东京专卖店室内

(124) 日本欢乐之门游乐设施景观(1)

(125) 日本欢乐之门外观

(126) 日本欢乐之门游乐设施景观(2)

(127) 日本欢乐之门游乐设施景观(3)

(128) 日本欢乐之门底层夜景

(129) 日本欢乐之门步行街景观(1)

(130) 日本欢乐之门步行街景观(2)

(131) 日本志木某购物中心

(132) 日本 HEP 购物中心外观

(133) 日本 HEP 购物中心夜景

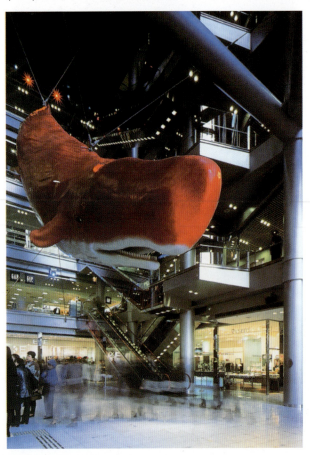

(134) 日本 HEP 购物中心室内

(135) 日本名古屋某商业综合体中庭

(136) 日本 Qfrent 购物中心

(137) 日本亚太贸易中心远景

(138) 日本亚太贸易中心傍晚景色

(139) 日本亚太贸易中心海边夜景

(140) 日本亚太贸易中心外景(1)

(141) 日本亚太贸易中心外景(2)

(142) 日本亚太贸易中心室内空间(1)

(143) 日本亚太贸易中心室内空间(2)

(144) 日本亚太贸易中心室内(3)

(145) 日本亚太贸易中心室内(4)

(146) 日本博多水城人工河上部空间

(147) 日本博多水城中心人工河水岸空间(1)

(148) 日本博多水城中心人工河水岸空间(2)

(149) 日本博多水城观演空间

建筑设计指导丛书

现代商业建筑设计

武汉理工大学　王　晓
华中科技大学　闫春林　编著

中国建筑工业出版社

图书在版编目（CIP）数据

现代商业建筑设计/王晓，闫春林编著. —北京：中国建筑工业出版社，2005（2022.9重印）
（建筑设计指导丛书）
ISBN 978-7-112-07558-4

Ⅰ.现… Ⅱ.①王…②闫… Ⅲ.商业—服务建筑—建筑设计 Ⅳ.TU247

中国版本图书馆CIP数据核字（2005）第089193号

本书较全面地论述了现代商业建筑设计的原理、步骤与方法。全书内容分六章阐述。

第一章主要介绍现代商业建筑设计构思的过程与方法；

第二章介绍消费者的商业环境行为、商业建筑选址、商业项目概念研究、商业建筑策划；

第三章介绍现代商业建筑总平面设计、功能空间构成及基本关系、营业厅设计、仓储及辅助空间设计；

第四章介绍了现代商业建筑空间形态及形式设计；

第五章介绍了超级市场、购物中心、步行商业街设计；

第六章作者提供了50个中外商业建筑优秀的设计实例，以供读者在设计中借鉴、参考。

本书可作为建筑类院校建筑设计课程教学用书，也可供建筑设计及工程技术人员在工作中学习、参考。

* * *

责任编辑：王玉容
责任设计：郑秋菊
责任校对：李志瑛 刘 梅

建筑设计指导丛书
现代商业建筑设计

武汉理工大学 王 晓
华中科技大学 闫春林 编著

*

中国建筑工业出版社出版、发行（北京西郊百万庄）
各地新华书店、建筑书店经销
北京天成排版公司制版
北京市密东印刷有限公司印刷

*

开本：880×1230毫米 1/16 印张：20¼ 插页：24 字数：623千字
2005年11月第一版 2022年9月第十三次印刷
定价：68.00元
ISBN 978-7-112- 07558- 4
（13512）

版权所有 翻印必究
如有印装质量问题，可寄本社退换
（邮政编码 100037）

前　言

　　商业建筑是现代人在生活中接触较多的一种建筑，是人们购物与休闲活动的重要场所。经过20多年的改革开放，虽然我国商业领域的市场化程度较高，但商业建筑在数量、规模和形态上仍然有着很大的发展空间。从纵向来看，一方面，由于我国城市化进入快速发展的阶段，商业建筑必然会在数量与总体规模上日益增加；另一方面，随着我国经济的不断发展、人民生活水平的不断提高，对购物环境的要求也愈来愈高，迫使商业建筑在设施设置、空间形态等方面进行不断的改进。从横向来看，由于我国目前经济发展水平、商业项目策划与建筑设计的平均水平仍然相对较低，与发达国家相比，在商业经营、空间形态上仍然存在着较大的差距。这种差距必然会随着我国经济的发展而逐步缩小，给商业建筑的发展提供较大的发展空间。近年来，步行商业街的迅速发展，购物中心的悄然出现，显示出我国商业建筑形态的重要变化；部分城市新建或改建的重要商业场所，似乎在不经意间成为城市的重要标志性建筑，或市民休闲活动的重要场所，显示出我国对大型商业建筑的要求越来越高；一些境外设计事务所开始获得某些大型商业建筑的设计业务，显示出我国商业建筑设计的竞争越来越激烈。这些变化都迫切地需要我们进一步深入研究现代商业建筑设计。

　　正是由于我国现代商业建筑形态一直比较单一，而目前又处于这种变化的初期阶段，所以公开发表的商业建筑设计的研究成果和设计资料相对较少。这使得本书的编写工作存在一定难度，难免会产生一些不足之处，敬请读者批评指正。本书的编写目的，一是作为建筑设计课程的教材，二是作为商业建筑设计及其相关工作的参考资料。所以本书编写的指导思想，一是力图在总体上较全面地把握商业建筑设计内容，简明扼要，突出重点；二是立足方案设计阶段，突出设计创新，以期对相关设计有所启发。如果本书基本达到以上之目的，便值得编者欣慰了。

　　本书由王晓主编并统稿，具体章节的分工是：第一、二章，王晓；第三章，闫春林、王晓；第四章第一节，王晓；第四章第二节，王晓、闫春林；第五章第一节，姚米拉、王晓；第五章第二、三节，王晓；实例，闫春林、王晓。

　　在此，谨对书中引用的图例及参考文献的作者表示衷心的感谢，并由于本书编写工作繁忙，未能与作者及时联系，并一一注明出处，表示歉意。在本书的编写过程中，硕士研究生熊艳、沈幼菁、王华、孙亮、张延、张峰、梁宇鸣做了大量的资料收集与编辑工作，在此表示衷心的感谢。另外，本书的编写还得到了华中科技大学及武汉理工大学资料室的支持与帮助，在此也表示衷心的感谢。

2005.6

目　　录

第一章　综述 1
第一节　商业与商业建筑 1
一、商业与商业建筑的定义 1
二、现代商业建筑分类 1
第二节　现代商业建筑发展简述 3
一、国外现代商业建筑发展简述 3
二、中国现代商业建筑发展简述 9
第三节　现代商业建筑设计构思过程与方法 14
一、设计前期研究 14
二、设计方案构思 18

第二章　现代商业建筑设计相关知识 21
第一节　建筑师在商业项目运作过程中的作用 21
一、商业项目运作基本程序 21
二、商业项目运作前期过程中建筑师的作用 21
第二节　消费者的商业环境行为 23
一、消费者行为概述 23
二、消费者的需要与动机 23
三、消费者的购物心理与行为 25
四、消费者的商业空间行为 26
五、消费者行为对商业空间的综合要求 30
第三节　商业建筑选址相关知识 31
一、商圈研究 32
二、中心地理论 34
三、零售商业区位理论 35
四、商业区位的城市规划综合研究 37
五、商业网点规划 39
附一：克罗格公司选址策略 41
第四节　商业项目的概念研究 42
一、概念的涵义 42
二、商业项目概念研究的意义 42
三、商业项目概念的产生 43
四、国外商业项目流行概念简介 45
附二：重庆合川颐天廊商业项目概念策划 47
第五节　商业建筑策划 51
一、商业建筑策划概述 51
二、商业建筑策划的过程与内容 52

  三、商业建筑策划涉及要素 ··· 53

第三章　现代商业建筑功能空间设计 ·· 55
第一节　总平面设计 ··· 55
  一、设计原则 ··· 55
  二、交通组织 ··· 55
  三、停车场地设计 ··· 57
  四、几种常见地形的总平面布置 ··· 59
  五、相关规范要点 ··· 59
第二节　商业建筑功能空间构成及其基本关系 ··· 60
  一、商业建筑主要功能空间构成 ··· 60
  二、各功能空间的一般要求 ··· 62
  三、各功能空间的相互关系 ··· 62
第三节　营业厅设计要点 ··· 63
  一、商业建筑的流线设计 ··· 63
  二、营业厅空间形式 ··· 67
  三、营业厅柱网 ··· 71
  四、营业厅层高 ··· 72
  五、相关规范要点 ··· 72
  六、建筑设备对商业建筑设计的一般要求 ··· 76
第四节　营业厅室内环境设计 ··· 77
  一、营业厅柜台布置形式及售货单元设计 ··· 77
  二、营业厅商品陈列与展示 ··· 78
  三、营业厅售货设施 ··· 80
  四、橱窗设计 ··· 83
  五、营业厅空间与色彩调整 ··· 84
  六、营业空间照明设计 ··· 86
第五节　现代商业建筑仓储空间及辅助空间设计 ··· 87
  一、仓储空间设计 ··· 87
  二、辅助空间设计 ··· 90

第四章　现代商业建筑形态设计 ··· 91
第一节　现代商业建筑空间形态设计 ··· 92
  一、空间组合方式 ··· 92
  二、空间设计手法 ··· 98
第二节　现代商业建筑形式设计 ··· 108
  一、当代主要建筑思潮与流派在商业建筑中的表现 ··· 108
  二、现代商业建筑形式设计的一般特征 ··· 114

第五章　分类商业建筑设计 ··· 121
第一节　超级市场 ··· 121
  一、超级市场概念的界定 ··· 121
  二、超级市场内部功能构成与面积配比 ··· 123
  三、超级市场的基本布局 ··· 124
  四、超级市场营业厅设计 ··· 125
  五、超级市场后勤设施设计 ··· 136

  六、超级市场内部空间尺度 ··· 139
  七、超级市场的外部环境设计 ··· 142
 第二节 购物中心 ··· 145
  一、购物中心的定义与分类 ··· 145
  二、中国购物中心发展趋势 ··· 146
  三、购物中心设计理念 ·· 150
  四、购物中心的平面布局特征 ··· 153
  附三：台北京华城介绍 ·· 156
 第三节 步行商业街 ··· 158
  一、步行商业街概论 ·· 158
  二、步行商业街规划与设计要点 ··· 161

第六章 实例 ··· 170
 1. 上海虹桥友谊商城 ··· 170
 2. 上海新世纪商厦 ··· 172
 3. 上海九百城市广场 ··· 174
 4. 杭州解百商城 ··· 177
 5. 杭州元华广场 ··· 180
 6. 北京新东安市场 ··· 182
 7. 重庆东方商业城 ··· 185
 8. 天津图书大厦 ··· 187
 9. 武汉中南商业广场 ··· 192
 10. 武汉佳丽广场 ··· 195
 11. 深圳龙岗商业中心 ··· 199
 12. 上海正大商业广场 ··· 201
 13. 上海新天地 ·· 203
 14. 宁波天一广场 ··· 205
 15. 杭州湖滨步行街 ·· 210
 16. 新疆国际大巴扎 ·· 211
 17. 嘉兴市华庭街 ··· 214
 18. 台湾崇光百货大楼 ··· 217
 19. 台湾新光三越百货大楼 ··· 220
 20. 台湾星钻敦南大厦 ··· 223
 21. 台湾中和羊毛大楼 ··· 227
 22. 台湾丰业中山广场 ··· 229
 23. 台湾台中老虎城 ·· 232
 24. 台湾台糖楠梓量贩店 ··· 235
 25. 台湾新竹风城购物中心 ··· 237
 26. 霍顿广场（美国） ··· 240
 27. 弗雷蒙街（美国） ··· 243
 28. Fashion Show 购物中心（美国） ·· 244
 29. Fashion Valley 购物中心（美国） ··· 246
 30. Metreon 购物中心（美国） ··· 248
 31. 圆形广场中心（美国） ··· 251

32. Beursplein 步行街(荷兰) ... 252
33. Brink 商业中心(荷兰) ... 253
34. Praga-Zlaty Angel 购物中心(匈牙利) ... 255
35. Selfridges 伯明翰商店(英国) ... 258
36. 柏西购物中心(法国) ... 260
37. Euralille 购物中心(法国) ... 262
38. 拉法叶购物中心(德国) ... 265
39. 东京银座百货大楼(日本) ... 270
40. 时代广场(日本) ... 272
41. 中三弘前店(日本) ... 275
42. HOOP 购物中心(日本) ... 278
43. Prada 东京专卖店(日本) ... 281
44. 欢乐之门(日本) ... 285
45. 志木某购物中心(日本) ... 288
46. HEP 购物中心(日本) ... 292
47. 名古屋某商业综合体(日本) ... 296
48. Qfrent 购物中心(日本) ... 300
49. 亚太贸易中心(日本) ... 304
50. 博多水城(日本) ... 310

主要参考文献 ... 313

第一章 综　　述

本章的目的，是要弄清现代商业建筑的所指范围、类型及其发展的历史脉络，以期在建筑设计中能够正确理解设计对象的基本背景；同时，由于一些初学者在进行商业建筑设计时，基本设计程序不清，往往产生费时费工而又设计效果不佳的困惑，所以在探讨商业建筑设计知识与技巧之前，还需进行商业建筑设计基本过程的探讨。

第一节　商业与商业建筑

一、商业与商业建筑的定义

根据商业相关理论，商业的定义分为广义和狭义两种。

商业的广义定义一般可以表述为，商业是变更财产所有权以取得利润的一种经济行为。不论这种行为是直接买卖还是间接买卖或辅助买卖；是国内贸易还是国际贸易；是有形使用价值交易还是无形使用价值交易；是以货币为手段还是以信用为手段，都属于商业的范畴。不论商业范畴如何广泛化，都不否定"商业是为卖而买的交易活动"这一本质。

商业的狭义定义一般可以表述为，商业是单纯的买卖行为，是以盈利为目的直接或间接地购买商品，而后又转手贩卖的行为；其经营对象是生产资料、生活资料（甚至仅为生活资料）等有形的物质使用价值，而不是信息、服务等无形的使用价值；其经营手段是货币，而不是信用及其工具；其经营空间范围仅限于国内，而不包括国际；其经营者仅限于纯粹商品交易主体，而不包括商品生产主体；从事商业的行业仅限于直接从事买卖的行业，而不包括辅助买卖的行业（如银行、仓储、运输等）。总之，狭义论者认为，商业就是纯粹的商品买卖，甚至是纯粹国内的、某些有形的物质商品的、由独立化的商业主体承担的买卖。

在不同的场合，对商业的理解是不同的。如按照一般大众的理解，商业就是进行物品买卖的活动；但按照房地产投资的理解，商业有时候还包括餐饮、娱乐、休闲等方面的活动。

对商业理解的不同，相应就会产生对商业建筑理解的不同。从建筑学专业的角度，可以把商业建筑定义为：主要为有形物品进行现场买卖的商业活动建造的空间场所，不包括餐饮类建筑。

二、现代商业建筑分类

商业建筑的分类有很多种，一般按行业类型、消费行为、建筑形式、市场范围及规模等对商业建筑的类型进行划分。了解对商业建筑的不同分类，可以使建筑师在不同的角度加深对商业建筑的理解。

（一）按照行业类型划分

商业建筑按照行业类型可以分为零售类商业建筑、批发类商业建筑、餐饮类商业建筑。零售类商业建筑又可以分为杂货店、专卖店、百货商场、超市、购物中心、步行商业街等。购物中心、步行商业街等商业建筑，往往将餐饮类商业建筑及其他广义商业建筑（如娱乐休闲类建筑、健身服务类建筑等）进行融合，具有规模大、复合度高的特点。

本书主要研究的是零售类商业建筑。

（二）按照消费行为划分

在比狭义稍广的意义上，商业建筑按照顾客的消费形式可以分为物品业态和体验业态商业建筑。物品业态商业建筑是指强调物品销售，以物品作为基本经营内容，为消费者提供购物服务的建筑形式，如百货商场、超市、购物中心、家居建材超市、直销折扣商店、各种商业街，以及各种类型产品的旗舰店和专业店。体验业态商业建筑，指为消费者提供某种身心感受的建筑形式，如娱乐、休闲类商业建筑。

餐饮类建筑介于物品业态和体验业态之间，同时具有两者的特征。

本书主要研究的是物品业态的商业建筑。

（三）按照建筑形式划分

商业建筑按照建筑形式的复合程度可以分为单体商业建筑和综合商业建筑。单体商业建筑指建设在独立地块上的商业建筑项目。综合商业建筑指在商业建筑中复合了住宅、酒店、写字楼、体育场馆等其他项目的建筑形式。

（四）按照市场范围划分

按照市场范围划分，可以将商业建筑分为：

(1) 近邻型商业建筑。市场范围——邻里周边消费者。

(2) 社区型商业建筑。市场范围——某个社区的消费者。

(3) 区域型商业建筑。市场范围——周边几个社区的消费者。

(4) 城市型商业建筑。市场范围——所在城市的大部分区域。

(5) 超级型商业建筑。市场范围——客户群覆盖所在城市及周边城市。

（五）按照规模划分

不同投资者、不同行业对商业建筑的规模划分标准是不同的。我国商业建筑设计规范（JGJ 48—88），将商业建筑的规模分为大、中、小三大类，如表1-1所示。

商业建筑规模分类　　　　　　　　　　　　　　　　　　　　　表1-1

规模	分类		
	百货商店、商场建筑面积(m^2)	菜市场类建筑面积(m^2)	专业商店建筑面积(m^2)
大型	>15000	>6000	>5000
中型	3000～15000	1200～6000	1000～5000
小型	<3000	<1200	<1000

对于商业房地产投资者来说，对商业建筑规模划分的认识一般为：

大型商业房地产，指建筑规模在7万 m^2 以上的商业房地产项目。该类项目的数量相对较少，但市场影响力很大。

中型商业房地产，指建筑规模在2～7万 m^2 的商业房地产项目。其数量较多，所牵涉到的业态种类几乎覆盖所有商业运营形式。

小型商业房地产，指建筑规模在2万 m^2 以下的商业房地产项目。该类商业房地产几乎围绕着人们的生活场所，大范围分布。

（六）美国营销专家菲利普·科特勒的零售业分类

美国营销专家菲利普·科特勒提出了五种零售业分类方法（表1-2）。其标志是服务方式、产品线特征、价格特征、组织控制特征、商品聚集特征。

科特勒的零售业分类法　　　　　　　　　　　　　　　　　　　　　表1-2

标志	服务方式	产品线特征	价格特征	组织控制特征	商店聚集特征
分类	完全自动	专业店	折扣商店	所有权连锁	中心商业区
	有限服务	百货商店	仓储商店	自愿连锁	区域购物中心
	完全服务	超级商店	目录展销店	零售合作社	社区购物中心
		便利商店		特许经营	临近购物中心
		超级市场		商店集团	
		综合商店		消费合作社	
		特级市场			

（资料来源：李飞，零售革命，经济管理出版社2003年版）

第二节　现代商业建筑发展简述

一、国外现代商业建筑发展简述

在工业革命以前，商业建筑一般是实行专业化经营的小型店铺。1852年，百货商店在巴黎的诞生，标志着现代商业建筑历史的开始。现代商业自百货商店诞生以后，主要出现了一价商店（商店内商品价格一样）、连锁商店（多店连锁经营）、超级市场、购物中心、步行商业街、多媒体销售（电视与网上销售）等商业形式。

国外商业现代建筑的发展，涉及的商业形式和国家极广，在这里，基于商业建筑设计参考的要求，主要基于西方国家，对其中建筑形态发生明显变化的商业建筑发展，进行分类叙述。

（一）百货商店

对于百货商店，各国有着不同的定义。美国营销专家科特勒先生认为，百货商店一般销售多条产品线的产品，尤其是服装、家具和家庭用品等。每一条产品线都作为一个独立的部门由专门采购员和营业员管理。

1. 百货商店的产生

1852年，一个叫阿里斯蒂德·布西科的年轻人与人合伙在巴黎创办了博马尔谢商店，实行一套全新的经营策略，经营面积仅有100m^2，但已经比传统店铺大得多。这个店就是世界上第一家百货商店。紧接着巴黎相继出现了卢佛尔百货商店（1855年）、市府百货商店（1856年）、春天百货商店（1865年）、撒玛利亚百货商店（1869年）、拉法耶特百货商店（1894年）等。1858年，美国第一个百货商店——梅西百货商店诞生了。1870年，德国诞生了尔拉海姆、黑尔曼和奇茨等百货商店。不久，英国出现了哈罗德等百货商店。

2. 百货商店的发展

在发达国家，百货商店一般都经历过由兴到衰的发展历程。在百货商店出现不久的时候，以其与传统商铺相比，具有商品品种繁多、购物环境较好的特点，获得迅速发展。但随着汽车的普及和郊区化的发展，连锁店、超级市场与购物中心出现并迅速发展，强烈地冲击了百货商场。处于城市中心区的百货商店的购物环境变得越来越缺乏吸引力。第二次世界大战之后，许多百货商店纷纷倒闭，未倒闭的也只能勉强维持生存，市场份额不断下降，逐渐成为一种非主流的商业形式。

总的来说，百货商店的发展具有如下特点：

（1）主要服务对象逐渐由大众转向中产阶级

随着一价商店、连锁商店、超级市场等一大批新兴的大众化商店的出现，百货商店的价格优势消失了，百货商店不得不调整经营路线。由于百货商店一般地处城市中心区，地价较贵，不能在商品价格上和大众化商店竞争，所以目标顾客逐渐转向收入较高的中产阶级；同时放弃微利日用商品的经营，主要经营商品逐渐走向中高档化，价格由低向高。经营路线调整为向中产阶级服务后，服务更加到位，增加了诸如赊销、退货、代邮、导购等等服务，这又进一步加大了经营成本，所以商品的平均价格不得不保持在较高的价位。

（2）售货方式逐渐由封闭转向开敞

随着社会的发展，超级市场在没有店员干预的情况下进行自由选购、自我服务的方式受到欢迎。为适应这种形势，许多百货商店不得不在许多售货区实行了开架或敞开式销售。

（3）经营方式逐渐由完全自营转向部分柜台出租

随着市场竞争加剧，百货商店建筑的单位平方米利润逐渐下降，为了降低成本，提高效率，一些百货商店逐渐将一部分柜台出租给厂家经营。

由于百货商店不断地调整经营方式，所以在当今商业竞争激烈的环境中，这种商业模式在衰落到一定的时候，总会赢得一段时间的经营稳定期。

（二）超级市场

超级市场指的是综合成本较低、薄利多销、采取自助方式购物的商店。

1. 超级市场的产生

1916年，克拉伦斯·桑德斯在美国田纳西州孟菲斯市开办了一家名为"皮格利·威格利"的新式食品杂货店，最早使用回转式入口，采取顾客自己取货、最后到唯一出口柜台处付款的方式，成为超级市场的雏形。1930年，米切尔·卡伦在纽约州长岛创办的金·卡伦食品店，拥有较大的营业面积、较全的经营品种，是第一家具有现代意义的超级市场。

20世纪30年代以后，超级市场在美国迅速发展开来，成为较普及的一种商业形式。1937年以前，超级市场采用手提篮作为购物者的店内运输工具，后来，一家超级市场的店主西·哥尔特曼设计了一种购货手推车，推动了超级市场在规模和数量上的进一步发展。随着汽车的普及，购物者的活动范围逐渐增大，郊区的超级市场越来越多，停车场也越来越大；随着自动扶梯和冷藏技术的发展，生鲜食品得以在店内冷藏保留，使超级市场形式日趋完善。

20世纪40~50年代，其他主要西方国家也相继出现了超级市场，并逐渐在全世界发展起来。

2. 超级市场的发展

超级市场诞生以来，在世界上许多经济较为发达的国家得到了迅速发展，成为重要的零售商业形式之一。超级市场在发达国家的发展大致可以分为三个阶段：

（1）起步阶段

美国超级市场的起步阶段是在20世纪30年代初期；而法国、日本等国家则在20世纪50~60年代。

汽车和冰箱的逐渐普及，是美国超级市场得以起步的先决条件。1929年，美国已经达到平均每4.5人拥有一辆汽车的水平；1960年是法国超级市场起步的初期，小汽车拥有率已达到12%。由于较多的人拥有了汽车，造成了城市中心区的交通堵塞，百货商店、杂货商店等传统商店因缺少足够面积的停车场而陷入尴尬境地；与此同时，建立在郊区的超级市场不仅能够提供充足的停车场地，而且由于地价便宜，可以采取低售价策略，这些都为超级市场的存在与发展创造了条件。冰箱的普及也是促进超级市场开始稳步发展的重要因素之一。有了冰箱，人们可以一次购买和储藏较多的食物，保证了超级市场的生存空间。

另外，冷藏技术、包装技术的发展，也促进了超级市场的发展。冷藏技术的完善，使得超级市场能保证足够多新鲜商品的供应；包装技术的完善，使得商品能够更好地堆放，更便于携带。

（2）快速发展阶段

20世纪30年代末~60年代中期，汽车和冰箱在美国基本普及，美国超级市场进入快速发展阶段。1939年，美国超级市场销售额占美国整个食品杂货销售额的20%；1950年攀升到70%。20世纪60年代初~80年代末，日本超级市场进入快速发展阶段。

超级市场出现后，规模越变越大，商品经营逐步由食品转向综合日用品，服务由单一化向多元化方向发展，经营向连锁化方向发展。

早期的超级市场的营业面积一般为几百平方米，这个时期，为了满足顾客一次购足的需要，超级市场经营的商品越来越多，经营面积越来越大，大型综合超级市场出现了。1963年，法国首创了营业面积超过$2500m^2$的特级市场之后，特级市场逐渐在欧美及其他国家发展起来，最大者已超过了$10000m^2$。

（3）成熟阶段

20世纪中期以后，美国超级市场步入成熟期，发展平稳，逐渐趋于饱和，不断有新的超级市场开张，也不断有旧的超级市场倒闭。由于发达国家的超级市场发展已步入成熟阶段，竞争激烈，发展趋于停滞，很难再进行大规模扩张。在受到购物中心的竞争和吸引之后，许多超级市场的经营场所开始向购物中心转移。目前，绝大多数购物中心都成为超级市场的理想经营场地。

这个时期，美国超级市场开始向综合方向发展，如增设咖啡馆、快餐厅、游艺室、银行、邮政等设施，以吸引更多的顾客；同时，大型超级超市得到迅猛发展，营业面积也不断增加。在20世纪70年代初期，美国超级市场的营业面积大多在2000m²左右，80年代出现了4500m²的特级市场，至今10000m²以上的超级市场已不鲜见。

（三）购物中心

购物中心有许多定义。美国国际购物中心协会于1960年认为，购物中心具有下列特征：

一是计划、设立、经营都在统一的组织体系下运作；

二是适应管理的需要，产权要求统一，不可分割；

三是尊重顾客的选择权，使其实现一次购足（One Stop Shopping）的目的；

四是拥有足够数量的停车场；

五是有更新地区或创造新商圈的贡献。

购物中心常常由土地开发商进行统一筹划，自己或委托商业公司进行管理。

1. 购物中心的产生

随着交通的发展，机动车辆占领了城市街道，街道两边的联系变得越来越困难，严重影响了购物活动。由于大多数百货公司处于城市中心，人流拥挤、车辆堵塞、人车交叉、停车位不足等交通恶化现象严重，许多顾客开始对此感到厌烦。另一方面，随着生活水平的提高，购物者的消费观念发生了很大变化，希望在购物的过程中得到更多的享受，希望购物空间更加有趣。同时，由于美国开始了郊区化，许多人搬到郊区居住，希望在居住地附近有完善的商业设施。

在这种背景下，购物中心在美国城市的郊区诞生了。

1925年，杰西·尼克尔斯（J·C·Nechols）在美国密苏里州堪萨斯城创建了乡村俱乐部广场（Country Club Plaza），其建筑环境设计、停车场规划、经营计划、广告宣传等活动实行统一管理，被认为是世界上第一家购物中心。该购物中心所有店面都沿着一条中央大街布置，停车场设在背后，在建筑形式上保留传统色彩，在布局上与周围社区建筑相结合。

1931年，休·巴桑（Huge Prather）在得克萨斯州的达拉斯开发的高原广场购物城（Highland Park Shopping Village），被视为是世界上第一个标准的购物中心。购物中心由单一所有权人进行统一管理，所有商店都背对道路内向开设，其中有许多零售商店，也有银行、美容店、发廊、电影院和办公楼。

2. 购物中心的发展

由于经济衰退与战争影响，至1946年，整个美国才有8家购物中心。20世纪50年代初，全美大约只有100家购物中心。但随着经济的迅速发展、郊区化的进一步发展、小汽车的逐步普及，购物中心迅速在美国发展起来。20世纪60年代初，美国已经有购物中心约5500家，零售额占全国零售市场的25%。其后，购物中心仍然迅速增长。1973年，美国和加拿大购物中心的总数就达到了17000家，零售额占有率也不断上升。

20世纪50~60年代，美国购物中心进入了发展高峰时期。这个时期逐渐完善了购物中心的模式：一般地处郊区，规模巨大，拥有大面积的地面停车场，以大型商店为核心，以步行街为纽带，零售、服务、餐饮、文化娱乐等各类商业与服务设施丰富多彩。这个时期的购物中心，充分反映了美国汽车时代的特点，处于相对独立的环境之中，占地巨大，停车场辽阔，大面积无窗的外墙显得建筑非常简陋，但室内却充满吸引力。

1954年，第一家区域型购物中心——北地购物中心（North Land）在美国底特律郊区开业。中心含5.6万m²的大型百货商场，6.6万m²的各类专业店、杂货店和家具店等，设有7400车位的停车场。

第一家将公共步行街放在室内，装有空调设施的购物中心，于1956年在美国明尼苏达州的明尼阿波利斯城郊开业，名为南谷购物中心（South Dale Mall）。此购物中心一改以往购物中心采用单层建筑作为主要经营空间的做法，第一次采用2层的建筑作为主要经营空间。南谷购物中心成为了美国购物中心的重要典范。此后，采用装有空调设施的室内购物街，采用2~3层建筑作为主要经营空间的购物中心模式，开始在美国许多地区流行。

1970年前后，购物中心的建设已经开始考虑交通、绿地保护、城区景观等问题，综合多方面专家进行市场、环境、土地规划、建筑设计等方面的可行性研究。20世纪70年代晚期，大型购物中心已成为社区文化的一部分，成为人们社交与聚集之地。

20世纪70年代，美国购物中心进入相对发展停滞阶段，购物中心建设数量相对减少。但是，20世纪70~80年代，购物中心却开始成为美国旧城复苏的一项重要措施。美国许多城市纷纷在城市中心建设大型购物中心。其中许多购物中心为美国城市复苏作出了重要贡献，成千上万顾客从本地或其他地区被吸引进入这些新兴的消费场所，进行观光、购物、游玩。这些购物中心因此被称为"节日市场"（festival market），如纽约南街海港（South Street Seaport）购物区、巴尔的摩海滨港口场地（Harbor place）购物中心等等。

20世纪80年代以后，美国购物中心建设数量又有明显回升，从1984年到1987年，每年约有2000个购物中心开工，购物中心的规模也变得越来越大。如艾伯塔的西埃德蒙顿购物中心（West Edmonton Mall）总面积达52万 m^2。这个时期，一些发展中国家也开始掀起建设购物中心的热潮。20世纪80年代晚期及90年代初期，主题（Theme）购物中心迅速发展，如拉斯韦加斯的Forum Shop at Ceasars，以仿古罗马建筑风格作为内装主题，让来此消费的游客完全融入中世纪的情境中；加利福尼亚新港市（New pork city）的时尚岛（Fashion Island）休闲购物区，在郊外的海滨高档休闲区，创造了一个时髦、舒闲、开敞的购物娱乐中心（图1-1~图1-3）。

图1-1 加利福尼亚新港市的时尚岛休闲购物区鸟瞰

图1-2 加利福尼亚新港市的时尚岛休闲购物区入口

图 1-3　加利福尼亚新港市的时尚岛休闲购物区鸟瞰节庆活动表演

与美国以郊区为主发展购物中心的模式不同,以英国为代表的欧洲国家,出于防止城市无限膨胀的需要,通过立法保护郊区的城市绿带,因此购物中心一开始就立足于市区发展在市区中十分重视与传统建筑的协调(图 1-4)。20 世纪 80 年代以后,这种状况有所改变,区域中心在郊区有所发展。

法国购物中心出现在 20 世纪 60 年代,但一般规模很小。20 世纪 60 年代末,70 年代初,较大规模的郊区购物中心在法国出现,标志着购物中心在法国的繁荣时期的到来。目前,法国人称购物中心为商业中心。每个商业中心一般都集中了各种类型的专业商店和娱乐设施,配有较大的停车场和加油站;商店构成比较类似,通常以一个特级市场如以家乐福特级市场为核心,其他设施也大同小异。20 世纪 80 年代初,西欧主要国家拥有购物中心的面积,就达到了平均每 1 万人 3.6m²。

图 1-4　法国巴黎 Creteil-Soleil 购物中心侧面

总的来说,美国在 20 世纪 70 年代、西欧在 80 年代,购物中心发展趋缓。即使是这样,从 1970~1990 年,美国仍然新建了 25000 座购物中心。目前,购物中心已经成为欧美的主流商业形式,占据了当地零售市场 50% 以上的市场份额。

日本购物中心出现于 20 世纪 60 年代末期。由于日本郊区的郊区铁路网比较发达,公共交通便利,私人汽车拥有比例相对较低;同时由于日本土地稀少,所以日本购物中心大多建于东京和大阪郊区的地铁车站附近或卫星城中心,而且绝大多数以多层建筑为主,停车场配置率较低。

3. 东南亚大型购物中心的特点

自 20 世纪 80 年代起,大型购物中心(摩尔)在东南亚地区迅速发展。菲律宾、马来西亚、泰国的购物中心一般规模很大,经营也很成功。目前,购物中心在菲律宾、新加坡、马来西亚等国获得了很大的市场份额;菲律宾几乎所有的大型百货公司都位于大型购物中心内,单独建设的百货公司已很少。菲律宾马尼拉的购物中心有近 30 家,平均 35 万人口拥有 1 家购物中心。新加坡的购物中心有 20 多家,平均 15 万人口拥有 1 家购物中心。

20 世纪 90 年代开始,新加坡、菲律宾、马来西亚等亚洲各国纷纷着手兴建或扩建一批 50 万 m² 以上的超巨型购物中心。

菲律宾的购物中心众多,大多数规模庞大,业态复合度高,环境舒适优雅。马尼拉目前最大的购物中心是 33 万 m² 的 SM MEGAMALL(图 1-5)。在建的购物中心 SM ASIAMALL 面积则高达 50 万 m²。

泰国曼谷的西康广场(Seacon Square)建筑面积达50万 m^2，集合了著名商店近400家，其中6家是世界级的大型商店。

新加坡较大型的购物中心都集中在市中心的乌节路(Orchard)，著名的义安城(Ngeean City)也在其中。乌节路的总商业面积更将超过100多万 m^2。新加坡的人口仅有300万，但众多的海外游客(其中许多游客来自中国)，成为其超区域型的巨型购物中心存在的重要顾客基础。义安城曾是新加坡最大的购物中心，但后来新安城(Suntec City)、滨海广场(Marina Square)的规模和服务超过了它。为了夺回"最大"的称号，义安城二期——建筑面积在66万 m^2 以上的"狮城广场"立项了，项目建成后将与义安城一同，成为亚洲最大的购物中心。

图1-5 菲律宾马尼拉 SM-MEGAMALL 购物中心

(四)步行商业街

一般认为，步行商业街是限时、限类或完全禁止机动车交通，实行步行方式的商业街区。步行商业街不同于传统的步行街道，也不同于现代的购物中心，它是为使人自由行走与购物而开辟的。一般位于城市中心区，以露天街道为主要空间形态，实行空间统一规划与管理，但所有权分散，不实行统一经营管理，如巴黎香榭丽舍大街、哥本哈根Straedet步行街(图1-6、1-7)。

图1-6 巴黎香榭丽舍大街

图1-7 哥本哈根 Straedet 步行街

德国艾森市早在1926年就将部分城市道路变成了步行街。一般认为，1967年美国明尼苏达州尼古莱步行商业街的建立，标志着现代步行街建设的全面开始；20世纪70年代，西方各国掀起了步行街修建的高潮。

第二次世界大战以后，西方各国出现了郊区化的高潮，郊区购物中心迅速发展，占有市场份额越来越大。一方面由于大量城市居民搬到了郊区；另一方面由于市区商业业态与设施陈旧，甚至丧失了对许多市区居民的吸引力，许多市区居民也到郊区去购物，造成了许多城市中心的萧条。城市中心商业区的萧条，使得传统黄金商业地段贬值，街区陈旧破败，中心区历史与文化遗产受到冷落，威胁着城市的繁荣与发展。20世纪60年代，欧美一些社会学家、城市规划师、建筑师、历史保护主义者就提出发展步行街、复兴城市中心区的设想，但实施的极少。

20世纪70年代初，石油价格暴涨，大量依靠汽车到郊区购物中心购物，显得代价较高，这反而为城市中心区复兴、步行商业街发展创造了机会。从20世纪70年代中期开始，欧美各国开始实施城市复兴的计划，步行商业街才得以迅速发展。

20世纪60年代，开辟步行街的目的，是为了吸引购物者重返市中心。在开始的时候，规划设计重点在于创造安全舒适的环境，着眼于修缮建筑物、铺地修整、街景美化与布置等。这些步行购物街由于缺乏趣味，很快就失败了。不久，满足步行者、体现人性关怀，成为规划设计的主导思想，步行街很快变得丰富多彩、舒适而有趣，吸引了众多游人与购物者。

20世纪70年代，步行商业街发展已经比较成熟。虽然许多步行街主要是为保护历史建筑而设立，由传统商业街改造而来的，但在设计中注意结合现代特点，既保留传统商业街的古老、繁华与热闹，又体现出现代城市的紧凑与简洁，使得商业街更加方便、安全和舒适；同时，步行街还提供音乐演奏、艺术展览、演讲等各种艺术与社会活动的场地，成了市民们喜爱的城市活动中心。有的人开始将步行街称为城市的"公共场所"、"社会活动和人类交往的大中心"。

20世纪80年代的步行街，更加着重功能的综合化和城市景观的创造。90年代，出现了不由旧街改造而是全新建设的新步行商业街。

二、中国现代商业建筑发展简述

中国古代的商业建筑，建立在小规模经营的基础之上，主要是以独立店铺的形式进行专业经营的。1900年，百货商店的出现，标志着现代商业建筑在中国的产生。在这里，我们主要叙述百货商店、超级市场、购物中心、步行商业街在中国的发展历史。

(一) 百货商店

中国百货商店发展的历史可以划分为三个阶段：1900~1989年为产生与缓慢发展期；1990~1995年为快速发展期；1996年至今为成熟期。

1. 产生与缓慢发展期(1900~1989年)

这个时期又可以分为产生期和缓慢发展期。

(1) 产生期：1900~1948年

中国第一家百货商店诞生于1900年，是俄国人在哈尔滨开设的秋林商行(百货商店)，目前该商店仍在正常营业，是我国最为古老的百货商店。1904年，英国人在上海设立了大型百货商店。1900年，澳洲华侨马应彪在香港创办先施商行(百货商店)，1911年在广州设立分店；1917年在上海南京路上设立的分店，面积达1万多平方米，约有40个商品部、1万多种商品、300多名营业员。1918年，郭乐创办的永安公司在上海先施百货对面开业，营业面积达6000多平方米。1926年，新新公司也在南京路上开张，开始形成南京路上百货商店的聚集。1900~1948年，全国各地都有一些小型日杂商店，只是在上海、广州、天津、武汉、哈尔滨等大城市出现了真正意义上的百货商店。

(2) 缓慢发展期：1949~1989年

这一时期，百货商店取得了显著发展，但与1990~2000年相比，发展仍然是缓慢的。在这个以计划经济为主的年代，百货商店养尊处优、只赚不赔。1986年，中国大陆营业面积在1万m^2以上的大型百货商店的只有25家；在5000m^2左右只有20多家。1989年，全国大型百货商店不足100家。

2. 快速发展期(1990~1995年)

在这一时期，百货商店仍然能够获取稳定的高额利润，使得中国百货商店的数量迅速增加，原有商店纷纷加入改扩建行列。这一时期是中国百货商店的黄金时期。

经过 1979~1989 年经济体制的初步改革,极大地促进了生产力的发展和居民收入提高,居民物资需求空前高涨,各类商业空前繁荣,百货商店数量迅速增加。全国各地每家商场的开业都吸引顾客蜂拥而至。1991 年,我国销售额超过亿元的大型百货商店为 94 家;1995 年,便超过了 620 家。中国百货商店经过近百年的发展,在这一时期才涌现出现代化的百货商店。1992 年开业的北京燕莎友谊商城和赛特购物中心、1993 年开业的上海东方商厦,应该是这个时期中国现代百货商店的代表。

3. 成熟期(1996 年~今)

这一时期,由于百货商场越来越多,竞争也越来越激烈,百货商店市场开始出现饱和。由于惯性作用,新建、扩建大商场热潮的仍在延续,一方面新店纷纷开业;另一方面一些已开业的却经营惨淡,出现倒闭。1997 年,营业面积超过 $5000m^2$ 的大商场已有 700 多家。1996 年,出现了建国以来首次大型百货商店倒闭的事件,引起了整个社会的极大关注。1998 年百货商店倒闭的更多,被媒体称为大商场倒闭年。1999 年以后,人们对百货商店倒闭已经不以为奇。

在这一时期,中国许多百货商店业不得不进行业态转型。20 世纪 90 年代中期,王府井百货大楼、上海华联百货商店等,在经营百货业的同时,开始发展超级市场连锁体系。20 世纪 90 年代末期,一些经营面积超大的百货商店开始转型成为购物中心,虽然并不是正式意义的购物中心,如杭州元华商城(图 1-8);一些百货商店开始转型成为专业商店,专门经营家用电器等商品;另一些开始转型为小商品批发市场(这些商场多是房地产商开发百货商店失败后的一种被迫选择)。

图 1-8 杭州元华商城

(二)超级市场

1. 产生期(1981~1990 年)

1981 年,中国大陆第一家超级市场出现了。这就是在广州友谊商店附设的小型超级市场,占地 $270m^2$,出口设有 3 台收款机。不久,北京、上海等城市也出现了类似的小型超级市场。

1982 年底,北京市海淀区蔬菜公司创办了北京第一家超级市场,营业面积 $215m^2$,附有 $135m^2$ 的加工车间,主要经营蔬菜,兼营干菜、酱菜、肉类、蛋禽、水产、调料和豆制品等商品。商品经过加工,分包成小袋,标明价格。顾客进店自选商品后,在出口处由计算机计价收款。1983 年底,这种超级市场在北京市发展到 22 家。1985 年,这种超级市场在全国已有 140 家左右。1985~1900 年,在日用品流通领域取消了计划供应制度,使得这种超级市场因垄断紧俏货源优势的消失而逐渐消亡。

2. 初步发展期(1991~2000 年)

这一时期,中国超级市场与连锁经营方式密切结合,获得了飞速发展。

1990年,中国第一家连锁超市在广东省东莞市虎门镇开业。1996年,其连锁店数达到40个。1991年,上海联华开办了第一家的超级市场——营业面积800m²的联华超市曲阳店;1996年底,其连锁店铺总数达到了108个,列居全国第一。1996年底,上海共有超级市场804家。

自1995年和1996年,家乐福在北京和上海开办大型超市取得成功以后,在全国出现了开办大型超市和仓储商店的热潮。据统计,1999年上半年,在全国35个城市中,面积在3000m²以上的大型超市已有146家,其中在3000～6000m²的占47%,6000～10000m²的占24%,10000m²以上的占26%。

3. 稳步发展期(2001年以后)

自2001年起,中国超级市场发展速度放慢,开始出现成熟期的征兆。有关研究认为:2005年北京和上海所能容纳的大商场数量为80家左右,广州则为68家左右;在2010年,这3个城市所能容纳的大商场数量为100家左右,所以在北京、上海、广州等城市大商场的发展空间已不大。400～2500m²的超级市场,在中国大陆已趋向饱和,平均每万人口拥有超级市场的面积已经超过香港和台湾。实际上,此种规模的超级市场在1996～2002年业绩平平,利润逐年降低。

在我国,超级市场的名称可能有所不同,但基本上都传承了购物超级市场的特征,以汽车时代的大尺度面貌出现,如广州易初莲花超级市场(图1-9)。

图1-9 广州易初莲花超级市场

(三) 购物中心

一般认为,购物中心是汇集多种零售业态和若干零售店铺的大型购物场所。英文名称为Shopping Center或Shopping Mall,中文分别译为"购物中心"、"销品茂"。实际上,二者没有本质的区别。为了表示新潮,有人干脆直接称购物中心为"摩尔"。

1. 产生期(20世纪90年代中期～末期)

20世纪80年代末,一些涉外宾馆附设的商场挂牌为购物中心。20世纪90年代初开始,许多新开张的商场或高档写字楼裙房附设的商场,也开始自称为购物中心,如北京西单购物中心、北京赛特购物中心。但是,此时的所谓"购物中心",基本上都不是真正意义上的购物中心。

20世纪90年代中期开始,中国出现了一批真正的购物中心。这些购物中心业态复合度较高,规模面积也较大,具有吃、喝、玩、乐、购物等综合功能,经营比较成功,基本具有了购物中心的特征。如北京的万通、丰联、国贸、新世界中心、庄胜崇光百货广场、东方广场,上海的八佰伴、友谊商场、港汇广场,广州的天河城、中华广场,大连胜利广场、新玛特,武汉的武汉广场,沈阳的东亚广场等等。这批购物中心有相当一部分是房地产商开发的。他们采取商铺分割出售的方法,导致这些购物中心变成了小商品市场。

2. 发展期(2000年以后)

据统计,2000年中国达到一定规模的购物中心已有200多家。每个大城市几乎都有大型的购物中心。中国购物中心进入了发展时期。

20世纪90年代末期,中国逐渐形成了一批业态复合度较高、规模面积也较大且经营也较成功的真正的购物中心。2002年,随着上海正大广场(图1-10)、深圳铜锣湾广场、宁波天一广场、厦门"SM城市广场"、大连和平广场等一批具有国际水准购物中心的开业,标志着中国大陆购物中心发展步入了一个新的时期。深圳铜锣湾广场作为中国内地首家连锁大型购物中心,标志着大型购物中心连锁发展的开始。

图1-10　上海正大广场购物中心

目前,在各地开发的购物中心中,北京和上海代表着两种不同的发展策略。由于北京的私车拥有量较高,所以许多购物中心都选址在郊区的5环路上,规模较大(20万至60万 m^2),遵循的是美国购物中心的模式。由于上海私车拥有量较低、城市可用土地面积较小,居民又偏爱市区,所以上海的购物中心一般都选址于市区级商圈内,规模较小(10万至20万 m^2 左右),遵循的是香港和新加坡购物中心的模式。

2000年以后,中国大陆各地建设大型购物中心的热情开始出现,一些超级大型购物中心正在建设或计划建设之中。国内一些大型零售商业集团、房地产开发企业、海外传统零售集团与专业购物中心开发商,已开始在全国各大城市开发一批购物中心,其中泰国正大集团、大连万达、上海华联、北京华联、深圳铜锣湾广场、香港新世界集团等均计划在全国建设连锁购物中心;正在建设的一些购物中心呈现出超大规模的特征,如成都熊猫城购物中心(图1-11)。

图1-11　成都熊猫城

(四) 步行商业街

1. 探索阶段(20世纪80年代初～90年代初)

这个时期，中国城市开始对步行商业街进行探索与尝试，建设项目不多，重点在于更新改造传统商业街的店铺，很多没有严格实现街道的步行化管理。其中许多采取新建"仿古商业步行街"的方式。由于对步行商业街缺乏深入理解，定位不准，缺乏深厚的历史文化底蕴，难吸引游客，这些项目在当时成功的很少，如北京琉璃厂文化街。另外，一些采取对原有街道进行简单修整、限制或禁止机动车通行的办法，使市民获得一定新鲜感，但在当时也未获得很大成功，如苏州观前步行街。

这个时期建设的北京琉璃厂文化街，因定位不准和对历史街区建设性的破坏而基本失败。对北京原琉璃厂的改造，采取了拆除"真古董"，新建"假古董"的做法，虽然原有街道尺度和建筑风格基本得以再现，但整体上"假"得完全失去了历史街区的气氛，冷漠得难以让人接受，使许多试图领略北京文化而慕名前来的游客感到失望。

同一时期建设的南京夫子庙，虽然也是"假古董"，但却获得了较大的成功。因为夫子庙地区有着悠久的历史传统，曾是南京最重要的商业与休闲中心，秦淮河更是声名远播。新建的夫子庙，全面恢复历史风貌，定位为适合旅游者需要的、具有传统特色的专业商业中心，以传统小商品和小吃为主，结合文物古玩、工艺美术品及花鸟鱼虫等商品的经营，采取中、小商店和摊贩市场结合的形式，所以获得了成功。

2. 起步阶段(1993～2000年)

20世纪90年代初，上海南京路进行了第一轮改造，这次改造没有改变商业街的布局，主要是拆旧建新，新建了十大商厦，使有些萧条的南京路又繁荣起来。20世纪90年代末，南京路又进行了第二轮改造，将中段的1033m街道建成完全步行的商业街，并于1999年9月20日开街，由区政府进行垂直管理(图1-12)。改造后的南京路总长度2528m(其中步行1033m)，功能更加综合，百货业态比重下降，餐饮、娱乐、专业特色店比重上升，商业网点230家(其中5000m^2以上大商场20家)，经营面积39万m^2，商业旅游特色店67家。

1992年，北京王府井大街也开始了改造。改造的指导思想是更新基础设施、拆旧建新，在近6年的时间里，对王府井进行了"推土机式"的改造，使商业街的零售商业面积由9万m^2扩展至50万m^2。1999年，王府井大街改造的重点转变为改善环境，提出了以人为本的改造原则，在街旁设置了喷泉、休闲椅和反映晚清民情的雕塑等，增加或更新了绿地、花篮、街灯、地灯等，成为一条现代化的半步行化(即公共交通可以通行)的商业街。不久以后，王府井又进行了二期工程改造，把王府井商业街向北延长至灯市口，在原有的商业街的基础上，形成了800m长的完全步行街，并调整了商业结构，形成了集购物、文化、休闲、娱乐、餐饮于一体的商业街(图1-13)。

伴随着大型商场或百货商店的更新改造热潮，天津、大连、哈尔滨、沈阳等城市对传统商业街都进行了不同程度的改造。这一时期的特点主要表现为：保持商业街原有基本空间格局，扩大商业街的总营业面积，改造部分商业街的基础设施，通过建筑改造更新商业街形象。

3. 发展阶段(2001年～)

从2001年开始，步行商业街的数量急剧增加，同时开始将其纳入城市整体发展规划之中，全国几乎每个城市都在建设自己的步行街，汇入城市形象建设的潮流。据2002年统计，全国仅大中城市的步行商业街就已达到200多条。中国商业步行街网建设管委会总干事廖伟阳于2002年认为，目前中国可以给人留下深刻影响的步行商业街有，北京王府井大街、上海南京路、天津和平路、武汉江汉路和重庆解放碑。

上海市在"十五"规划中，提出了商业街发展的基本目标：发展市级商业中心的八大街区，推动雁荡路、衡山路、福州路等10条市级商业专业特色街的调整，提高专业经营容量和经营水平，到"十五"末期，全市计划发展有规模、有影响的市级专业特色商业街20条。北京市在"十五"规划中，也提出了商业街发展的基本目标：进一步提高王府井、西单、前门大栅栏三条商业街的现代化水平，积极培育和发展特色商业街，到2010年要基本形成10条左右具有鲜明经营特色和较大影响的特色商业街区(图1-13)。

图 1-12　上海南京路一角　　　　　　　　图 1-13　北京王府王一角

中国步行商业街还在迅速发展。不过，有人预测，中国步行商业街在 2010 年左右将达到基本饱和状态。

第三节　现代商业建筑设计构思过程与方法

目前我国民用建筑设计一般分为方案设计、初步设计、施工图设计三个阶段。初步设计有时改为扩大初步设计或在其后增加"扩大初步设计"阶段。较小项目或较简单工程一般分为方案与施工图两个阶段。

建筑方案设计的主要内容是，确定与表达建设项目的总体布局、功能、空间与形式、主要技术和主要设备选型及总投资等问题。建筑方案设计的过程，一般经过设计前期研究、设计构思、设计表达三个阶段。在这里我们立足于设计构思，对与设计构思紧密相关的设计前期研究，及设计构思过程与方法要点进行讨论。需要注意的是，设计构思过程与方法，不是一成不变的，前期研究与设计构思有时是交叉进行的。现代商业建筑方案设计过程以框图表示如图 1-14。

一、设计前期研究

设计前期研究的目的有两个，一是为了了解项目概况、设计内容与功能要求及其他设计条件；二是为了明确建筑的设计目标、设计方向。只有充分了解项目概况、设计内容、功能要求、其他基本设计条件，才能够进行设计构思。在不充分了解这些条件的情况下而进行的设计，往往会产生设计不合理，造成设计返工，浪费时间，或造成设计的失败。只有建立了正确的设计目标，才能够指导优秀设计概念的产生。如果明确了建筑的设计目标，但设计目标的判断却是错误的，那么优秀的设计构思、设计技巧，也会葬送在偏差的设计方向之中，正所谓磨刀不误砍柴工。

为了明确设计目标而对设计依据的研究，有时不能仅局限于设计任务书或项目建议书等建设方提供的设计指导性文件。有些重要的商业建筑，往往会被城市设计指定为城市重要的活动场所、城市标志性建筑之一；有些大型或位置特殊的商业建筑，虽未明确表示，却都会期望成为城市重要的活动场所与标志性建筑之一，以追求更大的、更久的商业目标。这就要求建筑师在某些项目中，还必须将视野变得更开阔些，寻求更多的、更深厚的设计依据，如城市发展目标、城市规划与城市设计纲要、城市营销研究成果等。

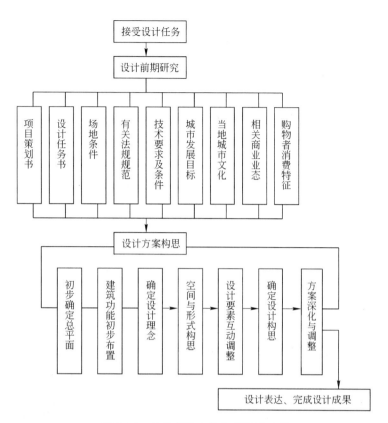

图 1-14 现代商业建筑方案设计过程

1. 研究项目策划书、设计任务书等

现在，大多数商业建筑在投入实质性开发以前，都会进行相当深入的市场调查与研究，完成项目策划书、项目计划书等建设指导性文件。

一般地，在策划文件中也会对建筑的形象目标有所规定或指述，如"仿古一条街"、"西洋式"、"超前意识"、"几十年不落后"等等。如果建设方经过深入研究，确认了某种建筑形象，或对建筑创新要求不高，建筑师就可以基本停止对更高设计目标的追寻，把建设方的要求，或一般情况下的要求作为设计的目标即可。但在某些规模较大或地位显著的项目中，如果投资人的商业理念未达到相当高度，而未能对建筑设计提出更高要求的时候，建筑师就有责任寻求并与建设方讨论更高的设计目标。

在实际工作中，中国建筑师往往会遇到一些没有完整的设计任务书的情况，如设计内容不全、规模要求不明等等。这个时候，建筑师还必须与建设方讨，完成建筑策划的部分工作（目前，在实际工作中，这种策划往往也是缺乏科学调查与论证的、结合建设方设想的、主要产生于建筑师主观经验的产物）。

2. 研究场地条件

场地设计的条件主要包括：自然条件、建设条件、场地的公共限制（城市规划等方面的要求与规定）。

(1) 研究城市规划等方面的要求与规定

城市规划方面的规定，可能包括建设用地边界线、道路红线、建筑控制线、土地使用性质、建筑密度、容积率、高度控制要求、绿化覆盖率、艺术风格、建筑色彩、停车车位等。城市其他管理部门，如消防、人防、交通、市政等也会对建筑设计进行要求。这些方面的要求与规定，都对建筑设计产生重要影响，在进行建筑设计的时候，必须弄清。

(2) 研究场地的自然条件

场地自然条件包括地质、地貌、水文、气候、植物、土壤等。它们以不同程度、不同方式影响场地的开发利用、空间的形态等，甚至影响建设的投资效益、技术措施和建设速度等等。

场地地质条件的好坏，影响着场地的使用安全和工程建设的经济合理性。建筑应该尽量避开不良的地质条件。在方案设计阶段，对于尚无地质钻探资料的项目，可以利用附近的地质资料作为参考。风对于建筑设计有着多方面的影响，在相对开敞的商业建筑中，也要考虑风向的影响，如北方要考虑冬季防风保暖要求，开敞空间应避开冬季主导风向；南方夏季炎热，应考虑夏季主导风向，场地布置应有利于自然通风。另外，对水文条件的了解也是必需的。

（3）研究场地的建设条件

场地的建设条件是指可能对场地建设与使用造成影响的人为因素或设施，包括场地的地理位置、周边空间环境、场地内现状、交通条件、相关市政设施状况等。场地的建设条件对建筑设计具有重要影响，建筑师应该亲历场地踏勘，体验场地的现状特征、周边人文气氛等等。

3. 研究国家与地方颁布的有关法规、规范与标准

国家与地方颁布的有关法规、规范与标准，是对建筑设计的重要限制条件。建筑师在设计前必须进行认真学习，正确理解其中的语态。如"必须"、"严禁"指必须按规定执行；"应"、"不应"、"不得"指应该这样或不应这样，在正常情况下均应按规定执行；"宜"、"不宜"或"可"表示允许稍有选择，在条件许可的情况下首先考虑按照执行。设计者要领会其精神实质，从对项目负责的态度出发，认真执行。

对于年轻的或初次接触商业建筑设计项目的建筑师来说，必须认真学习相关法规、规范与标准，否则，即使在方案设计阶段，也可能因为违反相关规范而造成设计错误与设计返工。

4. 研究有关技术条件与要求

有关技术条件与要求，指建筑方案设计中应该考虑的技术要求，如结构、材料、采暖、空调、电气、消防、人防、智能、施工等有关方面的条件与要求。对于这些条件与要求，建筑师必须要有足够的学习和积累，或及时向相关专业的技术人员请教，才能够了解。对相关专业的技术要求与条件不甚了解，也有可能造成设计缺陷与设计返工。

5. 了解城市发展目标

在各地制定的社会与经济发展计划中，都会明确表明其发展目标与定位，如国际化大都市、现代化的地区中心城市、著名的旅游城市等等。各地城市规划与城市设计文件的编制，也都会将各地城市定位，城市发展目标作为重要的依据。从这些文件中，我们可以找到城市的发展目标与定位。

大型商业建筑由于规模巨大，人流聚集众多，对城市形象的影响很大，建筑设计者就不得不考虑城市的目标与定位了。比如，一个城市定位为江南的古色古香的旅游城市，那么，巨大尺度的建筑就是对城市整体感觉的一种破坏，大型的、面无表情的国际式建筑就会是对城市资源的一种浪费，对城市特色的一种削弱。又比如，某特大城市将其发展目标定为国际性大都市，在中国现代城市发展竞争中也不甘示弱，但是，其近年来建设的所谓城市标志性建筑，却无不令人遗憾。这些"标志性建筑"在当地还算形象新颖，但在全国范围内就起不到标志性建筑的作用了。这说明可能存在如下问题：一是城市的相关管理者，对标志性建筑对城市形象、城市文化与经济发展的有力推动作用的认识还不够，未能进行有效的作品方案征集工作；二是相关管理者眼光肤浅，或相关组织工作存在问题，未能选出真正适合本城市的优秀方案；三就是相关设计者的问题了。

在商业建筑设计中，设计者的问题，一是可能设计水平不足；二是可能对项目的定位把握不准，水平到位了，工作也做了许多，方案本身也比较出色，但犯了方向性的错误，导致设计不到位。

6. 研究当地城市文化

城市文化是建筑设计重要的思想来源。一个对城市空间有着重要影响的优秀商业建筑，必然会吸收城市文化的丰富内容，必须体现地域文化特征和满足当地消费者的心理与行为需求。

（1）文化的含义

关于文化的解释多种多样，据有关统计，目前仅国外学者对文化的定义就有200多种。总的来说，

文化的广义定义可以描述为，文化是指人类社会发展过程中创造出来的所有物质财富与精神财富的总和。属于文化范围的事物多种多样，如语言、科技知识、科学思想、哲学、道德、法律、信仰、风俗等。许多彼此相联的文化事物组成了文化综合体，如粤语、粤剧、粤菜、岭南民间艺术、广州社会风气、广州人的性格与生活习俗、广州的历史人物与历史事件等文化事物，组成了广州地域文化。

（2）城市文化研究的意义

20世纪70年代，日本建筑设计市场向国际市场敞开了大门。开始几年，日本许多重要建筑在设计招标中屡屡落入外国建筑师的手中，日本建筑师感到难以适应。其后，日本建筑师开始积极从日本文化中汲取养分，发起了创造"新日本风"建筑的潮流，很快在日本建筑设计市场中取得了绝对主动的地位。至今，他们创造的许多作品，既具有独特的日本地域特征，又富有现代性，丰富了世界建筑文化，在现代世界建筑中独树一帜。

在现代中国建筑设计行业中，流行着"建筑设计就是东抄抄西抄抄"的说法。这种说法，对于一般建筑来说，应该是没有什么问题的，但是对于要求较高的、需要真正创造的建设项目来说，却是远远不够的。随着中国经济的不断发展，对建筑要求越来越高；随着WTO的加入，越来越多国外建筑设计事务所进入了中国市场，令一些"抄"惯了的中国建筑师开始精神紧张起来，一些大型设计院也开始沦为外国著名事务所的施工图设计助手。在这种情况下，吸收中国地域文化，进行地域建筑创造，应该是当今中国建筑师必须重视的问题。应该说，在当今中国，中国建筑设计的真正竞争力，还是在于对中国当地文化的理解。

（3）城市文化的研究与吸收

一些人认为，只有在较大范围内建筑才能体现文化的地域性，如华北、东北、西北、华东、华中、华南等这样的区域范围。这样说有一定道理，因为从宏观角度看，地方建筑事物汇聚成的地域建筑文化，只有在这种范围内才会反映出地域的差别，如"海派"建筑、"岭南"建筑、北京建筑等。地方文化特点、地方精神等的抽象特征，反映在地域建筑中，是一种在本地域范围内相互神似的意象；而地域文化片断，如特殊的建筑符号、民间传说、历史人物、地方文物、民间艺术等，反映在建筑的个体中，就能够在当地建筑中表现出一种强烈的地域个性。所以，吸收地方文化精神、吸取其中文化片段，都可能成为地域建筑创新的主要依据。

现代商业建筑有时追求抽象的地域文化特征，有时追求具象的地域文化特征，有时又追求二者兼有的特征。在不同的项目中有不同的反映。如日本博多水城，就是一个吸收地域文化的优秀的商业建筑设计（参见实例50）；上海新天地追求表达的是上海滩的一种怀旧情绪，一种在旧上海城市环境中体验到的生活方式（参见实例13）。

从相关学术著作、论文、新闻报道之中，都可能找到建筑师所需要的地方文化依据，如特殊的建筑符号、民间传说、习俗、历史人物、地方文物、民间艺术、当地人的性格与生活习惯等等。建筑师的文化素养，取决于平时的学习、观察于吸收。

7. 研究相关商业业态与购物者消费特征

在商业建筑设计中，了解项目的商业业态是很重要的，如项目在未来运行过程中是集中经营的还是分租管理的，是平价经营还是针对中高消费水平。在了解这些问题之后，才可能明了设计对象的基本空间特征，才会知道是否有必要设置过多的休闲空间等等。通过对项目策划书、设计任务书的了解，对商业知识的学习，就可以对对象的商业业态有个明确的了解。

购物者是商业建筑最重要的使用者，商业建筑的根本目的，是满足购物者，以达到商业盈利的目的。只有通过认真学习，结合平时观察积累，才能够深入了解购物者需要，设计出既能满足投资者要求又能满足购物者需要的优秀建筑。

8. 研究相关商业建筑设计资料与案例

前人的经验，是我们学习的重要源泉。通过对相关商业建筑设计资料与案例的研究，可以吸收其中有益的部分，作为设计的借鉴。

应该说，在研究项目策划书、设计任务书、场地条件、城市文化、商业业态与购物者消费特征、相关商业建筑设计案例的过程中，许多建筑师会受到一些启发，产生一些灵感，同时进行着构思。勤奋的建筑师往往会将这些启发与灵感记录下来，以供后来的全面构思与设计参考。不过，这个时期的构思活动是零散的，不系统的，不全面的。真正的设计构思，应该将这些启发与灵感暂时全面推翻，真正从设计任务书，从项目使用本身开始。从零开始，往往才能够产生真正创意的作品。

二、设计方案构思

对于建筑学专业低年级的学生来说，商业建筑设计与其他类型的建筑设计一样，往往由于把握不好设计过程，在设计中出现较多问题，导致设计返工或设计失败。在毕业设计或实际工作中，遇到大型复杂建筑时，一些同学和经验不足的建筑师也会出现类似的问题。所以在此，有必要对建筑设计的基本构思过程进行叙述。

这个过程一般为：初步确定总平面布局→建筑初步功能布置分析→确定设计理念→进行空间与形式构思→平面、空间、形式等设计要素互动调整→确定基本设计构思→设计方案深化与调整。

1. 初步确定总平面布局

在进行商业建筑设计之前，必须首先研究建筑与所处城市环境，研究建筑与室外场地的关系以及红线范围内的场地布置的可能方式，初步确定总平面布局方案(详见第三章第一节)。建筑设计的初学者往往缺乏场地的观念，习惯于首先进入建筑单体的设计中去，在觉得设计有了眉目后，往往会发现建筑在基地中的布局不合理、场地面积不够、室内外交通流线不配套等等问题。

2. 建筑功能初步布置分析

对于初学者来说，由于对设计对象不是很了解，所以在设计构思开始以前，必须认真分析建筑的功能，结合具体项目规模、内容、场地情况及其他要求，做出最简单、最合理的功能布局，而不管这种布局的空间和立面可能是多么的呆板、俗套。只有这样，初学者才能够很快地把握设计对象的功能特点、空间尺度等问题，作为下一步设计构思的真实依据。

商业建筑功能初步布置，可以参考商业建筑功能空间基本关系图进行(图 3-6)。

但是，经验丰富的建筑师有时却不完成建筑功能初步布置，便直接进行空间与形式构思。学生们便会认为，这些建筑师的设计过程是可以直接学习的。他们不知道，这些建筑师是因为对设计对象十分熟悉，在头脑中或简单的草图中便完成了建筑功能的初步布置，才按照这样的过程进行工作的。如果他们遇到新型的、功能复杂的大型商业建筑如购物中心，他们也不得不首先进行建筑功能初步布置的研究工作，虽然这些工作比初学者的要简单一些(或简单得多)。

3. 确定设计理念

设计理念是设计活动的指导思想，没有明确理念的设计必定是没有灵魂的设计。设计理念对于建筑设计来说，是一个"纲"的问题，"路线与战略"的问题，应该化大力气来研究它。在大型商业建筑中，建筑设计理念往往在设计前期研究阶段就已经确定下来了。

不光是学生，很多参加实际工作多年的建筑师也往往缺乏设计理念研究，在接到设计任务后，便直接进入到空间、形体、细部等等的设计技术工作中去。设计出来的作品往往是初看花哨复杂，实际缺乏气韵，缺乏灵魂。

以人为本，是近年建筑设计界时髦的口号。但它是建筑设计的一般原则或根本设计理念。对于具体的建筑，还应具体情况具体分析，根据项目策划要求、项目特征、城市文化、城市要求等等，确定具体的设计理念。

台湾基隆新世界多功能生活园区的基本设计理念之一是"融入自然"，由此产生了建筑顶界面与侧界面玻璃材料的大面积应用(图 1-15、1-16)。

4. 进行空间与形式构思

如果说设计理念是一个"战略"问题，那么空间与形式构思便是一个重大"战术"问题，在建筑设计中至关重要，构成了建筑空间与形式的基本特征。如加拿大 West Edmonton 购物中心，产生了将水体与帆船至于商业建筑空间中心位置的设计构思，创造了独特的空间特征（彩图1）。

图1-15 台湾基隆新世界多功能生活园区夜景效果图

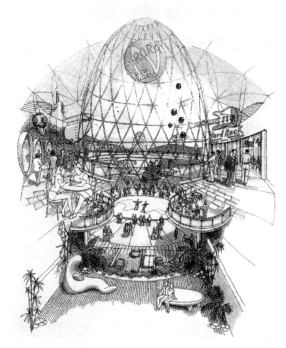

图1-16 台湾基隆新世界多功能生活园区室内效果图之一

在确定设计理念之后，建筑空间与形式的构思便围绕着这个理念展开。在设计的过程中，一些学生和建筑师往往钟情于自己看中的、某些从其他设计资料上汲取的设计片断，认为它精彩，便将其融入到自己的设计中去，而不管这种东西是否符合设计理念的贯串，往往造成设计技巧堆砌、画蛇添足等毛病。

5. 平面、空间、形式等设计要素互动调整

在建筑空间与形式构思基本确定以后，往往会发现对建筑功能初步的布置有了较大的改变。在贯彻设计理念、发展设计构思的过程中，空间的构思、形式的构思与平面布局相互影响，必须对它们进行动态的、互动的调整。与此同时，主要还要考虑建筑结构、建筑经济的影响。在调整的过程之中，如果发现构思存在某些不可克服的缺陷，就必须放弃此项构思，重新进行设计构思。

6. 确定基本设计构思

对于一个较重要的设计，往往会产生若干个初步设计构思。通过平面、空间、形式等设计要素的互动调整，往往会淘汰一些不合适的设计构思。最后，通过相互比较，可以在最后一轮设计构思中，确定一个比较令人满意的基本构思。

确定的设计构思往往是以草图的形式，将建筑的基本平面、立面或空间效果表现出来的。至此，建筑只是确定了一个宏观的构架，很多的细节还需要在下面的工作中进行深化。

7. 设计方案深化与调整

如果说此前的构思工作赋予了方案以骨架和灵魂的话，设计方案深化与调整便赋予了方案以生命和血肉。如果说此前的构思更多地是关于战略方面的工作，那么，设计方案深化便更多地是关于战术方面的工作。一个优秀的战略，如果由一个战术素养较低的人执行的话，往往会产生一个拙劣的结果；而一个平庸的战略，如果由一个战术素养较高的人执行的话，则可能产生一个令人满意的结果。许多学生很向往大师级的作品，构思时天马行空，但由于方案深化能力不强，落实时眼高手低。一些参加工作多年的建筑师，设计经验比较多，但构思往往受到局限；有的过分关注具体功能及施工图问题，空间环境与形式细节设计的素养没有得到持续提高，难于胜任设计方案深化的工作。相关人员应该注意相关方面

能力的培养。

在设计方案深化与调整阶段，建筑师必须与建筑结构、建筑设备、给水排水、强电弱电等相关工程师进行交流，或运用相关知识，初步确定相关技术对建筑设计的要求，调整设计方案；同时，还要进一步考虑建筑材料、建筑构造、建筑施工、建筑规范等方面的问题，深化设计方案，达到相应深度要求。

第二章　现代商业建筑设计相关知识

现代商业建筑设计相关知识包括商业项目运作基本过程、消费者的商业环境行为、商业建筑选址、商业项目概念研究、商业建筑策划等方面的知识。这些知识许多属于商业建筑设计前期预备知识，一些人认为与商业建筑设计关系不大。其实，这些知识不仅关系到建筑设计本身的一般问题，而且关系到设计创新、与其他环节的配合及业务延伸等方面的问题。

第一节　建筑师在商业项目运作过程中的作用

一、商业项目运作基本程序

建筑设计是项目建设过程中的一个环节。作为建筑师，了解建设项目运作的基本程序，以便更好地参与到项目的建设过程中，以便更有效地完成建筑设计工作。

我国一般商业建筑项目的运作程序，与我国基本建设项目的运作，有着相应的特点，其程序及工作内容如图2-1所示：

二、商业项目运作前期过程中建筑师的作用

在商业建设项目的运作过程中，建筑师的活动不是仅仅局限于建筑设计本身，而是几乎贯穿于整个运作过程的各个阶段。

在项目机会研究与项目初选阶段，有的建筑师、规划师被邀请进行项目选址分析、交通量分析、项目场地环境分析、项目概念分析的初步咨询。在编制项目建议书、项目策划书、进行项目可行性研究的工作中，建筑师在项目概念等方面，参与部分工作。在商业建设项目中，建筑策划工作也开始融入到项目建议书、商业计划书等工作环节中。这方面的工作，以建筑师为主，有时还在商业经营管理专家的配合下完成。在建筑设计前期，建筑师还会配合建设方完成为获得规划管理部门的立项意见而上报的用地总平面布置图、建筑初步设想方案、为吸引商业合作伙伴而完成建筑的平面布置和建成效果意向图等等。在施工及验收阶段，建筑师还必须配合建设方进行技术交底、设计变更、工程验收等方面的工作。

由于方案设计、施工图设计、技术交底、设计变更、工程验收等方面的工作，一些书中介绍得比较多，而且一般建筑师也比较熟悉，在此不作过多介绍。本节以下部分，将对商业建设项目运作前期过程中，建筑师可能介入的环节或应该了解的相关知识进行介绍。

（一）商业建筑项目投资机会研究与项目初选

投资机会是在一定的地区和部门内，利用市场需求和资源的调查预测资料，寻求有价值的投资机会，对项目的投资方案提出设想的活动。

对于商业项目的投资者来说，就是要对其准备投资地区的投资区环境，商业项目的市场状况及发展前景等进行调查，确定具体的项目形式（如百货商场、购物中心等），并对项目的选址、项目概念等进行初步构思。同时，拟定项目实施的初步方案，估算所需的投资，预测所希望达到的目标。这个时期的各项数据研究都是较粗略的。

这个时期工作的主要参与者是：该项目投资企业的主要经营管理者、市场调查专业人员、商业房地产开发专家、地区商业市场研究专家等。在一些项目中，也会应邀建筑师参加项目概念方面的研讨工作。商业项目概念研究十分重要，概念的优劣，在商业竞争越来越激烈的年代，在相当程度上决定着一个项目的成败。对于这个问题，将在本章第三节进行专门探讨。

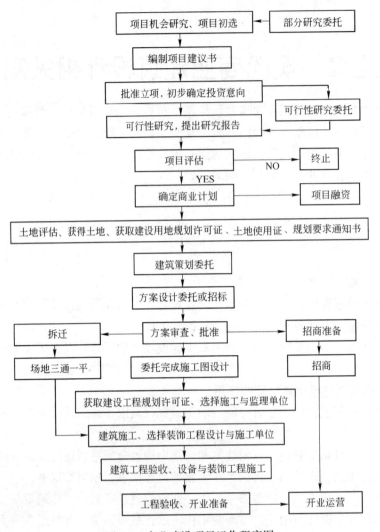

图 2-1 商业建设项目运作程序图

（二）项目建议书编制

项目建议书，也称初步可行性报告，是拟投资该项目的企业（或其委托代理人），根据企业的发展目标、经营战略，在机会研究阶段完成的市场调查、概念构思等基础工作的基础上，用文字方式，对投资项目的轮廓进行描述，对项目的必要性和可行性进行预论证，供主管部门进行投资项目选择的文件。

在公司规模不同、背景不同、投资项目大小不同等情况下，项目建议书的结构、内容和侧重点也会不同。对于较小的项目或某些投资开发商来说，项目建议书和可行性研究分析可以合并在一起完成。对于大型的、复杂的商业开发项目，项目建设书的内容大致包括：概要、项目公司概况、市场状况和竞争分析、项目介绍、项目运营与管理、项目财务分析、资金需求与融资计划、风险及风险控制分析等方面的内容。

其中，"项目介绍"描述了项目的未来大致状况，主要包括项目市场定位、项目市场策划策略、项目位置与环境特征、项目规划与设计特征、项目建设计划等，与建筑设计相关最为紧密。项目规划与设计特征的设想，是建筑策划的重要内容，是建筑师参与到建设项目前期工作的主要工作，也构成了下一步正式建筑策划与建筑设计工作的重要依据。

项目建议书的批准称为立项。立项后，项目即可纳入建设前期准备工作计划。立项即说明一个项目具有投资的必要性，但不确定，需要进行进一步的研究、论证。

(三) 项目可行性研究

广义地说，可行性研究(Feasibility study)是一种包括机会研究(Opportunity study)、初步可行性研究(Pre-feasibility study)、可行性研究(Feasibility study)三个阶段的系统的投资决策分析研究方法。

商业项目可行性研究，是在项目投资决策前，为使项目在投资、市场、经营等方面获得成功而进行的研究。可行性研究的主要内容是确定项目的位置、规模、定位、运作、计划等。其内容与项目建议书相近，但研究的深度和立场是不同的。最后，报告要给出结论与建议。

在此阶段，相关工作人员除了进行现有资料分析研究，还要进行市场调查与分析，与政府、金融机构、主要承租方或主要潜在购买者、规划管理部门、设计人员及营销专家进行一定接触。

建筑策划工作在这个阶段，可以为项目可行性研究提供建筑模式与规模、功能与使用、造价及建设周期、建筑风格、结构与设备等方面的进一步咨询服务。

第二节　消费者的商业环境行为

消费者商业环境行为分析，是商业项目策划、商业建筑策划、商业建筑设计的重要前提。了解消费者的购物心理与商业环境行为特点，对促进建筑空间创新，促进以人为本的建筑设计，有着重要意义。

一、消费者行为概述

狭义的消费者，是指购买、使用各种消费品或服务的个人与住户(Household)。广义的消费者是指购买、使用各种产品与服务的个人或组织。在此，对消费者主要以狭义的角度进行讨论。同一产品的购买决策者、购买者、使用者可能是同一个人，也可能是不同的人。比如，大多数成人是自己决策和自己购买，而大多数儿童用品的购买是由成人决定的。一般地，把产品的购买决策、实际购买和使用视为一个统一的购买过程，这一过程中任一阶段涉及的人，都称为消费者。

消费者行为是指消费者为获取、使用、处置消费物品或服务所采取的各种行动，包括决定这些行动的决策过程。影响消费者行为的个体与心理因素有：需要与动机、知觉、学习与记忆、态度、个性、自我概念与生活方式等。这些因素不仅影响和在某种程度上决定消费者的消费决策，而且对外部环境与营销刺激的影响起放大或抑制作用。影响消费者行为的环境因素主要有：文化、社会阶层、社会群体、家庭等。在市场营销研究中，要全面研究消费者行为、消费者行为的个体与心理因素、影响消费者行为的环境因素。在本书中，出于建筑设计的需要，只需了解普通消费者的一般需要与消费动机、一般商业购物行为特征、商业环境心理特征与环境要求等。

二、消费者的需要与动机

消费者购买某种产品，在很大程度上是和消费者的购买动机密切地联系在一起的。购买动机研究就是要探究购买行为的根本原因，以使策划与设计人员更深刻地把握消费者行为，作出创造性的策划与设计。

(一) 消费者需要

1. 消费者需要的含义

消费者需要是指消费者生理和心理上的匮乏状态，即感到缺少些什么而想获得它们的状态。个体在其生存过程中有各种各样的需要，如饥饿的时候产生进食的需要，渴的时候有喝水的需要，与他人交往中有获得友爱与尊重的需要等等。人们购买产品，接受服务，享受购物过程与环境等等，都是为了满足一定的需要。人的需要是不会有被完全满足和终结的时候。一种需要满足后，又会产生新的需要。因此正是需要的无限发展性，决定了人类活动的长久性和永恒性。

需要虽然是人类活动的原动力，但它并不总是处于唤醒状态。只有当消费者的匮乏感达到了某种迫切程度，需要才会被激发，并促动消费者有所行动。比如，我国大多数消费者可能都有出国旅游的需要，但由于受经济条件和其他客观因素制约，这种需要大都只能够潜伏在心底，没有被唤醒，或没有被充分意识到。此时，这种潜在的需要或非主导的需要对消费者行为的影响力自然就比较微弱。这种需要一经唤醒，可以促使消费者为消除匮乏感而采取消费行动。但是，这种需要并不具有对消费行为的定向作用，在需要和行为之间还存在着动机、驱动力、诱因等中间变量。比如，当人饥饿的时候会为寻找食物而活动，但面对面包、馒头、饼干等众多选择物时，选择则并不完全由需要本身所决定。换句话说，需要只是对应于人类备选产品，它并不能充分解释人们为什么购买某种特定产品、服务或某种特定牌号的产品、服务。

在商业项目策划与商业建筑设计中，正是消费者需求的这种潜在性与具体行为的不确定性，给策划与设计创新，给商业建筑空间的差异化带来可能。所以，商业建筑策划与设计人员，应该深刻研究消费者相关需要与行为。

2. 消费者需要的分类

(1) 根据需要起源的分类

1) 生理性需要

生理性需要是指个体为维持生命和延续后代而产生的需要，如进食、饮水、睡眠、运动、排泄、性生活等等。生理性需要是人类最原始、最基本的需要，它是人和动物所共有的，而且往往带有明显的周期性。比如，受生物钟的控制，人需要有规律地、周而复始地睡眠，需要日复一日地进食、排泄；否则，人就不能正常地生活，甚至不能生存。人类在满足其生理需要的时候，并不像动物那样完全受本能驱使，而是要受到社会条件和社会规范的制约。

2) 社会性需要

社会性需要是指人类在社会生活中形成的，为维护社会的存在和发展而产生的需要，如求知、求美、社交、友谊、荣誉等等。社会性需要是人类特有的，它往往打上时代、阶级、文化的印记。不同类型人的社会性需要是不同的。

(2) 根据需要对象的分类

1) 物质需要

物质需要是指对与衣、食、住、行有关的物品的需要。在消费力较低的情况下，人们的物质需要，主要是为了满足其生理性需要。在消费力较高的情况下，人们越来越多地运用物质产品体现自己的个性、成就和地位。这个时候，物质需要实际上已渗透着社会性需要的内容。

2) 精神需要

精神需要主要是指认知、交往、审美、道德、创造、被尊重等方面的需要。这类需要主要不是由生理上的匮乏感，而是由心理上的匮乏感所引起的。

(3) 马斯洛对人类需要及其层次的分类

美国心理学家马斯洛将人类需要，按由低级到高级分成五个层次：

1) 生理需要(Physiological Need)。维持个体生存和人类繁衍而产生的需要，如对食物、氧气、水、睡眠等的需要。

2) 安全需要(Safety Need)。即在生理及心理方面免受伤害，获得保护、照顾和安全感的需要，如要求人身的健康、安全及有序的环境、稳定的职业和有保障的生活等。

3) 归属和爱的需要(Love and Belongingness)。即希望给予或接受他人的友谊、关怀和爱护，得到某些群体的承认、接纳和重视。如乐于结识朋友，交流情感，表达和接受爱情，融入某些社会团体，并参加他们的活动等等。

4) 自尊的需要(Self Esteem)。即希望获得荣誉，受到尊重和尊敬，博得好评，得到一定的社会地位的需要。自尊的需要是与个人的荣辱感紧密联系在一起的，它涉及到独立、自信、自由、地位、名誉、被人尊重等多方面内容。

5) 自我实现的需要(Self Actualization)。即希望充分发挥自己的潜能，实现自己的理想和抱负的需要。自我实现是人类最高级的需要，它涉及求知、审美、创造、成就等内容。

（二）消费者动机

一般认为，动机（Motivation）是"引起个体活动，维持已引起的活动，并促使活动朝向某一目标进行的内在作用"。人们从事任何活动都由一定动机所引起。引起动机有内外两类条件，内在条件是需要，外在条件是诱因。需要经唤醒会产生驱动力，直接引起动机，驱动有机体去追求需要的满足。

消费者购买动机可以分为如下几类：

1. 求实

指的是消费者以追求商品或服务的使用价值为主导倾向的购买动机。在这种动机支配下，消费者在选购商品时，特别重视商品的质量、功能，而对商品的个性、造型与款式等不是特别强调。

2. 求新

指的是消费者以追求商品或服务的时尚、新颖、奇特为主导倾向的购买动机。在这种动机支配下，消费者进行消费时，比较重视产品的流行性、独特性与新颖性等，而耐用性、价格等成为次要的因素。

3. 求美

指的是消费者以追求商品欣赏价值和艺术价值为主要倾向的购买动机。

4. 求名

指的是消费者以追求名牌、高档商品，以显示或提高自己的身份的购买动机。

5. 求廉

指的是消费者以追求商品、服务的价格低廉为主导倾向的购买动机。

6. 求便

指的是消费者以追求商品购买和使用过程中的省时、便利为主导倾向的购买动机。在求便动机支配下，消费者特别关心能否快速方便地买到商品，要求商品携带方便，便于使用和维修。

7. 模仿或从众

指的是消费者在购买商品时自觉不自觉地模仿他人的购买行为而形成的购买动机。模仿与从众是一种普遍的社会现象，在商品消费中随处可见。

8. 癖好

指的是消费者以满足个人特殊兴趣、爱好为主导倾向的购买动机。

上述购买动机不是彼此孤立的，而是相互交错、相互制约的。在某些情况下，一种动机居支配地位，其他动机起辅助作用；在某些情况下，可能是几种动机同时起作用。了解消费者的这些动机，不仅对商品生产与销售，而且对商业项目策划与商业建筑设计，都具有启发作用的。

三、消费者的购物心理与行为

（一）购物心理过程

根据心理学家的研究，消费者在购物时一般要经过认识过程、情感过程和意志过程三个阶段。

1. 认识过程

认识是购买的前提。消费者在最开始通过外界的刺激，靠感觉获得的商品信息，如广告宣传、朋友介绍、商品包装、商品陈列、商品介绍、现场气氛等等，经过内在的心理活动，形成对商品的认识和购买行为的初步决定。

2. 情感过程

这是一个在认识的基础上经过一系列的观察、对比、分析、思考直到作出判断的心理过程。商品的本质、包装、陈列、介绍与购物环境等因素进一步影响消费情绪和购买行为。

3. 意志过程

这是排除其他不购买的干扰因素，最终实施购买的行为过程。

（二）购物行为方式

购物消费行为方式根据购物计划分为两种基本类型：

1. 计划性购物行为

这是一种主动性购买的行为方式，分为两种不同的情况。

(1) 目标十分明确的购物行为

这种购物行为，有明确的购买目的，对商品品种、价格、购买地点等十分明确。这种购物者到商场后直奔所需商品的销售区，没有其他消费目的，来去直接。这种购买，有的是专程完成的，有的是在上下班或其他行为过程中计划完成的。

(2) 目标比较明确的购物行为

这种购买行为，计划明确但目标没有确定，对商品的品牌、价格等因素需货比三家，才能确定需要哪种商品。商场可供选择的商品越多，对这类顾客的吸引越大。这类购买，商品价格或价值越高，选择过程越长，有的经过多次观察、比较，有的是专程购买。

2. 诱导性购物行为

这是一种被动购买的行为方式，也可以分为两种情况。

(1) 有购物的想法和欲望，没有具体的目标和计划，对去商业场所闲逛持积极态度，经过主观或客观诱导，产生购物行为。

(2) 根本没有购物的想法和欲望，去商业场所是被动的、陪朋友或家人进行的，经过客观诱导，也可能产生购物行为。

被动购物行为表现为无一定目标，行动无规律，受购物环境中的各种因素影响，才能形成购买行动。这种购物者在购物时，有比较多的自由和闲暇时间，在满足购物消费的同时，还要求满足在优美、舒适的环境中欣赏、评价、游乐等多种要求。计划性购物者，在购物的过程中，也会因为受到客观环境的诱导，产生诱导性购物行为。

商业经营者和商业建筑设计工作者，都应针对以上两类消费的行为方式，创造能够满足购物者欣赏、游乐等行为活动的、优美舒适的、有趣的商业空间环境，尽量留住第一类顾客，争取第二类顾客。

(三) 现代购物行为特点

随着生活水平的普遍提高，现代人的购物行为发生了很大的变化。这种变化主要表现在如下四个方面：

1. 普遍性

现代生活内容的广泛，扩展了人对商品的需求面，购物活动已从主要由家庭主妇承担变为几乎所有人都难以避免的日常生活内容，使得这一行为更具有广泛而丰富的社会特征。

2. 机动性

交通工具的进步和信息传递技术的发展，不但扩大了人的活动范围，而且开拓了人的视听界限，丰富了信息来源，使得购物行为具有很大的机动性、灵活性、突破了传统的服务半径限制，形成与城市交通系统更紧密的关系。

3. 激发性

发达的商品生产与商业竞争，以商品与销售手段的不断革新、变换来吸引顾客，刺激购买，引导更多的购物活动从"所需购买"向"激发购买"转化。

4. 体验性与游乐性

生活水平的提高，使人从单纯的物质需要向广泛的精神需要发展，要求购物活动中能够有更多的享受与体验，使得购物空间更多地与游乐、文化、休闲结合。

四、消费者的商业空间行为

我们将消费者的一般商业空间行为分为非消费行为与消费行为两种。

(一) 消费行为

消费者在购物过程中的消费行为一般可以分为购物、饮食、娱乐三种。

1. 购物

购物行为主要表现在以下两个方面：

(1) 接近商品

消费者购买商品，不仅希望清楚地看到商品的形状、颜色、大小，而且希望能了解更多的信息。如购买衣服要感受一下质地材料，试穿一下；购买家电要详细观察了解其外观、功能等。

(2) 选择与比较

消费者在决定购买任何商品之前，通常都有一个选择比较的过程，尤其是在购买高档珍贵商品时，往往不辞劳苦，多方比较。同类商店较多时，有利于顾客比较、选择，受到顾客欢迎，同时吸引更多的商店聚集，产生聚集效应。

2. 饮食

饮食是人类的基本生理需要之一，同时也被赋予了多重功能。我们将这种功能分为消除饥渴、享受美食和社交三类。

(1) 消除饥渴

在购物过程中，这类饮食行为一般对饮食环境的要求不高，有较强的顺带性和就近性。快餐较受欢迎，开放性的空间可使人们边吃边观看，自由随意，颇受青睐。

(2) 享受美食

这类饮食行为有较强的选择性，对食品的口味、特色要求较高，对饮食环境也有一定的要求。在商业建筑中，这种饮食空间应该是相对独立的。

(3) 社交

这类饮食行为的目的性较强，如谈生意、聚会、约会等，对环境气氛、食品口味要求较高。在现代商业建筑空间中，这种饮食空间更要求相对独立，便于车辆与顾客出入。购物，对这类顾客只是一种顺便行为，而且大多是诱导性的。

3. 娱乐

娱乐可以分为参与性的和旁观性的。参与性娱乐包括跳舞、卡拉OK、滑冰、打保龄球等；旁观性娱乐包括看电影、看演出、听音乐会等(图2-2)。

图 2-2　成都某购物中心中庭中的溜冰场

(二) 非消费行为

商业空间中常见的非消费行为包括停息、交往、感受、行走等，这些活动时常交织在一起进行。

1. 停息

停息包括随机性步行暂停和休息。引发随机性步行暂停的原因很多，如等待过街、路遇熟人、突然注意到某事物而停下来多看几眼等等。它随时随地都可能发生，一般持续时间较短。休息可以分为站和坐两种。一般来说，站的时间较短，对周围环境的选择性相对小一些；坐的时间较长，对周围环境的选择性相对大一些。

人类出于防卫和领域要求的原始本能，选择休息场地往往喜欢靠近支撑物或边缘。在休息或较长时间暂停步行的时候，人们通常喜欢倚靠在柱子、墙壁等竖向的支撑物上，站在这些物体的附近，选择靠近各种空间界面的边缘、大空间中被分割出的小空间等地方，如柱廊、广场边缘、墙边踏步、树木周围、墙壁内侧转角处等等。这种地方，一是有倚靠；二是较有安全感，同时较少地妨碍他人；三是有较有利的视野，可以较方便地观察别人，而又避免被别人过多观察(图2-3)。

图2-3 武汉江汉路步行街休闲广场中的停息行为

2. 交往

交往是人通过参与他人来往活动获得信息和心理满足感的行为。交往的最基本方式是交谈。在商业空间中人们的交谈可以分为三种：与结伴同行者交谈、路遇熟人的寒暄、与陌生人交谈。不同的交谈，有着不同的环境行为特点。

(1) 结伴同行者之间的交谈随时随地可能发生。

(2) 路遇熟人的寒暄与周围环境有一定关系。当行人十分拥挤时，熟人相遇时往往只是点头问候一两句就各走各的路。当周围环境中可以找到较适宜的地点时，熟人相遇往往会停下来聊一会儿。聊天时间的长短与双方的关系、闲暇时间长短有关。

(3) 陌生人之间的社交性交谈，一般只会发生在周围环境舒适自在、交谈双方情绪比较松弛或对某一事物有共同兴趣的情况下。休闲游乐场所往往容易引起陌生人之间的交谈。

各种交谈虽有不同，但都不希望周围的噪声太大。噪声太大时，交谈就难以进行下去。在人们的交往过程中，有些活动主要是靠肢体语言进行的，如打牌、下棋、打太极拳、玩耍嬉戏、跳交谊舞等，大多也不希望周围环境太吵闹。

3. 感受

感受是人通过自身的感官直接从外界获取信息的行为，可分为观察、聆听、触摸等。感受的心理和生理要求包括：

(1) 空间内容不能太杂乱或太单调。视野中的目标过于琐碎杂乱，会引起视觉疲劳、无所适从和心理烦躁；过于空无单调，又会使人乏味无趣。

(2) 空间不能太曲折拥挤或太直白。过于曲折拥挤的空间会使人丧失方向感，产生郁闷急躁的情绪；过于直白的空间又一目了然，使人感到单调乏味。

(3) 提供观察他人的空间。人们喜欢观察他人的相貌、举止、衣着和活动，这就是所谓的"人看人"现象(图2-4)。作为服务设施的商业建筑，应该满足人们的这种行为要求。

(4) 良好的听觉环境。交通噪声和无规则的高音喇叭，往往会引起多数人的反感与不快；而柔和的音乐、欢快的笑声、鸟鸣水流声、微风吹拂声等，往往使人喜悦、放松，使人产生倾听、观察的愿望。

(5) 良好、丰富的材料质感。建筑材料的质感也会影响人的空间感觉。在人们触摸得到的地方，建筑材料应该给人以与空间特征相一致的美好感觉。在商业建筑中，过多运用质感毛糙、冰冷的材料是不适宜的。

4. 行走

（1）行走的类型

1）有目的行走。在商业空间中，有目的行走是包括到达、寻找和离开的一系列活动。其特点是：①受外界环境影响较小；②选择便捷的途径；③在一定时间和一定方向容易形成汇集的人流。

2）随意行走。随意行走是一种比较缓慢的、不连贯的步行运动，大多时候目的性不强，常常是时走，时停，时看。其特点是：受到外界环境如气候、有趣的环境、人流的变化、人的活动等的影响，行走路线和方向容易发生变化。

图 2-4 国外某步行街"人看人"现象

（2）行走的一般要求

1）有一定的从容行走的空间，不致受到他人的推挤，不致因受阻而产生过多迂回；

2）地面平坦清洁；

3）行走的距离不宜太长，否则就容易使人疲乏厌倦。一般来说，大多数人可以接受的行走距离在500m以内。但是如果行走沿线的空间和景物变化比较丰富，行人往往感觉可以行走较长的距离。

4）广场与道路空间不宜过大。人类有一种寻求防护、依靠和安全感的心理，在尺度较大的、较为空旷的街道或广场上，如果不是为了路线的便捷，人们总是习惯沿着边缘走。在过大广场与道路空间中，应该对地面进行划分和设置引导物体，如柱子、树木、花坛、水池等等。

（三）不同消费者的商业行为差异

1. 不同年龄人群的消费行为差异

（1）青年人

青年人一般时间和精力都比较充沛，对世界充满着新奇与尝试的心理，购物、观看、饮食、娱乐、感受和交往都是他们感兴趣的。他们在商业空间中的活动和参与要求丰富而强烈，希望得到更多的交往和娱乐。

（2）中年人

中年人一般工作和家庭负担较重，时间或精力有限，对参加性的娱乐、交往、感受等活动的兴趣较少。他们在商业空间中的活动以实用性为主，包括购物、饮食和参加一些旁观性质的娱乐活动等等。

（3）老年人

老年人一般处于退休状态，失去了工作所必需的社会交往，感到比较寂寞。为了消磨时间、消除孤独感，他们一般喜欢到比较热闹而又不过于喧闹的场所中去，找同伴们进行一些棋牌、聊天之类的活动；也喜欢闲坐着，看看人与风景，晒晒太阳。老年人在商业空间中的活动主要以休息、感受和交往为主，伴以少量的消费活动。

2. 男女消费方式和消费心理的差异

（1）女性消费的计划性与目的性比男性差

女性在前往商业场所之前，往往没有明确的消费目标和计划，在逛的过程中如果发现消费目标，或受到消费诱惑，便可能产生消费愿望。男性则相反，在前往商业场所之前，往往已有明确的消费目标和计划，在购物的过程中很少受到计划外消费的诱惑，通常是先把计划内的事情办完、商品购齐，如有剩余时间再随便逛逛。

（2）女性的消费决策比男性犹豫

通常，女性在购物时喜欢仔细的挑选，反复比较，才下决心购买。男性则只要觉得商品的质量和服务令其满意,通常不会对其他商品或商店进行过多的比较,购买决定作出得比较快。

(3) 女性比男性更喜欢结伴而行

据有关调查,在商业空间中结伴同行的大多以女性为主,如姐妹、母女、女性朋友、夫妻,情侣等,其中两人同行的比例占72%,三人结伴的占21%,四人及以上的仅占7%。这说明两人结伴是最常见的女性购物方式。

3. 不同居住地人群的消费行为差异

居住在商业设施附近的人,因为距离很近,所以光顾该设施的时间一般较短,且目的和周期都具有随机性。随着居住地点与商业设施距离的加大,人们光顾该设施的周期会延长,目的性也会增强。如果商业设施有足够的吸引力,在其中逗留的时间也相对加长。郊区和农村居民进入市区商业设施购物、闲逛的时间更长。如果商业设施具有足够的吸引力,他们又具有相当消费能力的话,在其中逗留的时间也会更长;其中大多数消费能力较低的人,会在各种商业场所之间,进行逛商店、吃饭、看电影等各类消费不高的休闲活动,作为生活调剂。外地人到商业设施中主要为了寻求土特产品和风味小吃,感受风土人情。

五、消费者行为对商业空间的综合要求

不同的消费者对商业环境的具体要求可能有所不同,但很多综合要求却大体相同。这些要求主要有如下几点:

1. 便捷

便捷主要关系到商业建筑的选址问题。便捷,意味着消费者可以方便、快捷地达到消费地点,省时省力又省钱。大多数人在购买日常生活用品的时候,一般都会到距离居住场所最近的商店去购买。大型商业设施的交通方便也成为吸引顾客的重要因素。

2. 商业聚集与可选择性

消费者为了得到满意的商品,往往希望多家商店聚集在一起,或一家商店提供品种繁多的商品,方便他们进行选择与欣赏。多家商店聚集在一起,往往容易形成有利的商业气氛,聚集更旺的商业人气,吸引更多消费者的到来。在商业中心区,不同商业类型的密集聚集,成为吸引消费者的重要因素。

3. 回避或消除排斥性气氛

经营不同的商品的商业空间,可能具有不同的商业气氛,这些气氛,有的是可以相融的,有的是相互排斥的;有些非商业场所的气氛,也不适合某些商业空间气氛。商业设施的建设,应该回避或消除对可能破坏商业经营气氛的各类排斥性气氛。比如,建材市场、钢材市场、农贸市场的商业气氛,监狱、大型货场、军警机关等场所的气氛,或刚硬、或杂乱、或恐怖、或粗野、或严肃,会破坏中高级服装市场、中高级餐饮娱乐场所的商业气氛。后者在选址和设计的过程中,应该注意回避或通过设计手段消除排斥性气氛。如杭州某居住

图2-5 杭州某居住区商业街

区商业街与城市道路之间的绿化带太宽,使得城市道路的行人来往不便,又冲淡了商业气氛(图2-5)。

4. 可识别性

城市中各类建筑纷繁聚集,如果商业建筑平庸单调,缺乏个性特点,缺乏可识别性,则会淹没在城市空间的汪洋大海之中,不能在消费者的心中留下可供描绘、记忆的印象,不利于吸引消费者。商业建筑的形式与空间、标识与门面、某些细节等,都可能构成商业空间的可识别特征。

5. 舒适

建筑环境的舒适与否，影响着消费者在建筑空间中的感受。提高购物环境的舒适度，能够提高消费者前来的次数和逗留的时间，达到"集客"与提高销售的目的。在商业建筑中，影响舒适感的因素包括生理与心理因素的多个方面。

（1）合适的温度、湿度与气流，新鲜的空气

合适的温度、湿度与气流，新鲜的空气，是人在商业建筑空间中产生生理舒适感的基础。在我国现代商业建筑中，新鲜的空气似乎最难保证。

（2）合适的人的密度

在商业空间中，消费者一般希望人的密度适中。当人的密度过高时，人们一般会觉得受到干扰、拥挤混乱；但人的密度过低时，一般又会感到人气不足。在建筑设计中，还应通过各种设置，调节人的密度感觉。广州荔湾广场中心庭院中，吸引人的、能够使人留恋的设置过少，使得广场显得空空荡荡，商业气氛明显不足(图 2-6)。

图 2-6　广州荔湾广场中心庭院

（3）足够的休息场地与设施

当人们在商业空间中逛累了或等人的时候，需要休息的场地与设施。在商业空间中，除了椅子、凳子外，花台边缘、水池边缘、低矮护栏、部分扶手等地方都可以作为人们休息的设施。

（4）空间美感

空间美感，指建筑造型、空间、色彩、质感、光线、招牌等可能使人产生的美感、舒适感的特征。良好的商业空间应使多数人都能产生美感。

6. 安全

具有安全感的商业环境，可以使消费者自由自在地从事各种活动而不用担心安全问题。商业建筑除了要达到国家有关"规范"的要求外，还要在环境心理上满足顾客的安全要求。如一些顾客在拥挤的出入口，可能担心自己被挤伤；在拥挤的柜台前，可能担心自己的钱包遗失；在较低的扶手前，可能有恐高的表现等等。

7. 可信

舒适美观的空间环境、井然有序的布置、真挚亲切的服务、与商品特性相吻合的建筑空间与形式等等，都可以加强商业设施的可信度。如中国传统风格的中药店，暗示商店的历史或渊源；高技术风格的汽车专卖店，彰显着产品的现代、时尚与技术精良。

第三节　商业建筑选址相关知识

商业建筑选址，一般是在商业项目投资与经营者的组织与主导下，联合市场营销与市场调查、商业经济地理、城市规划、建筑设计等方面的专家，以市场调查为基础，融合多方面的知识进行工作的。

商业建筑选址是否得当，影响着商业项目投资企业的经济效益、经营目标、经营策略和发展前途。

不同的区位具有不同的社会环境、地理环境特点，决定着顾客的来源和特点、经营的商品与价格、促销活动的选择等等。商业建筑选址得当，就会产生相应的"地利"优势，成为产生良好经济效益的重要基础。商业建筑选址一经确定，并购入土地，便具有一般大型不动产所具有的资金投入巨大性、资金

回收长期性、地址不可变更性和基地情况独特性等特点。所以，对商业建筑的选址要深入调查，多方研究，周密考虑。

商业建筑选址一般包括市场调查与研究、商店具体区位研究与选择两个工作阶段。其中，商圈研究是市场研究的主要组成部分；商业区位理论、城市规划、商业网点规划是市场调查与研究、商店具体区位研究所涉及的与城市相关的主要知识。在此，主要对商圈研究、商业区位理论、城市规划关于商业区位的综合研究、商业网点规划略作介绍。

一、商圈研究

(一) 商圈的概念

一般来说，商圈是以商店为圆心，以周围一定距离为半径所划定的范围(以达到商店的路径尺度，或以达到商店所用的时间来描述的地理范围)。在确定商圈范围时，还必须考虑商业经营的业种、商品的特性、交通状况等。

对于小型商店，商圈主要是由商店周围人口的密度、分布状况以及徒步来店时间等因素确定的。对于大型商店，除了以上因素，交通的便利性是确定其商圈的重要因素。对于小型专业特色商店来说，如果处于城市中心或某种商品的区域经营集中区，由于所处位置的市场辐射力，其商圈就会在更广阔的区域范围内。

(二) 商圈构成及顾客来源

1. 商圈构成

商圈由核心商圈、次级商圈、边缘商圈等三部分组成(图2-7)。在商店的核心商圈内，顾客数量一般占该商店顾客总数的55%~70%。商店的核心商圈在地理上最靠近商店，该区域内的顾客在商圈总顾客人数中占的比例最高，每个顾客的平均购货额也最高。

在商店的次级商圈内，顾客数量一般达到该商店顾客总数的15%~25%。次级商圈位于核心商圈外围，顾客较为分散，日用商品对这一区域顾客的吸引力极小。

边缘商圈内包含其余部分的顾客，他们住得最分散，便利品商店吸引不了边缘区的顾客，只有需选购的商品才能吸引他们。

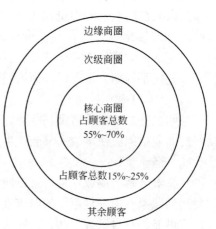

图2-7 商圈构成示意图

商圈大多不是同心圆模式，其规模与形状是由各种各样的因素所决定的。这些因素包括商店的类型、规模、竞争商店的位置、顾客往返所需时间和交通障碍等等。

在同一商圈的不同商店，对顾客的吸引力是不一样的。如某商店的竞争力较强，商品繁多，宣传广泛，商誉良好，经营到位，它的商圈就会比竞争力弱的对手大许多。还有一类商店，没有自己的独立的顾客通道，没有自己的商圈，依靠那些被其他原因吸引到这里来的顾客而生存，如设在旅馆门口的烟摊、设在超级市场里的小吃店等。这些商店被称为"寄生店"。

2. 顾客来源

一般商店都有其特定的商圈。其商圈范围内的顾客来源一般可以分为三个部分：

(1) 居住人口

居住人口是指居住在商店附近的常住人口。这部分人口具有一定的地域性，是核心商圈内顾客的主要来源。

(2) 工作人口

工作人口是指那些不居住在商店附近而在附近工作的人口。这部分人口中不少人利用上下班时间就近购买商品，他们是次级商圈内顾客的主要来源。一般来说，商店附近的工作人口越多，商圈规模相对越大，潜在顾客数量越多。

（3）流动人口

流动人口是指在交通要道、繁华商业区、公共活动场所等地方过往的人口。这部分人口是位于这些地方的商店的主要顾客来源，是构成边缘商圈内顾客的主要来源。一般来说，一个地区的流动人口越多，该地区商店的潜在顾客也就越多，经营同类品种的商店众多，竞争激烈。

（三）商圈的确定

商圈的确定必须在充分掌握相关市场信息的基础上进行。获得相关市场信息的重要方法是商圈调查。商圈范围的大小，与商品购买频率是成反比例的。日常生活必需品的购买频率高，人们为了求方便，往往就近购买，所以经营此类商品的商店，顾客主要来源于周围的常住人口，商圈规模相对较小。耐用消费品、偶然性需求商品等的购买频率低，经营这类商品的商店，顾客来源相对较少，其商圈范围必须较大，商店才能生存。经营特殊商品的商店，如古董、工业用品商店等，顾客来源相对更少，其商圈范围必须更大，商店才能生存，商圈范围有时是整个城市，有时还包括周边城市或省份。

商圈调查，包括宏观商圈的基本情况调查和特定地区的市场调查。

1. 宏观商圈的基本情况调查

商圈的基本情况主要从所在城市的相关统计年鉴、相关信息中心及企业保存的相关资料中获取。这些基本情况包括：

（1）城市人口状况，如人口分布状况、人口流动状况、人口增减趋势等。

（2）城市生活状况，如交通状况、产业结构状况、消费倾向、地形地势等。

（3）城市中心地的功能状况，如行政区划、经济区划、商业地区状况等。

（4）城市发展相关情况，如城市规划发展方向、相关领域商业发展规划布局等。

（5）城市相关商业状况，如相关商业饱和度、相关企业状况等。

对于这些情况，应着重人口规模、地区社会经济的未来发展、商业的饱和度以及竞争态势的分析。在此基础上，商业设施投资决策单位应根据企业自己的发展战略，选出与之相符的投资区域与投资方向。

2. 特定地区的市场调查

这种调查一般包括备选地址的地理环境调查、商业环境调查、市场特性调查和竞争互补效应调查等。调查的内容、应采取的方法与手段、用作参考的各种资料等见表2-1。

商业选址市场调查内容、方法与手段　　　　表2-1

项目调查	内　　容	方　法　手　段	可供参考的资料
选址环境调查	周边状况、环境的把握，如位置、地形（山川、河流等）、交通状况、基础设施、未来发展等	现场实地调查（实地步行）；参照地图、航空照片等；有关城市规划、住宅规划等的调查	地图（1∶25000或1∶500000）；航空地图；城市规划设计图
商业环境调查 a. 商业概况 b. 行业状况	相关地区商业营业额、营业面积、业种的了解；人口、收入水准、职业等的了解；有关商业的地区性状况的把握；中心性、吸引姓、外延发展等商业街区特点、相关大型店状况等	本地区其他各种相关指数的测定、商业经营者发展潜力等各种指数的测定	商业统计资料；税务统计资料；市、乡、镇统计资料；各相关地区的商业发展报告；消费动向报告等
市场调查	把握商业规模、范围，测定商业容量	消费支出调查；运用类推法及各种数学方法使商圈明确化	家庭消费指标统计资料、现有相关商店的各种数据资料
竞争与互补商店调查	对竞争店、互补店营业力的把握	调查营业面积、营额、车位、商品配置、最大客流容纳能力等	商业统计年鉴、各种统计年鉴、报刊杂志、有价证券报告书等

（资料来源：曹静，连锁店开发与设计，立信会计出版社，2000年）

（四）店址的选择

在作出店址的区域位置选择后，还要根据多种相关因素，着重从如下几个方面进行分析，作出具体地点的选择。

1. 核心商圈、次级商圈的范围分析

通过调查分析，对完成基准销售额或目标销售额的可能性进行判断，以分析盈利的可能性。

2. 交通状况分析

交通状况是影响商店店址选择的一个重要因素。如商品运输是否容易，与汽车车站、码头的距离和方向如何，交通管制状况所引起的有利与不利条件，如单行线街道、禁止街道状况等。

3. 客流分析

（1）客流类型分析

一般客流又可以分为三种类型：

1）自身的客流：指的是那些专门为购买某商品的来店顾客所形成的客流。这是客流的基础，是连锁店销售收入的主要来源。

2）分享客流：指的是一家商店与邻近商店形成的客流分流。这种客流往往产生于经营互补商品的商店之间，或大店与小店之间。

3）派生客流：指的是那些并非专门来店购物，而是顺路进店的顾客所形成的客流。

（2）客流目的、速度和滞留时间分析

不同客流的目的、速度、滞留时间各不相同，如派生客流有时规模很大，但目的不是购物，速度快，滞留时间短。

（3）客流规模分析

对客流规模分析，不仅要考虑宏观因素，还要考虑微观因素。如街道两侧的客流规模在很多情况下，由于受到交通条件、光照条件、公共场所设施等影响，而有所差异，商店应尽可能选在街道的客流较多的一侧。

4. 竞争对手分析

一般来说，在商店选址时应该避免竞争对手众多的情况，并要分析能否在营业面积、停车场、周围环境、商品配置等方面实现与竞争对手的差异化，以确定何处的环境更为有利。

5. 街道特点分析

如交叉路口客流集中，能见度高，宜于设店；有些街道的客流主要来自街道一端，纵深处逐渐减少，店址宜设在客流主要来向一端。

6. 人口增长、地区发展等方面分析

分析附近地区的人口增长、城市规划、地区发展等方面的前景如何，以确定结合未来发展的区位选择。

7. 场地开发环境分析

场地开发环境包括场地面积、与主要道路的距离、开发的难易程度、道路的交通容量、发展的余地、排水的状况等等。

8. 其他相关因素分析

其他相关因素应包含可能对土地、开发、运营产生影响的各类因素，如基地产权所有人状况、地价状况、规划状况等。

二、中心地理论

中心地理论（Central Place Theory）是由德国城市地理学家克里斯塔勒（W. Christäller）和德国经济学家廖士（A. Lösch）分别于1933年和1940年提出的。

中心地理论建立在"理想地表"之上，其基本特征是每一点均有接受一个中心地的同等机会，一点与其他任一点的相对通达性只与距离成正比，而不管方向如何，均有一个统一的交通面。中心地理论建立的另一个前提条件是经济人假设,即认为生产者和消费者都属于经济行为合理的人的概念。这一概念表示,生产者为了谋取最大利润,希望获得尽可能大的市场区,使生产者之间的间隔距离尽可能地大;消费者为了尽可能减少交通费用,一般都到最近的中心地购买货物或取得服务。

在中心地理论中,克里斯塔勒还提出以下概念:

1. 中心地(central place):可以表述为向居住在它周围地域(尤指农村地域)的居民提供各种货物和服务的地方。

2. 中心货物与服务(central good and service):分别指在中心地内生产的货物与提供的服务。亦可称为中心地职能(central place function)。中心货物和服务是分等级的,即分为较高(低)级别的中心地生产的较高(低)级别的中心货物或提供较高(低)级别的服务。

在大多数中心地,每一种中心货物或服务一般要由一家以上的企事业单位承担。除了几家单位共同提供一种中心货物或服务之外,也可能有一家单位提供多种中心货物或服务的场合,从而包括了几个职能单位。后一种情况多见于百货公司、超级市场等大型零售商业组织。

3. 中心性或"中心度"(centrality):一个地点的中心性可以理解为一个地点对围绕它周围地区的相对意义的总和。简单地说,是中心地所起的中心职能作用的大小。

4. 服务范围:中心地提供的每一种货物和服务都有其可变的服务范围。范围的上限是消费者愿意去一个中心地得到货物或服务的最远距离,超过这一距离他便可能去另一个较近的中心地。

克里斯塔勒认为,中心地具有多级网络特征,高一级的中心地覆盖多个低一级的中心地。在他的研究中,德国南德地区的中心地可分为七级,并遵循 $K=3$ 体系的规律。$K=3$ 体系是中心地理论中最重要的理论模型。克里斯塔勒称之为 $K=3$ 中心地网络(图 2-8)。

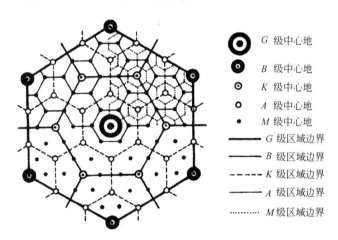

图 2-8 克里斯塔勒的 $K=3$ 体系

$K=3$ 中心地网络表明:较高一级的中心地提供一系列较高级别的货物或服务,较低一级的中心地提供一系列较低级别的货物或服务;同时,由于地理位置的原因,较高一级的中心地还向附近提供较低级别的货物或服务;由于地理位置的原因,在离较高一级的中心地较远的地方,较高一级的中心地无法提供较低级别的货物或服务,这种货物或服务由较低一级的中心地提供。较高一级的中心地的位置总是在其他较低一级的中心位置。

实践证明,中心地理论更多地只提供一种理论模型。这种理论模型有其僵化和脱离实际的部分。我们在实际工作中,要取其精华,把注意力集中在中心地的层次结构、功能专业化分工和空间结构上,而不是照搬 K 值系统的各种六边形。从世界其他国家利用中心地学说进行国土和区域规划的实践中可以看出,着重于中心地的分级和相应的商业服务设施标准的确定,可以充分发挥各级中心地的社会与经济效益。

三、零售商业区位理论

零售商业区位理论的代表人物是鲍尔钦(P. N. Baulchin)和克威(J. L. Kieve)。他们认为,由于不同的商业企业的类型、规模和经营特点的不同，其对区位的要求也不同，这种不同形成了一定的空间分布规律。零售商业区位理论的主要内容如下：

1. 零售商业企业分类

（1）杂货店

杂货店主要经营居民日常需要的商品。顾客用在这类商品上的支出只占其收入的很小比例。这类商店的门面租金低，需要很小的服务范围、很低的购买力、较低的零售额就能生存，其区位选择具有很大的灵活性。报亭、烟摊、糖果店、杂货店、水果店等，就属于这种类型。

（2）普通商店

普通商店主要经营价值较高、一般顾客经过较长时间间隔且不定期购买的商品。这类商店的门面租金要高于杂货店，需要较大的服务范围、较强的购买力、较高的营业额才能生存。服装店、五金店、理发店等，就属于这种类型。

（3）专业商店

专业商店主要经营消费者需求量小、使用时间长、价值很高的商品。这类商店的门面租金很高，需要很大的服务范围、很强的购买力、很高的营业额才能生存。珠宝首饰店、皮货店、家具店、文物店、乐器店、眼镜店等，就属于这种类型。

（4）大型百货商场

大型百货商场集中了品种繁多的商品，提供全面综合的服务。这类商店门面租金很高，需要很大的服务范围、很强的购买力、很高的营业额才能生存；其服务面向整个城市，对区位选择要求高，数量也很有限。

（5）服务性商店

服务性商店为顾客提供不经常需要但一次花费较大的服务，如汽车修理、家具翻新等。虽然单位面积营业额和门面租金较低，但由于需求面不广，所以需要有较大的服务范围。

2. 商业服务设施等级体系

上述各类零售商业企业商店对应地分布于特定的空间区位，从而形成商业服务设施等级体系。这个体系的划分及其区位特点如下：

（1）中心商业区

中心商业区是城市中心商务区内除去办公专用区以外的地区。这个区域有各种类型的零售商店、大型商场和贸易商行。由于这里集中了本地区最大的市场区和最强的购买力，所以许多市级商店只能选址于中心商务区。因为中心商务区是全市各类交通的交汇点、全市可达性最高的地区，因此它成为全市性商业设施的最佳区位。一些大城市，由于城市人口数量大、地域范围广、区域性辐射功能强，往往有几个中心商业区。这些中心商业区可以是线型的，也可以是集核状的。

商业设施对区位依赖性很强，对同一区域内地点的选择也十分敏感，这在中心商业区表现得十分明显。在一些城市的中心商业区，随着距城市中心最佳地点向外距离的增加，商店的类型分布规律一般为：大型商场和贸易商行→妇女时装商店→珠宝商店→家具商店→杂货店。在这个区域，街道向阳面商铺的租金和营业额明显高些。

（2）带形商业区

带形商业区的空间形式，是沿城市放射性干道向郊区商业中心或以外延伸。在这个区域，多数商店较集中分布在人口稠密或收入水平最高的地区，以杂货店和普通商店为主，一般不会有大型百货商场和专业商店。

（3）郊区商业中心

郊区商业中心是发达国家城市发展过程中出现的一种新型商业中心，是城市郊区化的产物。由于距城市中心商业区较远，地价低廉，可以建设大面积的营业场所和大规模的停车场，因而相关商场服务设施、商品种类、服务齐类型全。

（4）社区商业中心

社区商业中心主要为社区内的居民提供日常服务，以日杂商店为主。在这里，各种日杂商店相对集中分布，形成小型的商业区。由于服务范围和购买力水平较低，普通商店和专业商店在这里无法生存，即使杂货商店也面临着同类商业服务的竞争压力。

（5）分散的小商店

分散的小商店为顾客提供便利性服务，散布于城市内各个地点。

四、商业区位的城市规划综合研究

关于商业区位的判断与选择，参考城市规划的综合研究是必需的。在这里，以西方城市发展作为参照，描述城市土地价值与使用特点的变化，以作为商业项目选址的参考（图2-9、2-10）。

（一）城市高度集聚发展阶段的土地价值与使用特点

在工业化以前及发展开始的时候，交通工具比较落后，或虽然新的交通设施已开始出现，但交通设施未充分发达，仍处于初期阶段。为了节省交易费用，人口集中在比较狭小的地域中，高密度地经营着各种经济活动，造成城市中心的高地价，这是最初的城市化，是向心力驱动的高度集聚发展阶段。

（二）城市快速扩展阶段的土地价值与使用特点

随着工业化的进一步发展，城市进一步集中，狭小的市区已容纳不下集中来的人口和产业，不得不向城市的外缘地区扩散。于是便开始了城市向郊外延伸扩大的倾向，亦即经济活动向郊外分散的倾向。交通制度的创新与交通设施的发达，促进了这种倾向的发展。最初的郊区外化发展于马车铁路时代至电气铁路时代，在郊外电车出现以后，经济活动才真正有可能向郊外分散。

这种快速扩展，在保持租金梯度不变的情况下，使城市中心的地价越来越高，在交通线附近土地增值较大、较快，圆锥形的土地价值分布沿交通线变形。这是向心力驱动的城市快速扩展阶段，各城市都以相当快的速度增长，各城市都向外蔓延，出现了集合城市。这个阶段，可以描述为，沿交通干线快速扩展、环形减速推进、内部填充阶段。

（三）郊区化阶段的土地价值与空间特点

经济活动向郊区分散的倾向首先是从居住活动开始的，渐渐地涉及产业活动。虽然产业在郊区也开始选址定点，但主要是制造业，新发展起来的第三产业仍在市中心及中心城市进一步集聚。从整体来看，中心城市产业仍然在集中。其主要原因，一是铁路、道路等交通设施以及上下水道及其他公共设施等社会资本在市中心及中心城市充实起来，而对这些社会资本的利用者越多，其单位成本越低；二是企业越是互相靠近，越能抢先得到比较可靠的信息，节省交易费用，即所谓的"规模经济效益"与"聚集效益"。

居住活动则与产业活动相反，分散逐渐开始超过集中，人口开始向郊区分散。这种分散的主要原因，是个人收入提高和中产阶层扩大，人们开始要求宽敞和漂亮的住宅，城市中心区地价高昂，一般人不可能购买较多的土地，无法满足这种要求，人们便到郊区去实现他们的理想。从中产阶级开始，人们不断向郊区移动，城市土地价格便出现了"牛仔帽式"的分布，在外环路产生其他峰值。

交通条件的变化，尤其汽车的普及与道路网的建设，加快人口郊外化的过程。在美国，促进这种过程加快的主要因素是汽车的普及，从郊外到市中心的通勤费用大幅下降。在日本，郊外铁路的发展对此发挥了重大作用。这个时期，一方面由于产业向中心城市集中，另一方面由于人口又开始向郊区分散，造成了许多城市问题，如通勤交通堵塞、大气污染、噪声加大、环境恶化和地价高涨等等。为了消除这些现象，政府采取增加高速铁路的输送能力、增加道路网、在郊外建设居住区和新城、从政策上促进工厂迁出市区等方法。这又进一步促进了郊外化的发展。在这个过程中，产业也开始了从集中化向分散化的转变。这个阶段，也可以描述为，外溢与专业化阶段。

（四）郊区化扩展与城市复兴阶段的土地价值与空间特点

随着中产阶级越来越多地迁至郊区，在郊区新建了许多新的购物中心，带动了郊区零售业的发展。同样，由于卡车的普及、流通技术的革新以及零售业的分散，批发业也向郊区分散。人口的分散开始造成的城市中心区人口的减少。当产业的分散超过集中时，人口的分散化便在更广阔地域扩展开来，进入郊区化的扩展阶段，城市土地价值出现了多中心（峰值）状况，产生了许多土地价值的峰值（中心），而城市中心的土地价值增值小或减值（负增值）。

随着收入较高的阶层越来越多地迁至郊区，城市中心区人口的减少，城市中心区人口中低收入阶层的比率变大，老龄化问题突出，在城市中心区形成许多贫民窟，空房增加，不法分子住入，犯罪率增高，失业率上升，城市中心区丧失了以前的繁华景象，造成了城市的衰退。随即，欧美许多国家兴起了一场城市更新（城市复兴）运动，采取在城市中心区兴建新的商业中心、体育馆、博物馆等，在临水地区修建公园、水族馆、餐饮综合设施等措施，以吸引人们重新定居城市中心区，而不仅仅是工作在城市中心区。此后，许多城市中心区人口开始出现回升。这个阶段，也可以描述为，分散与多样化阶段。

（五）大都市连绵区发展阶段的土地价值与空间特点

随着城市的分散发展，造成了多个大都市连接起来形成大都市带，并形成国际性城市或世界城市，发展成国际网络。在土地价值变化方面，总体上城市中心减值、郊区升值，多中心产生，社会价值、生态价值受到进一步重视。这个阶段，也可以描述为，填充与多核化阶段。

（六）网络化阶段的土地价值与空间特点

城市国际网络化，形成等级与网络相结合的一种环形树状网络。城市土地价值呈现多中心化特征，土地价值在整体上进一步变小，各种社会、经济、生态的网络节点处的土地增值增大，土地的生态价值进一步增大。

西方城市土地价值与空间特点变化，可以用图 2-9、2-10 表示。

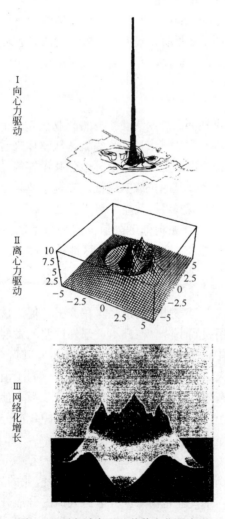

图 2-9　西方城市土地价值变化示意图

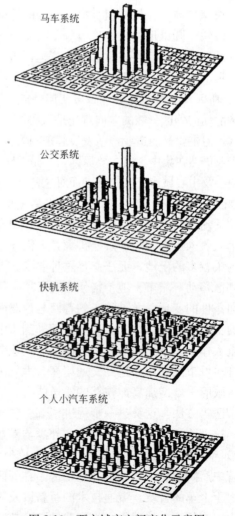

图 2-10　西方城市空间变化示意图

五、商业网点规划

商业网点规划，对商业项目选址有着重大的甚至是决定性的影响。

在计划经济年代，商业网点规划是经济发展的一项重要计划内容。随着市场经济的发展，我国于20世纪90年代初中期开始，取消了此项规划内容。随着市场经济的深入发展，为了优化商业资源配置，提高商业组织化程度，强化商业市场的政策引导，发展和完善统一、开放、竞争、有序的商品市场，2001年8月7日，国家经贸委下发了《关于城市商业网点规划工作的指导意见》，要求各地逐步开展进行新的商业网点规划。新的商业网点规划与计划经济年代相比，有着本质的不同。

商业网点规划是商业发展战略和市场建设的核心问题之一。它以流通产业政策中的产业结构政策、产业组织政策和产业布局政策所覆盖的商业资源配置结构为基础，按照城市总体规划的要求，与人口分布、消费需求、道路交通、文化景观、以及相关产业的发展相配合，与当地经济发展水平相结合，对商业形态、规模与布局进行总体规划。

商业网点规划是由商业管理部门与城市规划部门共同完成的。

（一）城市商业网点规划工作的指导思想

城市商业网点规划工作的指导思想是，城市商业网点规划要以建立统一、开放、竞争、有序的商品市场体系为目标，以满足市场需求和提高人民生活水平为出发点，以优化市场布局和调整市场结构为主线，注重发挥市场配置资源的基础性作用。商业网点规划作为流通产业组织政策，既要限制过度竞争，又要强调竞争效益，防止垄断造成的不经济。

（二）城市商业网点规划的主要原则

1. 与社会经济发展相适应的原则

商业网点规划要从实际出发，与社会发展相适应，在商业总体发展与结构协调之间找到合理的均衡点。

2. 与市场体系建设相匹配的原则

市场体系包括要素市场和产品市场。要素市场包括生产资料市场、人力资源市场和科技知识市场；产品市场包括生活资料市场和服务产品市场。商业网点规划要与市场体系建设相匹配，做到统筹安排、合理布局、相互配套。

3. 与城市总体规划相吻合的原则

商业网点规划必须与城市规划相结合，从城市总体发展出发，与人口分布、消费需求、交通体系、环境保护相协调，与相关产业的发展相配合，使资源得到有效合理的配置。同时也要体现商业对城市经济社会发展的强大促进作用，通过商业的发展促进城市功能的完善和升级。

4. 与区域经济发展相呼应的原则

商业网点规划要发挥区位资源产品优势，以形成区域性商品流通体系。在处理经济效率与社会公平这两个政策目标时，应从一个国家和地区的国情、区情以及经济发展阶段出发来确定政策的重心。

5. 与市场机制相结合的原则

商业网点规划的目的是为了减少无序竞争，减少盲目发展和重复建设，而不是取代市场配置资源的基础性作用，所以规划要尊重市场规律，不能单纯强调政府的意志；要尽量运用市场机制去调节，给市场发展留有足够的空间，以规划引导市场，让市场主体在竞争中实现资源的优化配置，不可让规划代替或抵消市场机制的作用。

6. 发展新型业态与改造传统商业相结合的原则

我国的商业正在由传统流通向现代流通方式转变，经营理念、营销方式和管理手段正处于快速升级过程之中。为了扩大内需，满足多样化的消费需求，提高流通效率，提高我国商业的国际竞争力，商业网点规划必须大力发展新型业态，特别是要推动国际化大都市和中心城市率先实现流通现代化。

（三）城市商业网点规划的主要对象

全国商业网点的建设一般分为三个层次，第一是包括直辖市、省会城市、计划单列市和经济特区在内的大都市和中心城市的商业网点规划；第二是以地级市（含省辖市）为主体的区域中心城市；第三是县及县以下的城乡商品集散中心。大都市和中心城市的商业网点规划的基本要求是，在商业布局基本合理的基础上，进一步增强和完善市场交易功能和辐射带动功能，不断拓展新型商业交易形式和经营空间，丰富商品市场，提高其吸引力和竞争力，形成与城市地位相一致的商业中心。

城市的商业结构可以分成若干层次。比如按照主要功能和辐射能力可以分为市级商业中心、区域商业中心、居住区商业和专业特色街的建设。

市级商业中心的主要规划目的是，提高集聚度，推进经营结构优化，开拓延伸新的经营服务功能，增强繁荣繁华气氛，创造都市商业氛围。

区域商业中心的规划目的是，形成具有一定商业特色、功能相对完善、能够带动和辐射一定区域需求升级的消费中心。

居住区商业规划的目的是，改造和提升传统小型商业网点，引入便利店、小型超市等新型业态，增强社会服务功能；在新建社区的商业设施配套建设中，形成一批集购物、餐饮、社区服务、休闲、娱乐等多种功能集成的新型社区商业网点。

专业特色街的规划目的是，突出商业文化特色，保护和开发历史文化内涵，发展专业特色，提高人民生活质量和生活品位。

商业规划经一定程序认定后，具有行政规定性、权威性和严肃性，对区域内所有商业设施的建设和调整都具有指导作用。政府相关部门对于区域内的商业总量和形态布局应有管理、监控的权力。规划拟定的商业用地、功能、业种、业态调整，需报请主管部门审批。

（四）静安区北部商业网点规划简介

上海商业局、规划局及相关专家经过调查研究，结合商业网点布局于城市空间规划，制定了静安区北部商业规划（不含南京西路），并于2002年底通过专家评审。规划确定为"2圈4点、6个大型综合副食品商场、80个连锁超市、便利店、专业店和服务性网点"（图2-11、2-12）。

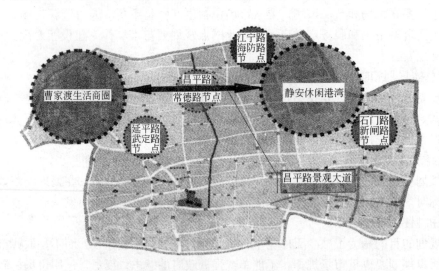

图2-11 静安区北部"两圈四点"商业规划构架图
（资料来源：朱连庆. 上海的商业谋划. 立信会计出版社，2003）

静安区北部商业网点规划的主要内容有：

1. 两大商圈

静安区北部商业规划的重点是"两大商圈"，即西部的曹家渡生活商圈，东部的静安休闲港湾商圈，中间与拓宽后的昌平路贯通，形成"两圈一线"的格局（图2-6）。两大商圈是整个北部地区商业规划和开发的重点。昌平路定位为景观大道，同时设置一些休闲类的商业设施。

两大商圈突出购物、餐饮、娱乐、文化、休闲、服务等综合功能；鼓励设置社区购物中心、百货店、专业店、专卖店、超市、便利店、餐饮网点、文化娱乐网点；适度设置购物中心、大型综合超市、生活服务网点；限制设置菜市场、仓储商店和集贸币场。

2. 四个商业节点

四个商业节点在功能上作为两大商圈的补充（图2-11）。鼓励设置大型副食品综合超市、便利店、专业店、餐饮网点、生活服务网点；适度设置文化娱乐网点、品牌专卖店、咖啡馆、酒吧、中西餐厅、花店、美容美发店、健身房等；限制设置百货店、集贸市场以及与居民区特点无关的业态。

3. 大型综合副食品商场、连锁超市、便利店、专业店和服务性网点

6个大型综合副食品商场、80个连锁超市、便利店、专业店和服务性网点，见图2-12。

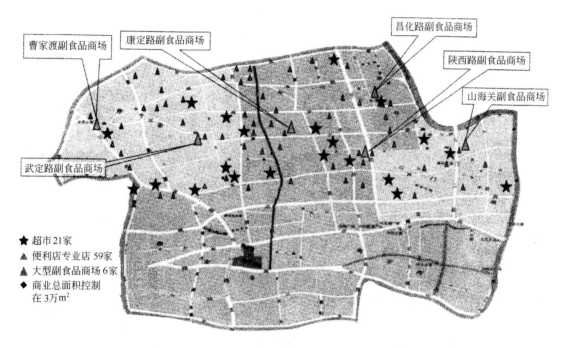

图2-12　静安区北部商业网点规划图
（资料来源：朱连庆. 上海的商业谋划. 立信会计出版社，2003）

附一：克罗格公司选址策略

商业专家在谈论店铺形式的影响因素时，有一句名言：第一是地点，第二是地点，第三还是地点。美国克罗格公司深谙此道，十分重视超级市场地点的选择，尝到了不少甜头。1992年，美国超级市场达到1263家，其中有23家挤入全美前25名，被称为美国销售额最大的杂货连锁集团。

1. 确定超级市场店址的程序

在美国，一家超级市场的投资要超过25万美元，年销售额将超过500万美元，利润额在7.5～10万美元之间。如果店址选择不当，不仅无利可图，巨额投资也会付诸东流。克罗格公司不是片面追求开店数量，而是追求成功率和效益，科学地进行店址分析，减少不必要的失误。

第一步，地区办公室提出建店设想。克罗格公司在一定的区域内设有一个地区办公室，该办公室负责本区内的商店规划，并向公司总部的综合办公室提出详细规划资料。

第二步，综合办公室进行审核评价。该办公室设有地点研究部和租约部，各地区改建或扩建店铺的规划汇总到地点研究部负责。地点研究部由一名经济地理学家和两名助手组成，专门负责论证规划的可行性。租约部在租约谈判、租约程序等方面提供建议。如果租金价格、租约期限等方面不令人满意，他们将反对拟建店铺的选址规划。

第三步，多部门协商批准规划。地点研究部和租约部按每人一票原则表决，通过后经由综合办公室下设的研究经理和地区经理双重同意才可立项。

2. 确定超级市场店址的方法

地点研究部主要负责店址的综合评价，其作用是用科学代替臆测和感觉。

首先，地点研究部必须对被选店址商圈进行分析，画出详细消费分布图，评估市场潜力的大小。克罗格公司的专家认为，如果在一个没有规划过的城市商业区建立一个面积为1400m^2的超级市场，从周围1.6~2.4km范围可获得这个范围内65%~70%的销售额。

其次，地点研究部必须对竞争对手进行详细研究。如果竞争对手的超级市场已经在某一地区实现了75%~80%的市场占有率，打进一地区是相当困难的。

再次，地点研究部依据超市店铺选择规律对规划进行评估。他们奉行的标准是：对于人口为5000~10000人的小城镇，超级市场必须提供这类城镇食物销售量的25%~30%，相应地建立面积为900~1400m^2的超级市场才有利可图；对于人口为4万人的城区，一般能够容纳6~7个超级市场；但在大多数情况下，低于4万人的城区，仅开一家超级市场。

最后，地点研究部必须按所选店址进行投资回报率分析。零售业发展到今天，"宁可减少利润，也不放弃市场占有率"的思想过时了，盲目抢滩的结果，会使企业陷入困境。店址的最终选择依据，是看投资回报率是否理想。计算投资回报率必须科学实际，靠拍脑袋来进行估计将会被解职。

（资料来源：刘德胜主编，新店铺手册，陕西旅游出版社，2003年）

第四节 商业项目的概念研究

一、概念的涵义

在建设项目策划中，概念（Concept）这个词来源于市场营销学。

在市场营销学中，产品概念指的是已经成型的产品构思，即用文字、图像、模型等予以清晰阐述，使之在顾客心目中形成一种潜在的产品形象。在新产品开发的过程中，产品构思经筛选后，进一步发展而形成更为具体、明确的产品概念。如一种奶制品的构思为：一种口味鲜美、富有营养，食用简单方便，只需加水冲饮的奶制品。其形成的产品概念有三个：一是，为中、小学生提供一种快速早餐饮料，提供充分的蛋白质、维生素等营养价值；二是，一种可口的快餐饮料，供成年人中午饮用提神；三是，一种健康饮品，适合老年人夜间就寝时饮用。

新产品开发的过程大致是，市场调查与分析→初步确认投资机会或目标→进行产品构思→产品构思筛选→形成产品概念→产品设计→产品试制→产品试销→正式投产与销售。产品构思有时也称产品创意（idea），指欲推出产品的设想。产品概念（Concept）指的是以消费者术语表达的产品构思。

商业项目开发过程大致是，进行市场调查与研究→根据企业发展战略确认商业项目投资目标→进行项目构思→构思筛选、确定项目主体概念→扩展、深化项目概念→建筑设计→建筑施工→开业。

商业开发项目也是一种产品，但这种产品与一般的产品相比，就显得非常的复杂和巨大，另外，由于房地产投资的巨大和不可逆转性，决定了这种产品的概念研究与商业分析的过程必须认真又认真，反复研讨。

二、商业项目概念研究的意义

商业建筑的最终目的，不是为了创造建筑空间本身，而是为了聚集人气，吸引更多的顾客，产生更多的商业利润。以此为目的创造的建筑空间，既符合建筑创作的需要、城市设计的需要，又符合顾客的需要、商业投资的需要；既能聚集顾客，促进销售，又能作为城市生活、城市文化、信息交流、人际交往的场所，并能促进地区城市活力与经济发展。

对创造吸引人的商业项目产生影响的主要因素有：

（1）地址（交通方便、商店聚集、街区气氛等）；

(2) 空间（建筑面积、空间特色、项目配置、设备与设施等）；
(3) 商品（主题、等级、规模、知名度、多样性、价格等）；
(4) 服务（热忱亲切、售后服务）。

其中空间的特色不仅是指建筑空间本身，也包括室内设计、商品摆设与宣传等等；项目的配置，指与经营项目相关的设施，如观演设施与空间、休闲设施与空间等等。商业建筑空间如何成为"有趣的、舒适的"空间，正成为商业项目筹划、商业建筑设计如何吸引顾客的重要研究课题。现代商业竞争日益激烈，在商业项目策划过程中，项目概念研究已变得十分重要。有时候，项目概念的好坏成为左右商业项目成败的关键因素。

建筑师具有建筑空间构思、建筑技术、空间设计等方面的专业能力，这对塑造"有趣的"商业建筑空间是有帮助的，但对商业消费者多样化、个性化的心理、行为与需求等方面的知识，则未见得能够充分了解。为此，进一步了解商业项目概念研究是十分必要的。同时，商业项目概念策划，涉及较多的建筑空间方面的知识，商业项目策划人员对这方面知识又有所欠缺。因此，在商业项目的概念研究中，经营者、策划师与建筑师的共同工作是必要的。

三、商业项目概念的产生

（一）集客的概念

集客，是商业项目中一个重要的观念。在讨论商业项目概念的产生之前，应先了解集客的概念。

集客，从主动的角度说，是为聚集顾客而产生的行为；从被动角度说，是顾客的聚集。在商业项目中，集客可以描述为：借商业场所满足消费者需求的、有计划地吸引消费者而使他们在此场所中消费其金钱及时间的活动或行为特征。进行商业项目的概念研究，必须以最大限度的集客为目的，吸引尽可能多的顾客光顾，以达到人气旺盛、营业额增加的目的。如台湾大买家金银岛购物中心，为达到集客的目的，不惜设置了占地较多的海边休闲场地（其中有灯塔、帆船、休闲广场等）和观演集会场所，以吸引来客，聚积人气（图2-13、2-14）。

图2-13　台湾大买家金银岛购物中心海边休闲场地

图2-14　台湾大买家金银岛购物中心观演集会场所

（二）体验消费的概念

现代的消费者，不仅重视产品或服务给他们带来的功能利益，更重视购买和消费产品或服务过程中所获得的符合自己心理需要和情趣偏好的特定体验。消费者变得越来越感性化、个性化、情感化。他们的需求重点已由追求实用转向追求体验。"花钱买刺激"已经成为一种消费时尚，这就是体验消费的概念。在产品或服务功能相近的情况下，美好的体验往往成为消费者作出购买决策的重要依据。

从体验消费的角度分析，商业设施正在向着主题化、娱乐化、体验化方向发展。从商业项目策划与建筑设计的角度分析，要求创造对消费者富有吸引力的体验设施、建筑形式与空间。良好的体验设施与空间环境是商业设施集客的重要手段。美国奥兰多迪斯尼游乐园是一个主题型大型游乐购物中心，以游乐为主题进行建筑设计，使人在游乐和购物的过程中产生惊险和愉快的游乐体验（图2-15）。台湾所罗门宝藏购物中心设计，以动物园、游乐园为主题，使人在购物的过程中体验到参观动物、进行游乐的奇妙体验(彩图2)。

图2-15 美国奥兰多迪斯尼游乐园主题型购物中心

(三)商业项目概念产生的一般过程

商业项目概念产生的过程比较复杂,没有一种固定的模式,但对其一般过程可作如下描述:

基于市场调查与分析→初步产生出若干"概念"→经过分析之后确定一种"概念"(如一种城市中心区的商业休闲空间,一种城市文化地标)→将概念细化、发展(如步行街、城市林阴道、休闲广场、城市文化展示、商业与休闲功能的混合、水景休闲区等等)。

大多商业项目的概念来源于已有的实例,但真正创意的概念很多时候可能产生于似乎与项目不相关的某些启示,如为了吸引和挽留顾客,引入"太空娱乐设施"、设置"大众时装表演场地"等。但是,有一点必须谨记,那就是,并不是所有真正创意的概念都适合某一具体的商业项目,所有的概念都必须深入研究,以分析其是否符合具体市场、具体项目。

有时候,建筑概念设计与项目概念策划的确难以区分,二者往往交织在一起,相互启发,相互制约。如美国新泽西的 Garden State Landings 购物中心的主题是老式河船,主要陈列室布置在东部,西部布置了商店、餐厅、剧院、聚会场所。其中12个的老式火轮固定在河里,轮机缓慢转动,汽笛时而长鸣,似乎要离开港口;工业化初期建筑的钢结构形式,散发出浓厚的怀旧气息;大面积玻璃使得繁忙的"码头"景象与室内商业空间融为一体(图2-16、彩图3)。工业化初期建筑的轮船与钢结构概念的采用,很难说是谁先产生的。

图2-16 美国 Garden State Landings 购物中心鸟瞰效果图

四、国外商业项目流行概念简介

从国外商业流行的项目基本概念中,我们可以看到商业项目概念涉及面十分广泛(表2-2),值得我们认真探讨如何在建筑设计中落实这些概念,产生建筑概念。深入体验这些概念,还有利于我们创造新的项目概念。

国外商业项目基本概念一览表　　　　　　　　　　　　　　　　　　　　表 2-2

概念分类	概念	概念	概念分类	概念	概念
城市休闲	有魅力的舒适的空间	人与自然环境	气氛	热闹	同游
	人工美与自然环境的调和			自在	境界性
健康	沙拉的感觉	明亮	地区与发展	市民感觉	地方习俗
	安全	安心		城市活化	地区生活
舒适	不会疲累	心情放松		地区公益性	地方文化
	休息	休闲		向周边地区拓展	成长的都市
	漫步心情	被解放的自由感		永远变化的城市	表情经常变化的
高度交流	人性化	有气氛	信息接受与发布	文化传播基地	文化气息发散
	自然、游戏的心情	季节感		生活与文化	时尚展示
	人性尺度	时光感		艺术展示	文化展示
游戏的心情	有趣的商业空间	有趣的散步		信息传播基地	信息吸收场地
	娱乐	自在享受		生活与信息的观查场地	信息设备展示
生活方式	用自己的手来创造生活	享受社会	非日常性	发现	感觉
	为职业妇女…	自己的时代		奢华	邂逅惊奇
	为夜猫子…	生产与消费一体化		梦想的心情	
	为家庭妇女…	享受购物的过程	都市感觉	都市生活感觉	都市感觉的都市广场
	创造健康生命的充实感	生活的感觉		都市的概念	都市派的意象
	游戏人生	帮助别人		都市的优越与气派	COOL
	对生活有帮助	意志、未来、愿望		都市的生活方式	都市休闲区
功能的复合	开放的城市	新城市	国际性	以外国人为市场目标	美国西海岸
	人的都市	建筑是一个城市		国际水平	外国人经常光顾
	高度复合	高层化的城市		国际先进理念	
	生活聚集		先驱性	时髦	未来性
社区	交流空间	亲密交流		走向未来都市的标志	高级的
	社区生活			未来生活的展示	跨越时代

(资料参考:日本建筑学会编著,黄志瑞等译,建筑策划实务,辽宁科学技术出版社 2002)

以日本西武财团在尼崎市投资建设的冢新购物中心为例,可以看到其项目基本概念(主题、idea)至扩展概念的具体实施情况,如表2-3、图2-17所示:

冢新购物中心项目概念一览表　　　　　　　　　　　　　　　　　　　　表 2-3

基本概念(总 idea)	分区基本概念	扩展概念	扩展概念
生活游乐园	东街区 1. 给人惊奇的空间 2. 都市街道	机器人、机器狗	电话资讯区
		立体投射屏幕	电动猫头鹰
		有趣的玩伴,如铜锣戏等	蔬菜工厂
		流行精品服饰	自由观看的有线电视
		最贵的玩具	透明观光电梯
		表演广场	极有魅力的大厅
		极长的自动扶梯	面向顾客的可视电话
		电脑查询城市地图	滴答时钟

续表

基本概念(总 idea)	分区基本概念	扩展概念	扩展概念
生活游乐园	西街区 1. 让你松一口气的舒适空间 2. 充满生活感的街道	手工艺馆	减少外墙，与城市融合
		慢跑场地	双层桥步行道
		运动馆	花园餐厅
		铃树	花园茶座
		七福神	极有魅力的公园
		大众街	步行街
		新鲜馆	休息街
		小公园	年轻人现况转换站
		社区充电区	电动"石狮子"
		变幻的喷泉	与楼梯结合平台

(资料参考：日本建筑学会编著，黄志瑞等译，建筑策划实务，辽宁科学技术出版社 2002)

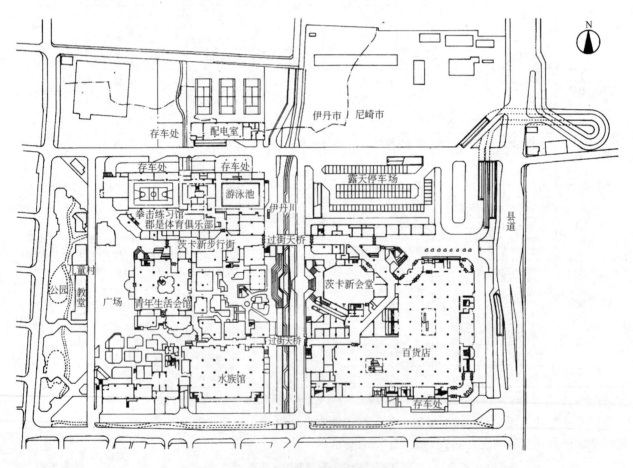

图 2-17 冢新购物中心底层总平面图

由以上概念可以看出，商业项目可以表现出无穷的特征。在具体的项目中，项目概念的落实一般会存在三种问题：一是项目概念无法完全地传达给相关建筑师、室内设计师；二是相关建筑师、室内设计师不能充分理解项目概念；三是相关建筑师、室内设计师没有充分的技术与知识水平。建筑师、室内设计师在空间与形式创意、空间与形式设计，在材料、质感、色彩、照明的运用等方面的差距，都会影响项目概念的落实。

随着时代的发展、生活水平的提高，采取"趣味"与"好玩"的生活态度的人会越来越多。有趣的、使人感觉舒适的场所，一定会吸引人的聚集。为迎接"享受生活的时代"，以"集客"的理念进行项目策划、建筑设计是符合现代社会的。因此，作为创造商业空间主要角色的建筑师，必须要了解商业建筑的这种趋势，并且要亲身去体验正在流行的活动、流行的场所，了解其发展的趋势，等等，才能够设计好真正优秀的、适应社会的、适合项目的建筑作品。

附二：重庆合川颐天廊商业项目概念策划

编者注：

（1）本策划是由重庆合川海翔房地产公司委托舒明武等进行的，摘自"住在杭州论坛-楼市纵横"。整个策划书由背景分析、理念策划、品质策划、营销策划等四章组成；另包含两个附件：颐天廊商业用房营销整体策划方案、颐天廊商业用房营销第一阶段运作方案。此处节选了概念策划相关内容，并有节略与改动。

（2）为了使读者更好地了解商业项目概念策划及其与建筑策划、建筑设计概念研究的不同，更好地参与项目策划、进行建筑策划与建筑设计，在此进行了较大篇幅的摘录。

第一章　背景分析

一、宏观背景(略)

二、主要优势(略)

三、主要劣势(略)

四、重点结论

（1）临江高岸观景景观的开发与广场、步行商业街景观不属于同一类型，它是独一无二的，是没有可比性的，临江高岸观景景观却完全能够体现合川作为江城的特色。

（2）在重庆，人们普遍感到缺乏真正好玩的地方，缺乏文明、健康、科学、雅趣的新型休闲名胜之地，缺乏高档次、高水准、高文化(绝非仅指装修上的"高")休闲的远郊旅游景点，长廊有可能成为弥补这一空白的幸运者。

（3）在21世纪初，新合川、大合川、美合川之形象的出现是必然的，它从哪一点上突破却是偶然的。长廊项目做得好，便会成为那偶然的一分子，成为现代合川人自豪骄傲的新源泉，成为合川人的第一休闲大客厅。

（4）如果我们着眼于中国新生的休闲文化与产业的发展，着眼于国内国际旅游市场的新开发，那么，长廊就不简单是一个只属于合川的地方性的休闲旅游项目了，经过一定的形象包装后推向海内外旅游市场的成功可能性不仅存在，而且相当大。

第二章　理念策划

一、总体形象定位

总体形象定位着重解决长廊在人们心目中的核心印象"是什么"或"将是什么"的问题。它必须迎合市场与社会发展的趋势，立足于项目自身的资源优势，具有深度、广度和高度和独特性。

（一）理性化描述：江景休闲文化新星

意义简释：

（1）这一总体形象表现了长廊鲜明的本质特征，又表达了它非凡的经营气魄。它预示着中国休闲文化领域的一颗新星即将在美丽的江城合川升起。

（2）它将成为长廊项目规划设计、营销推广、物业管理和区域文化建设的指南，成为项目未来源源不绝的活动题材和原生动力。

（3）它语言简洁，内涵丰富，外延宽广，可拓展的空间极为广阔。

（4）这一描述主要是对内使用的，是以科学性为主的。

（二）感性化描绘：合川最优雅的客厅；合川最佳的客厅

二、文化内涵定位

在千米长廊上，通过书法、绘画、雕刻、文字等方式，展示现代城市休闲文化。因为现代城市休闲文化是与现代人生活内容、生命价值息息相关的文化，是现代社会文明的重要标志之一，其内容多彩多姿、与时俱进，观赏价值高，潜力大，又与长廊主题天然吻合（参见第三章，品质策划）。

三、目标客户定位

区域定位——以合川人为主，以重庆主城区人、合川周边县市人为辅，兼及海内外一切喜欢新兴休闲文化的人们。

身份定位——以合川广大的市民阶层之人士为主，同时，对合川中等收入及中偏高与中偏下之各阶层人士也给予充分的关注，强有力的吸引。

四、市场角色定位

合川江景休闲时代的创新者——作为一个建造在合川绝版江景地段的休闲长廊，有责任为合川的休闲产业开发、江景开发作出创新性的贡献，从而引导与带动合川漫长的江景线的开发。

重庆江景休闲时代的挑战者——作为独拥三江的合川市来说，理应在江景开发上有一番大的作为，而长廊则是一个机会，抓住它做一篇创新性的文章，有可能一鸣惊人，在重庆江景开发史上留下绚丽的一笔。

五、项目功能定位

观景休闲功能——在如此高而陡、长而美的江岸线上观赏涪江美景，体验江风浩浩，本身就是一种难得的休闲享受，即使不品茶只散步那滋味也是令人心旷神怡的。

文化休闲功能——长廊本身通过书法、绘画、雕刻、文字等方式所展示的文化（静态文化）是永远有其魅力的，而长廊通过展览、竞技、表演等活动展示的文化（动态文化）则为其锦上添花。

美食休闲功能——千米长廊最适合展示合川本地、川北地区及成渝两地的名特风味小吃，随时让游乐者大饱口福。而长廊精选引进的本地或成渝两市的名牌餐厅酒楼，又让中高收入的人士也慕名而来，又享受美食，又享受美景，一举两得。

茶饮休闲功能——临江品茗，倚岸聊天，看夕阳西沉，望月出东山，任晚风轻拂，沐华灯彩辉，自古以来便是人生一大乐事。在当今这个竞争激烈，性情浮躁的商业社会，这一休闲风光更是商界中人所向往的，也是其他各界人士所陶醉的。

知识休闲功能——这将是长廊独创的一种休闲功能，其重点是周末或周日的知识讲座，为热爱学习的合川市民提供新知识、新观念、新信息方面的精彩讲座。

购物休闲功能——长廊上的商品应该与商场超市的商品截然不同。它应该是小型的、便携的、有特色的装饰工艺品之类的物品，有些就是现场制作的，如剪纸、泥塑、现场书法、棉花丝糖、合川桃片等，令游人专注观赏，难舍难离，有时候参与一下制作，更会心情亢奋。

娱乐休闲功能——经过精心选择的一批娱乐设施，将给长廊的佳宾游客带来阵阵的欢声笑语。最好是引进与休闲方式相吻合的娱乐设施，以便和长廊的主题相一致。

运动休闲功能——这里所说的运动主要是指棋类运动，除了开展中国象棋、中国围棋、国际象棋的竞赛、观摩、学习与训练外，还可引入具有地方特色的一些棋类运动，如宁夏方棋。条件许可的话，麻将竞技运动也可适度开展。

其他还可能有一些功能将在以后的实践中得到展现。

六、建筑风格定位

吸取中国传统士大夫阶层的休闲性建筑——重点是水景长廊建筑的精华要素与现代城市市民休闲方式的大气、宽松、明快、舒畅等特色相结合，从而创新出一种融汇古今的新型人文江景长廊。

七、广告词创意

形象主题广告词——养眼，养生，养性，养心。

形象主题广告词延展——江景养眼，美食养生，休闲养性，文化养心。

（略）

第三章　品质策划

品质策划主要指的是长廊硬件建设的策划，其最核心的问题是创新——具有首创性的、大手笔的创新。缺乏创新将愧对这一"绝版江景"。

虽然这方面主要由规划设计专家来完成，但依据策划理念提出的一系列重要的创新原则和具体的创新建议也是不可忽视的。最佳的效果是创新策划与规划设计两者取长补短，相互辉映，完美融和。

以下是具体的策划创新内容。若在具体的设计施工中有所取舍，是正常的。

一、世界第一景观黄桷树

这是长廊景观创意中最具独创性的地方，是超越同类休闲性园艺景观的创新智慧，是景观雕塑艺术的神来之笔。主要的内容是：

选择本市市树——黄桷树。用人工与自然相融合的手法，"雕塑"出一棵树围超过世界树王（"世界树王"的树围是42m）的极为巨大的超级黄桷树。

最精彩的却是该树的真假融溶一体。首先，在原景地用完美的造型设计、优质的钢筋水泥、高超的工艺水准，惟妙惟肖地"雕塑"出超级黄桷树的主躯和重要枝干（及若干精壮的垂地之根，此根又巧作支撑点之用），在那震撼巴渝的主躯和硕壮无朋的枝干的腹内纹间，埋藏进适于黄桷树生长的优质泥土，再精心移植来一株株真实的年青壮美的黄桷树，稍假时日，株株真树鲜活而立，密密绿叶蔽日遮天，而真树新发的嫩红色的万万千千的根须，又将渗穿石缝石隙而入或绕缠石枝石根而下，使游人难疑有假，迷离恍惚中不疑有假。

该树假上生真，真中掺假，假亦乱真，几度春秋后，你中有我，我中有你，只要不看专门的解释或导游不作说明，初访者就再也分不出真伪了。由于树太粗壮，中心恰好可以巧妙设置一些弯曲的树洞，供孩子们钻来钻去的游玩。

它可以申报吉尼斯世纪纪录，产生轰动效应。同时，它又是属于绿色环保型的景观雕塑艺术创新，在名声和影响上也是极佳的。慕名而来的、与之合影的、赞叹不绝的、流连忘返的人只会越来越多。

（注：有了这个世界第一的支撑，长廊才具备了与鱼钓城齐名的可能性，那句"古有钓鱼城，今有夜明珠"的广告词才算有了实体的内容。）

二、长廊的文化包装

以现代都市休闲文化为颐天廊的文化内涵，其文化形象包装的主要内容有：

(1) 壁画或柱画：都市休闲百态图。

(2) 艺术群雕：不朽的琴棋书画。

(3) 景观小品式名言书法：内容是关于休闲养生、身心健康的。

(4) 雕塑：休闲时尚人物。

(5) 经常更新内容的幽默漫画长栏……

三、名特风味小吃馆

仅巴蜀两地的名特风味小吃都有数百种之多，精选一批入住长廊，那是会大受市民和游人欢迎的。外地的甚至海外的也可适当引入或逐步引入。

四、巴蜀美食大餐阁

引入数家重庆、成都的老牌川菜或新派渝菜（包括重庆所谓的江湖菜）品牌餐厅是有必要的，能够提高长廊的经营档次，能够更有力地运用江景资源。重庆南滨路的"陶然居"每天200%的上座率已经作出了证明。

五、丰富多彩的茶饮

既有高中档的茶楼，也有低档的茶馆；既有中式茶楼，也有西式的酒吧、咖啡厅；既有传统意义上的午茶与晚茶，也有新开辟的早茶和论述茶；既有纯粹的品茗聊天，也可以辅以棋牌娱乐……总之，茶饮是长廊的重头戏之一，在硬件上要有充分的考虑。

最好有一些仿竹型的茶楼，在其间夹入粗犷的真竹，使人真假难辨，有自然趣，有亲切感。为了提高档次，可以考虑引入日本茶道、台湾茶艺等。

六、观星望月亭

设计一两处高一些的地方，在那里架设一个天文望远镜，可以让游人在那儿遥望星空，也算一种科普知识的普及。也可设计一个露天的茶座，以供人们中秋品茗赏月（原来的两个水塔可以改造后利用）。

七、古旧的水车

涪江岸边，巨型的木制水车，在涪江的流动下缓缓转动，生生不息。突出涪江合川的历史源远流长，寓意本长廊是超越历史，超越地理的传世之作。

它们仿佛美文中的闲笔，闲即不闲也。

八、四季花展

千米长廊，如果要在每个季节突出其季节的特色，最佳的就是花展。届时可以发动合川市民参与（如举办春花节或春花赛），那声势更大了，许多市民不想来都不行了。花展时再辅之以奇石、盆景展，那就更迷人了。

九、质量一流的棋牌馆

除了传统的围棋、中国象棋、国际象棋外，还可引入宁夏的方棋。棋牌馆的棋子质量要好，棋盘质量要精，要有一些能够举行国际级甚至国际级大赛的好棋子，好场地。

面积不要太大，多搞一些区域性的竞赛活动，应该获得重庆棋院与合川本地棋界人士的帮助。

十、竹林、柳阴、桂香美化长廊

陡险的江岸上下，除栽种大树（特别是能巴壁的黄桷树）外，应植有一大坡茂竹浓阴，一长排的杨柳随风、一连串的桂树飘香（桂树栽在长廊的主要进风口）。它们将与世界第一黄桷树、四季花展相映成趣，美不胜收。

十一、造型新颖的座椅

以往许多景点由于对人性化关怀考虑不够，免费的座椅太少，令游人好生烦恼。这一缺陷在长廊中将永远消失，因为造型新颖的座椅将遍布长廊各处供游人免费享用。建议这些座椅的造型与中国传统的十二生肖文化相联系，进一步彰显长廊的文化特色。

十二、灯光艺术文化

长廊是展示灯光艺术文化的最佳场地，建议统一设计长廊的建筑灯饰，以霓虹灯（包括大型广告霓虹灯饰）为主体，辅之于丰富多彩的各类灯饰（少不了彩色探照灯），让长廊成为灯火千米夜如昼的长廊，也为创办文化性灯会准备好物质条件。

需要注意的是，长廊的灯光布置，以在长廊观赏美丽迷人的夜景为主要目的（作为夜景灯光工程，可以争取政府给予一定的用电补贴。）

十三、书画艺术展示廊

也许，千米长廊是最适合于做书画艺术展示廊的了，而书画艺术的欣赏、宣传与普及，正是休闲走向新时代的趋势之一。所以，在硬件上要先作好充分的考虑，能够保证书画艺术展（节）的能够在不利的气候条件下也能顺利进行。

十四、飞流直下

如此高的悬崖上没有一线飞泉（甚至飞瀑）是诗意不足的，是令人遗憾的。所以有必要引水上高岸，在花园小区巡流一圈后再放入涪江，形成飞流直下之景，增加长廊风景的层次感和立体感。

十五、最长的步行健身石廊

需要精心设计一下，最好运用三峡的卵石铺就，增加更多的美感。在长廊的两头入口处提供软性拖鞋的出租或出售，让人们穿此鞋而行，让足的健康达到最佳的效果。

（三峡低处即将被淹，三峡石即将绝迹，可以去采购一批回来，具有特殊的历史文物价值。）

十六、现代书吧

书吧是文化休闲的重要方式之一，是有志有为的年轻人喜爱的地方，是区域文明进步的象征之一。

长廊作为现代休闲方式的倡导者，理应建设一个现代风格的书吧，也会是越来越有市场的。

十七、公益报栏

主要的有一个免费的报纸宣传栏，上面贴有重庆六大主报、外地四大主报(参考消息、南方周末、文摘周报等)就够了，就足以吸引许多市民每天前来了。该栏花费不大，效果却很好，理应得到政府宣传部门和新闻媒体的支持。资金来源还可以考虑用广告回报的方式解决，自己不花一分钱。

十八、专线吉普巴士

由于老城居民来消费不大方便，所以有必要开通专线巴士消除这一不便，应该预先设计好巴士站。吉普车是最适合休闲运动的车型，引入几辆，会受到年轻人欢迎的，即使淋几分钟的雨他们也会愿意的。

十九、多功能游戏厅

里面既有现代玩具，也有传统玩具；既有少年玩具，也有成人玩具，总之是一个非常好玩的地方。

二十、城南晚钟

长廊设一古铜钟，每天在晚间一定的时间敲响(钟声一定要响亮而又温和悠长，优美动听)，是具有不可言说的特殊韵味的，久而久之，就会形成两岸人们新的听觉美感和习惯(钟的设计、铸造、首敲仪式可合起来做一篇公关文章)。

第五节 商业建筑策划

建筑策划目前在中国还是一个较新的领域，而商业建筑策划作为独立、完整的业务项目更是少之又少，其工作内容往往与商业项目策划、建筑设计混杂在一起。本节主要是根据相关理论及国外的一些状况对商业建筑策划进行简单介绍。

一、商业建筑策划概述

(一) 商业建筑策划的概念

庄惟敏教授在《建筑策划导论》一书中提出，建筑策划(Architectural programming)是特指在建筑学领域内，建筑师根据总体规划的目标、设定，从建筑学的学科角度出发，不仅依赖于经验和规范，更以实态调查为基础，通过计算机等近现代科技手段对研究目标进行客观的分析，最终定量地得出实现既定目标所应遵循的方法及程序的研究工作。简言之，建筑策划就是将建筑学的理论研究与近现代科技手段相结合，为总结规划立项之后的建筑设计提供科学而逻辑的设计依据。为了实现总体规划的目标，得出定性、定量的结果，以指导下一步的建筑设计，这就是建筑策划的过程。

郑凌博士在《高层写字楼建筑策划》一书中认为，通过整合建筑学、房地产学、统计学等方面的知识，在综合考虑房地产开发各阶段的策划结论，建筑设计可能面临的各个问题，在对数据进行科学的统计学处理的基础上，兼顾经济因素、技术因素和市场因素等，科学地决定各空间的内容、规模及相互关系等，制定科学的设计任务书，并在可能的情况下作出概念设计，给下一步建筑设计提供依据。

在刘先觉教授主编的《当代建筑理论》一书中，将建筑策划以设计计划表述，认为对于设计计划(program)这一概念，简单地说，就是设计的前期准备工作，因而是设计过程。其主要任务包括明确及分析设计要求和制约，进而提出设计目标，建立设计准则。实际上、设计计划是提供一个控制设计过程的框架。

综上所述，在此我们把商业建筑策划定义为：根据商业项目策划的要求，从建筑学角度出发，结合其他相关知识，基于客观实际调查所得资料，根据前人及建筑策划工作者自己的知识与经验，采取数理统计与综合分析等手段，定量得出实现既定目标所应遵循的条件、方法及程序，为商业建筑设计提供设计依据的研究工作。

一般来说，建筑策划是处于项目总体规划立项以后，为建筑设计提供指导性文件的一个阶段。有时候，建筑策划也参与到项目策划中，并影响总体规划立项。

（二）商业建筑策划业务简述

以前，建筑师的设计工作中包含一定的策划工作。随着建筑目的、建筑功能及建筑技术的日益复杂，建筑规模的日益扩大，建筑策划涉及越来越多的传统建筑学专业之外的知识，逐渐成为传统建筑师难以独立把握的一项工作。自20世纪60年代起，建筑策划在发达国际逐渐发展成为一项与建筑设计紧密相联而又独立的专业活动。

目前在西方国家，参与建筑策划工作的企业主要有建筑设计事务所、各类顾问公司、各类建设公司等。建筑策划工作因建筑性质的不同，而被不同性质的企业主导。在大型复杂商业建筑项目中，建筑设计事务所主要被邀请分担空间相关方面的策划工作。目前西方国家的商业项目策划工作主要由商业项目专业公司或主要咨询团完成。当项目策划与建筑策划这两部分工作由同一部门担负时，其工作范围往往混合进行。

在我国，目前的商业项目策划主要有两种方式。一种是投资企业自己完成商业策划报告，规定建设规模、主要分项的相互关系及建筑面积，对于更为详细的具体子项建筑面积分配，更多地交由建筑设计单位在建筑设计中完成。另一种是投资企业委托策划或咨询公司进行项目策划，相关公司组织建筑师参与其中工作，完成报告含有较为详细的空间策划内容，基本可以作为建筑设计依据（虽然相关成果可能相对较多地依靠主观判断，科学性值得怀疑）。

二、商业建筑策划的过程与内容

商业建筑策划的过程即明确商业建筑建设要求和制约，提出设计目标、制定设计条件的过程。一般建筑策划的过程是，"目标设定→外部、内部条件调查与分析→空间与技术构想→建筑经济分析→策划报告拟定"。

（1）目标设定。分析商业发展或策划相关资料，明确建设目标。这些资料可能是正式完整的或局部的报告，也可能是非正式的要点说明。

（2）外部、内部条件调查与分析。分析有关法令、规则、规划限制条件、场地条件等等。分析商业功能要求，如经营方向、具体经营活动方式、经营空间要求等等，确定不同空间的性质要求、环境设计限制与设计准则。

（3）空间与技术构想。建立空间结构框架，作出功能关系图、流线分析图等，以表示各个空间场所及相互关系的图表。结合现有资料，根据实际调查情况，综合分析，确定各个部分具体面积的分配。根据以上依据，提出策划设计方案和基本技术构想。

（4）建筑经济分析。对策划设计方案进行建筑经济分析。

（5）策划报告拟定。将以上策划依据及结果以文字、图表、图形等方式编制策划报告。

以上是对这个过程的简单描述。其实，这个过程不是按照简单的线性轨迹发展的，而是在发展的过程中，不断地进行信息反馈、信息与结果修正。

由于商业建筑的空间、环境及形象与商业经营活动密切相关，所以商业建筑策划往往无法独立于项目策划的过程。有时候，在商业项目的机会研究阶段，建筑策划的部分工作就参与进来了。目前在中国，由于商业建筑的市场性与建筑特征紧密相联，同住宅开发项目一样，许多商业开发项目在商业策划阶段，已经将建筑策划的内容基本融入到其策划研究成果中，无须再行完成独立的建筑策划报告了。建筑设计工作只需依据商业策划书的相应部分就可以进行工作了。在日本商业设施企划作业流程中，建筑策划在项目策划阶段的"项目构思"阶段就已经参与其中了。

由于目前中国一部分商业建筑的投资主体的市场意识还比较淡薄，或因某些商业建筑项目需求旺盛，或因某些开发商投资经验丰富，有的商业项目不作详细的商业策划报告，或在报告中不含较详细的建筑策划内容。在这种情况下，建筑师可依据相关实例、部分调查和自己的经验，作出尽可能贴近市场、贴近社会发展的建筑策划分析，或以建筑策划报告的形式完成，或以正式或非正式设计任务书的形式完成，与商业项目开发企业讨论，作为建筑设计的依据。

三、商业建筑策划涉及要素

商业建筑策划涉及要素，指的是在建筑策划过程中所涉及的各个方面的问题。对这些要素及相互关系的分析即构成商业建筑策划的主要内容。商业建筑策划涉及到商业经营、顾客行为、内外环境、建筑技术等多方面因素。

虽然商业建筑策划过程涉及的要素比较复杂，但总的来说可以分为内部需要及外部制约两方面。内部需要来自商业设施特定的经营要求，即经营者的空间需求与顾客的行为、活动及心理需求等等。外部制约即外部需要实现的可能性及对内部需要的影响作用，包括基地、环境、经济、社会、文化、技术等因素。

对于商业建筑策划涉及的要素，具体有如下几个方面。

（一）建筑基础要素

建筑的基础要素是指建筑对安全防护、舒适、意义和艺术等方面的要求。这些要求是建筑的基本要求。

（二）建筑机构要素

在这里，机构指建筑的使用者以一定的方式、为执行特定的功能所形成的组织。建筑机构要素包括建筑机构目标和建筑机构功能两个方面。

建筑机构目标指机构在建筑中所要达到的主要目的。如一个服饰专业商店，它的定位如何，主要客户对象是谁，盈利目标与方式怎样，即建筑机构目标。建筑机构功能包括机构中各部门间的关系、相关人员的性质和特点、工作流程等。在商业建筑中，建筑机构功能是以顾客为中心的。

（三）建筑系统要素

建筑系统要素指在建筑策划过程中所涉及的、更具体的建筑的本身各要素及各种影响因素。它们主要有如下一些方面：

1. 基地环境

（1）基地状况。基地的特征、地形、地貌、地质、外部景观等情况对建筑的影响。

（2）气候。气候是否对建筑空间有特殊要求？

（3）城市与区域文脉。城市总体规划、土地使用、城市设计、交通情况对建筑的要求，周围土地利用、建筑特征、周边环境（如周围建筑之用户特征、污染排放、噪声等）的影响。

2. 社会因素

包括文化习俗、环境法令、规章制度、社区关系等文化与社区因素。

3. 顾客因素

（1）不同时段顾客的人数与类别特征。

（2）主要顾客的社会特征、文化背景、心理与行为特征等。

（3）主要顾客对商业空间的环境心理与行为要求。

（4）主要顾客在商业建筑空间中的主要活动场所及次序。

（5）各种顾客、各种商业活动之间的关系，其中相互影响的特点。

4. 空间要素

（1）空间描述

各个商业空间与其他空间或空间整体之间的关系、使用特点、空间要求（如面积、高度、温度、声光、使用材料、通信等），及其空间规模的制订依据。

（2）性能规范

建筑法律、法规对商业建筑之特定要求。

5. 美学因素

建筑空间与形式的设计目标和要求。

6. 可变因素

(1) 适应性要求

商业建筑要求建筑空间能够适应经常性的经营布置调整,建筑策划应该为这种特点提出相应设想。

(2) 未来发展要求

商业建筑投入使用后,随着社会的发展,其功能要求也会发生变化。建筑策划应该预测这种变化,提出未来可能的改造设想。

7. 建筑技术因素

考虑建筑材料、建筑结构、施工工艺、运输设备、空调设备技术层面等对建筑的限制与要求。

8. 经济因素

考虑投资企业的目前资金情况与未来经济效益,并对建筑的造价、营运与维护费用等进行估算。

第三章　现代商业建筑功能空间设计

为确保商业建筑能够最大限度地满足使用要求，必须首先了解商业建筑的功能空间构成、相互关系以及各空间的使用要求，并掌握其一般设计原则。本章的分析（特别是对商场功能空间组成及其基本关系、营业空间设计要点的分析）主要是基于百货商场进行的。

第一节　总平面设计

在一般商业建筑的总平面设计中，除了对建筑主要入口的室外空间有所考虑外，对其他室外空间的要求较少，主要涉及人流、物流的流线组织、建筑及相应场所的位置布局等问题。在某些大型的购物中心设计中，出于经营或城市设计要求，十分重视室外空间的组织，室内与室外空间往往综合考虑，统一构思。对于此类总平面设计，我们将着重在其他章节里进行讨论。本节着重讨论对一般商业建筑总平面设计的普遍问题。

一、设计原则

（一）功能合理、留有余地

商业建筑设计应符合城市规划和环境保护的要求，并不宜设在危险性厂房、仓库、堆场附近。大中型商业建筑基地应选择在城市商业地区或城市主要道路的适宜位置，在其主要出入口前，应按当地规划部门要求，留有适当集散场地，作为缓冲空间，避免大量人流与城市干道交通发生严重干扰。特别在大型综合性商业建筑中，应认真分析各种设施之间的功能关系，合理安排其在基地中的位置。

（二）出入便捷、流线合理

商业建筑应合理组织交通路线，方便顾客、员工和货物进出。在商业建筑中，应尽量保证客流、货流和员工三条流线互不交叉；保证顾客流线与货物流线绝对分开，消费与休闲空间不受车辆影响；尽量使顾客进出便捷，合理安排购物流线；毗邻城市公共活动空间（如广场、人行立交桥等）时，应尽量使出入口与其相连，便于吸引和疏散人流。

商业建筑车辆道路出入口距城市干道交叉路口红线转弯起点处不应小于70m。大中型商业建筑应有不少于两个面的出入口与城市道路相邻接，或基地应有不小于1/4的周边总长度和建筑物不少于两个出入口与一边城市道路相邻接。在建筑物背面或侧面，应设置净宽度不小于4m的运输道路（基地内消防车道可与运输道路结合设置）及卸货场地。如附近无公共停车场地时，应按当地规划部门要求，在基地内设停车场地，或在建筑物内设置停车库。

二、交通组织

（一）未来交通情况分析

商业建筑未来交通基本情况的预测，是合理安排交通流线，提出合理总平面设计的重要依据。通过商业项目建设可行性研究报告、经营者的其他测算、相应建筑的使用情况调查、实地观察等，即可基本掌握商业建筑未来交通基本情况。

交通情况分析主要包括以下几个方面：

（1）交通方式分析。分析商业建筑中各种类型的交通方式，即顾客、员工、货物通过何种方式进入商业建筑，如步行、自行车、汽车等。

（2）交通流量分析。分析商业建筑中各种类型的交通流量（数量、速率、时间）。

（3）交通流线分析。通过了解商业建筑周边的公交车站位置、主要顾客的前来方向等，判断人流、物流进出方向、最佳流线位置。

(二) 交通流线组织

在商业建筑规模不大的情况下，人车混行是常用的交通组织方式。这种交通方式，虽然土地利用的效率比较高，但人流车流互相干扰，破坏了购物的安全性与舒适性。在大中型或对商业环境要求较高的商业建筑中，往往采用人车分流的交通组织方式。大型现代商业建筑的交通组织方式正在向多层次、立体化方向发展。

商业建筑人车分流的交通组织方式，主要有时间分流和空间分流两种形式。

时间分流是在特定的时间内，限制某些交通方式在某些场地内通行的交通组织方式。如某条道路在主要营业时间限制车行，供行人使用；在夜间开放限制，允许车辆通行。时间分流是一种灵活动空间管理方法，有利于提高商业空间使用效率，同时又基本保证了人流环境的舒适与安全。在建筑设计中涉及到的主要是空间分流，在此对其进行重点讨论。

空间分流可以分为平面分流和立体分流两种类型。

1. 平面分流

平面分流是在同一交通平面上，迫使不同类型的人流、物流在不同空间中进行的一种交通组织方式。这种交通组织方式投资较低，容易实施。顾客人流组织应设在商业建筑面临主要道路正面的位置。货物和职工流线，一般设置在建筑的背面或侧面。三种流线相互应有一定的距离(图3-1)。

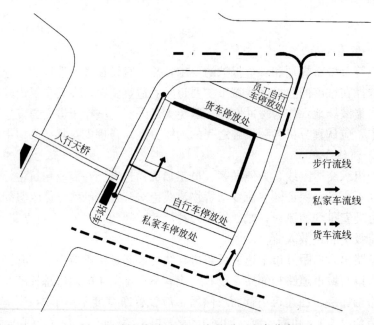

图 3-1 深圳沃尔玛蛇口店的平面人车分离

2. 立体分流

立体分流是通过一定的空间处理方法，迫使不同类型的人流、物流在不同的平面中进行的一种交通组织方式。这种交通组织方式，人流、物流干扰最小，商业空间可以得到很好的融合。立体分流的主要方式有：

(1) 商业建筑场地中，顾客活动的地面标高与城市道路标高接近，停车场、货物仓库设置在地下层。

(2) 以步行平台、过街楼等方式将商业建筑空间相连，车辆行驶和停放安排在其下部分空间中进行。

(3) 城市道路两边的建筑则通过架设过街天桥相连。

(4) 商业空间从地下连通，车辆在其上行驶；如地铁站附近的商业建筑，可以跨越车辆行驶道路，从地下连通。

如日本横滨皇后广场，几个独立的商业建筑之间，采用地面、地下、空中购物流线相连的方式。建筑综合体建在地铁线路之上。开放的城市步行空间穿越建筑并向城市空间发展(图3-2)。

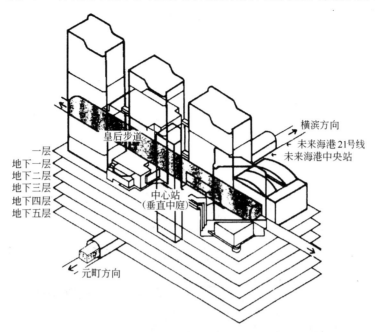

图3-2 日本横滨皇后广场与城市交通关系示意图

三、停车场地设计

（一）停车量预测

商业建筑的停车量的预测有时候也是不准确的，在我国许多商业建筑中，自行车的停车量往往远大于其设计容量，造成自行车在场地内及城市人行道上混乱停放，影响了商业建筑的形象。

目前，我国对商业建筑停车场车位数量尚无统一规定；而且，我国经济发展迅速，城市居民购物的交通方式也很难准确估计。数年以前，称我国是一个"骑在自行车上的国家"，但近年来，我国出租汽车、公共交通系统发展更加完善，私人小汽车拥有量迅速增加。在北京、深圳等经济发达城市，20%以上甚至更多家庭开始拥有私人小汽车，骑自行车购物的人越来越少。2003年，武汉市规定重要商业建筑停车场面积的报批标准为，每200m^2的商业建筑面积设一个汽车车位。这是一个较有价值的参考标准。目前天津铜锣湾购物中心每100m^2的建筑面积设有22.75m^2汽车车位，也可以作为一种参考。

据有关资料统计，西方发达国家商业建筑停车场地所占比例，有些占到基地总面积的1/4，有时营业面积与停车场面积之比，达到1∶1.5之多。日本商业建筑的停车场地，一般按每300m^2的商业建筑面积设一个汽车车位。

商业建筑的停车量，与建筑所处城市、商圈情况、商业业态、经营状况紧密相关。商业建筑的停车量的预测，应该通过商业项目建设可行性调查研究、经营者的其他测算、相应建筑的使用情况调查等获得。

表3-1、表3-2为国内部分商业建筑停车场规模举例。

国内部分商业建筑停车场规模举例之一　　　　表3-1

名称	机动车停车场面积(m^2)	机动车车位（个）	非机动车停车场面积(m^2)	营业面积（m^2）	停车场面积与营业面积之比	停车状况
西安家世界仓储超市	12000	350	1620	15000	0.91∶1	良好
西安好又多西门量贩店	6000	150	350	12000	0.53∶1	良好
西安爱家超市	2000	70	400	7200	0.33∶1	不好

国内部分商业建筑停车场规模举例之二 表 3-2

名　　称	停车场面积(m²)/总建筑面积(m²)	机动车车位(个)/自行车车位(个)	营业面积(m²)/商务办公面积(m²)	停车场面积与总建筑面积之比
北京新东安市场	21990/220667	500/3600	120000/49000	10%
广州正佳商业广场	41300/376000	1500/		11%
武汉佳丽广场	15000/191500			7.8%

（二）停车方式选择

商业建筑停车一般有露天停车场、地下停车场、上部停车场、独立停车库四种方式（图 3-3）。其特点如下：

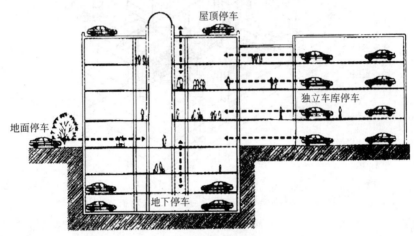

图 3-3　商业建筑的停车方式

1. 地面停车场

地面停车场一般邻近建筑物设置。优点是造价较低，缺点是占地面积大。在地价较高的城市中心区，一般只部分采用这种停车方式，大面积采用是不经济的（利用后期发展用地除外）；而在地价较低的城市边缘区，大面积采用这种停车方式却是经济可行的。另外，在夏季炎热地区，利用地面停车场作为主要停车方式时，应该考虑遮阴问题；否则，在太阳的暴晒下，消费者在离开时，会为打开车内空调降温，在暴晒下等候而烦恼不已。

2. 地下停车场

地下停车场一般设置在建筑物地下层。优点是节约用地，与购物空间联系紧密，避免恶劣气候的影响；缺点是造价较高。在地价较高的城市中心区，主要采用这种停车方式。购物空间与地下停车场的联系，可采用电梯、自动扶梯、楼梯等方式。

3. 上部停车场

上部停车场指设置在建筑物二层以上的停车空间。在商业建筑中，由于一至二层是最好的营业空间，停车空间不应占用。在高层建筑中，一般地下室可以设置停车空间。在低层建筑中，如果营业空间占用层数不多，设置地下停车场不经济或有其他原因，可以考虑在营业层的上部或顶层设置停车场。停车场与地面的联系一般采用汽车坡道。

4. 独立式停车库

独立式停车库指设置在建筑附近的停车库。为了节约用地，一般为多层，利用地面走廊、地道或天桥与营业空间相联。独立停车库在超高层建筑中，由于停车数量极大，时常采用；在低层、多层为主的建筑中，如果地价不是很高，比地下停车场经济，同时可以丰富建筑空间；在与营业空间毗邻时，停车空间与营业空间联系比较紧密。

商业建筑的停车空间，根据建筑的要求，可以同时采用多种方式。如纽约梅西园百货公司的停车场布置巧妙，5 层环形停车空间将营业空间包围。整个建筑为圆筒形，直径 130m，加上顶层可停车 1250

辆。又如宁波天一广场为大面积的、以多层为主的开放式购物中心，为了消费者停车的方便，采用了多种停车方式：中心广场下设置了大型地下停车库，通过垂直交通与广场相连；在超市的三层和屋顶设置了上部停车场；在两个入口广场地下，设置了自行车停车库。充分的停车位，方便了消费者，同时使得商业建筑的室外空间整洁有序，最大地满足了消费者的室外休闲行为，吸引了大量的消费者。

四、几种常见地形的总平面布置

商业建筑基地形式千变万化，但从它在一定地点与城市道路的关系来看，可归纳为以下几种情况（图3-4）。

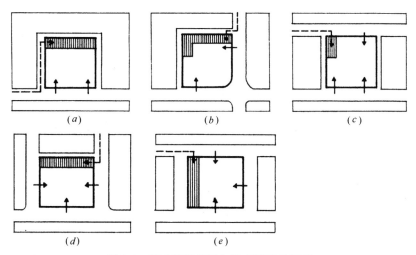

图3-4 商业建筑基地与城市道路的关系
(a)单面临街；(b)两面临街；(c)两面临街；(d)三面临街；(e)四面临街

五、相关规范要点

《建筑设计防火规范》(GBJ 16—87)、《商业建筑设计规范》(JGJ 48—88)、《高层民用建筑设计防火规范》(GB 50045—95)等规范对商业建筑总平面设计有着重要限定。对相关规范要点整理如下(部分要点按规范原条款，便于进行学习)：

（一）商业建筑不宜设在有甲、乙类火灾危险性厂房、仓库和易燃、可燃材料堆场附近，如因用地条件所限，其安全距离应符合防火规范的有关规定。

（二）大中型商店建筑应有不少于两个面的出入口与城市道路相邻接；或基地应有不小于1/4的周边总长度和建筑物不少于两个出入口与一边城市道路相邻接。车辆出入口与城市主要道路交叉口道路红线之间距离须大于70m。

（三）一般民用建筑的防火间距要求（表3-3）

民用建筑的防火间距要求　　　　　　表3-3

耐火等级	防火间距(m)		
	一、二级	三级	四级
一、二级	6	7	9
三级	7	8	10
四级	9	10	12

注：(1) 两座建筑相邻较高的一面的外墙为防火墙时，其防火间距不限。
(2) 相邻的两座建筑物，较低一座的耐火等级不低于二级，屋顶不设天窗，屋顶承重构件的耐火极限不低于1h，且相邻的较低一面外墙为防火墙时，其防火间距可适当减少，但不应小于3.5m。
(3) 相邻的两座建筑物，较低一座的耐火等级不低于二级，当相邻较高一面外墙的开口部位设有防火门窗或防火卷帘和水幕时，其防火间距可适当减少，但不应小于3.5m。
(4) 两座建筑相邻，两面的外墙为非燃烧体，如无外露的燃烧体屋檐，当每面外墙上的门窗洞口面积之和不超过该墙面积的5%，且门窗口不正对开设时，其防火间距可按表3-3减少25%。
(5) 民用建筑与所属单独建造的、单台蒸发量不超过4t且总蒸发量不超过12t的终端变电所、燃煤锅炉房、之间的防火间距可按以上规定执行。

（四）高层建筑的防火间距。高层建筑之间应满足 13m 的最小间距；高层建筑与高层建筑裙房之间应满足 9m 的最小间距；高层建筑裙房之间应满足 6m 的最小间距；高层建筑与一二级、三级、四级耐火等级的其他民用建筑之间，应分别满足 9、11、14m 的最小间距；高层建筑裙房与一二级、三级、四级耐火等级的其他民用建筑之间，应分别满足 6、7、9m 的最小间距。此外，

（1）两座高层建筑相邻，较高一面外墙为防火墙或比相邻较低一座建筑屋面高 15m 及以下范围内的墙为不开设门、窗洞口的防火墙时。其防火间距可不限。

（2）相邻的两座高层建筑，较低一座的屋顶不设天窗，屋顶承重构件的耐火极限不低于 1h，且相邻较低一面外墙为防火墙时，其防火间距可适当减小，但不宜小于 4.00m。

（五）人员密集的公共场所的室外疏散小巷，其宽度不应小于 3.00m。

（六）消防车道

（1）占地面积超过 3000m² 的公共建筑宜设环形消防车道。

（2）在商业建筑周围，应设置环形消防车道。如果地形狭窄，设置环绕建筑的消防车道有困难，应至少沿着建筑的两个边设消防车道，且尽头式消防车道应设置不小于 15m×15m 的回车场。消防车道上空 4m 以下范围不应有障碍物。非高层建筑的消防车道宽度不应小于 3.5m；高层建筑的则不应小于 4m，且道路边缘距建筑物外墙应大于 5m。

（3）街区内的道路应考虑消防车的通行，其道路中心线间距不宜超过 160m。当建筑物的沿街部分长度超过 150m 或总长度超过 220m 时，均应在适中位置设置穿过建筑物的消防车道。

（4）消防车道穿过建筑物的门洞时，其净高和净宽不应小于 4m；门垛之间的净宽不应小于 3.5m。

（5）沿街建筑应设连通街道和内院的人行通道（可利用楼梯间），其间距不宜超过 80m。

（6）建筑物的封闭内院、高层建筑的内院或天井，当其短边长度超过 24m 时，宜设有进入内院或天井的消防车道。

（7）供消防车取水的天然水源和消防水池，应设置消防车道。

（8）消除车道的宽度不应小于 3.5m，道路上空遇有管架、栈桥等障碍物时，其净高不应小于 4m。高层建筑消防车道的宽度不应小于 4.00m。消防车道下的管道和暗沟应能承受大型消防车的压力。消防车道距高层建筑外墙宜大于 5.00m。新建步行商业街应留出不小于 5m 的宽度，供消防车通行。

（9）环形消防车道至少应有两处与其他车道连通。尽头式消防车道应设回车道或面积不小于 12m×12m 的回车场，供大型消防车使用的回车场面积不应小于 15m×15m。高层建筑尽头式消防车回车场不宜小于 15m×15m，大型消防车的回车场不宜小于 18m×18m。

（10）高层建筑底边至少有一条长边或周边长度的 1/4 且不小于一个长边长度，不应布置高度大于 5m，进深大于 4m 的裙房，且在此范围内必须设有直通室外的楼梯或直通楼梯间的出口。

（11）消防车道与高层建筑之间，不应设置妨碍登高消防车操作的树木、架空管线等。

（12）消防车道可利用交通道路。

第二节　商业建筑功能空间构成及其基本关系

一、商业建筑主要功能空间构成

按照传统的空间划分方式，商业建筑一般由以下三个部分组成（图 3-5）：

（一）营业空间

营业空间是商业建筑中最为重要的空间，主要用于商品的销售和展示。

（二）仓储空间

仓储空间是商业建筑中重要的组成部分之一，用于商品的临时存放与周转。

（三）辅助空间

辅助空间包括行政管理用房、员工休息用房、卫生间、设备用房等。

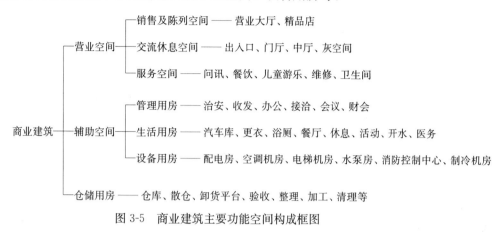

图 3-5 商业建筑主要功能空间构成框图

日本将商店建筑空间按照功能分为五大类。除了上述三类部门空间外，还包括顾客部门和销售部门。其中顾客部门的主要职能是迎接顾客，引导顾客方便快捷地到达购物目的地，并提供多种便利，以延长他们的滞留时间。销售部门主要为销售人员提供高效率的工作环境和最佳的商品陈列场所，并与顾客部门相互穿插、密切联系。

以上各功能空间在商业建筑中所占比例不尽相同，一般情况下会随着建筑规模大小的不同和商业性质的不同而有所区别。大型商场商品种类繁多，功能空间较为完备，空间构成也相对复杂，辅助空间和仓储空间所占的比例也相对较大。而小型商业建筑如专卖店等则相对较为简单，有时仅设有部分散仓，而不集中设置仓储空间。表 3-4 为《商店建筑设计规范》（JCJ 48—88）所推荐的商店建筑中营业空间、仓储空间和辅助用房面积分配比例。需要指出的是，该比例并非一成不变。如在城市商业繁华地段土地面积十分宝贵，可以说是寸土寸金，为了尽可能扩大营业面积，可适当减小仓储面积，而利用城市仓储或异地建设仓储设施。有些商业建筑当营业部分混有大量仓储空间时可仅采用其辅助部分比例。

商业建筑面积分配比例表　　　　　　　　　　　　　　　　　　　　　表 3-4

建筑面积（m²）	营业（%）	仓储（%）	辅助（%）
>15000	>34	<34	<32
3000～15000	>45	<30	<25
<3000	>55	<27	<18

注：（1）商业建筑，如营业部分混有大量仓储面积时，可仅采用其辅助部分分配比；
　　（2）仓储及辅助部分建筑不可全部建在同一基地内；
　　（3）如在其他地方设置集中仓库时，可适当减少商业建筑内部的仓储、辅助建筑部分配比。
　　（4）此表摘自《商店建筑设计规范》（JCJ 48—88）。

以上三个空间有较为严格的界限，购物模式也较为单一。随着人们生活方式的变化和生活水平的提高，传统的空间模式早已无法适应市场经济下的竞争需要。尤其是随着国外先进的经营模式的引入，商业建筑的空间模式也在发生着巨大的变化。传统的营业大厅出现了中厅和可供购物者休闲、娱乐的场所。购物不仅是一种生活必需品的购买行为，同时也是一种休闲娱乐活动。营业厅与库房的界限也越来越模糊。事实上，随着现代商业经营模式的更新和城市土地价格日趋昂贵，商业建筑中营业空间所占的比例也越来越大。在那些集购物和储藏于一体的仓储式购物中心（如近年来陆续进入我国各大中城市中的国际连锁商业巨头麦得龙、沃尔玛等）营业空间所占的比例更大。

二、各功能空间的一般要求

（一）营业空间

营业空间是商场建筑空间组织的核心空间，最能体现商业建筑的空间特点。营业空间设计是否合理、商业气氛的创造是否得当，在某种意义上来说决定了建筑设计的成败。一般情况下，营业空间应做到：

（1）根据商场规模、经营方式等，合理确定开间、进深及层高。柱网应尽可能统一，以便货架和柜台灵活布置。大型商场宜根据货物类别及营销方式采用分割成若干售货单元或采用室内商业街的模式，合理组织营业、交通、购物、休息等空间。

（2）合理设计交通流线和购物流线。避免流线交叉和人流阻塞，为顾客提供明确的流动方向和购物目标，使顾客能顺畅地浏览商品，避免死角。大中型商场应设电梯和自动扶梯，以方便顾客上下。

（3）创造良好的购物环境。营业厅内应有良好的采光与通风，中小型商场宜采用自然采光和通风。当采用自然采光通风时，其外墙有效通风口的面积应不小于营业厅面积的1/20。大型商业建筑可辅以机械通风与人工照明，保证室内有足够的照度，以便于顾客观察商品颜色与质感。营业厅不应用彩色玻璃，以免造成商品颜色失真。

（4）非营业时间内，营业厅应与其他空间隔离，以便于安全管理。

（二）仓储空间

仓储空间应根据商业性质、规模、营销方式、销售量等合理确定供商品短期周转的仓储用房和有关的验收、整理、加工、管理等辅助用房。除中心仓储外，营业厅宜同层设置分库及散仓，以减轻垂直货运压力。大中型商场至少应设有两部以上的垂直货运电梯。库房应根据商品特点分类储存，同时采取防潮、防晒、防霉、防鼠、防盗、防污染、隔热、除尘等措施。

（三）辅助用房

商业建筑辅助用房及其使用要求一般可分为以下几种：

1. 行政管理用房

大中型商场的行政管理用房包括经营管理者所需的各种用房，如行政领导办公室、党政办公室、文印打字室、对外经营联络办公室、财会办公室、业务接待室、治安管理办公室、厂家办公室等。办公用房一般位于建筑背面，既要便于对外联系，又要便于对内管理。其空间设计无特殊要求，但对于照明、空调、电器、电讯等设备的布置应给予足够的重视。

2. 服务空间

服务空间包括休息空间、卫生间、吸烟室、走道、楼梯间等。大中型商业建筑应按照营业面积的1‰~1.4‰设休息空间，其位置可在营业空间中部，并可结合中厅设置，以便于使用。员工休息可在营业厅附近就近设置。垂直交通及出入口应分布均匀，便于人流快速疏散。卫生间、吸烟室等应位于较隐蔽但易于识别的地方，避免视线干扰，并与营业空间联系方便，最好位于建筑下风向，以免污染营业厅的空气。有些大型商业建筑还设有员工食堂、洗澡等空间。

3. 设备用房

小型商场设备较少，一般情况下仅有配电房等少量设备用房，其位置也较为灵活。而大型商业建筑设备则较为复杂，除需设有变配电室外一般还需有计算机房、发电机房、冷冻机房、空调机房、水泵房、水池等。这类用房可设于主体建筑内，也可单独设置；当设在主体建筑内时常常位于地下室内。

4. 汽车库

中小型商业建筑一般可不设汽车库，但对于大型商业建筑，尤其是大城市和特大城市繁华的商业街上的大型商业建筑则是必不可少的功能空间。为了不挤占营业空间，汽车库一般可设在地下室内，但应注意与上部营业空间柱网的关系及车库出入口与城市道路的关系。

三、各功能空间的相互关系

图3-6表明了一般商业建筑（百货商店及大中型专业商店）中各功能空间的基本关系。

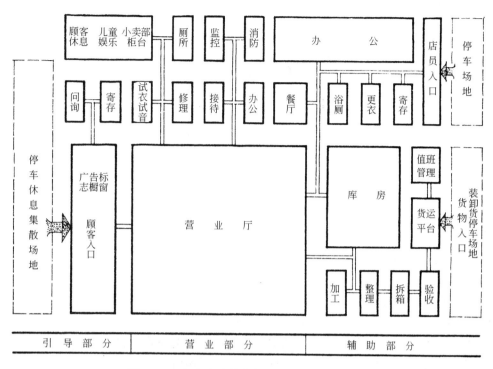

图 3-6 一般商业建筑中各功能空间的基本关系

第三节 营业厅设计要点

一、商业建筑的流线设计

（一）流线分类

商业建筑的流线一般可以分为三种：顾客购物流线、职工工作流线和商品运输流线。

1. 顾客购物流线

顾客购物流线如图 3-7 所示：

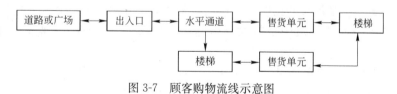

图 3-7 顾客购物流线示意图

2. 职工工作流线

职工工作流线如图 3-8 所示：

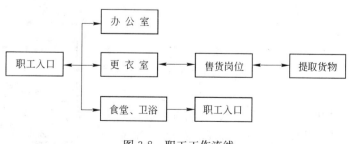

图 3-8 职工工作流线

3. 商品运输流线

商品运输流线如图3-9所示：

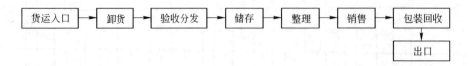

图3-9 商品运输流线

（二）流线组织要求

以上三种流线分别有不同的特点、不同的流程，但又都会在营业厅中汇集。设计中应尽可能作到简洁通畅，从空间上和时间上合理设计三条流线的汇集方式，减少相互之间的交叉干扰。出入口应根据使用要求的不同，在不同的部位分别设置。

商场营业大厅是商业建筑内人流最为密集的场所，流线组织是营业厅设计的重要环节，其重要性在于：

（1）避免购物人流与货流的交叉干扰，使人流、货流各行其道，不阻塞交通。

（2）实现购物人流的均衡分配，减少拥堵现象的发生。

（3）使顾客在购物过程中能方便、快捷地到达目标区域，避免死角和遗漏。

（4）紧急情况下如发生火灾时可以迅速安全地组织人员疏散。

流线组织是营业厅空间设计的核心问题，流线组织得当与否决定了商场经营环境与经验秩序的好坏。良好的流线组织可以使商场每一寸营业空间都能充分发挥其最大功效，并创造出良好的购物环境，也能使购物者方便快捷地完成购物行为。

流线组织可以通过通道宽窄的变化、地面铺装材料的变化、灯光照明效果的变化等手段加以实现，也可以通过出入口的合理分布、垂直交通与水平交通的对应关系和交通枢纽空间的强化对购物者加以引导，从而实现购物人流的合理分配。

1. 水平流线

与其他类型的公共建筑一样，商业建筑中的流线可以分为水平流线和垂直流线，而水平流线又可以分为主要水平流线和次要水平流线。

主要水平流线通常与出入口、楼梯、电梯或扶梯等垂直交通工具相联系，次要流线则用来联系主要流线与各售货单元。主要水平流线的宽度相对较宽，尤其是大型百货商场中的主要水平流线宽度可达六股人流以上。现代大中型商业建筑中常常设有中庭，主要水平交通流线一般围绕中庭形成环行交通流线，

交通流线的形式与商场的空间形式、柜台和货架的布置方式有较为密切的关系。按照空间形式，常见的柜台布置形式有：顺墙式、正交式、斜交式、岛屿式、放射式和自由式等。

不同的流线有不同的特点：

（1）顺墙式流线常用于沿街面较长而进深较小的中小型商场，如图3-22之封闭式(a)、(b)。

（2）正交式流线方向性强，目标明确，流线简洁，如上海曹阳百货大楼二层平面（图3-15），但大量使用会造成空间单调乏味。

（3）放射式流线较为开放，空间富于变化，易形成销售单元，但占地面积偏大，如罗马尼亚Bucovina商场二层平面（图3-10）。

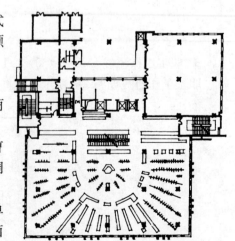

图3-10 罗马尼亚Bucovina商场二层平面

(4)斜交式流线一般将柜台、货架等设备与结构柱网呈45°斜交布置。这种布置方式能够拉长室内视距，形成较为深远的视觉效果，既有变化又有规律可寻，避免了空间单调感，如杭州友谊商店(图3-13)。

(5)自由式流线较为灵活，可根据所售商品的特性将营业空间灵活分割成若干个不同的销售空间，彼此之间既相对独立又便于联系，空间变化丰富而不杂乱，如国外某商场平面(图3-11)。

一般可根据所售商品的特性采用不同的流线组织方式。柜台布置所形成的通道一般应形成环路，为顾客提供明确的流动方向和购物目标，尽量避免尽端式流线，以免造成进出人流的拥挤和冲撞。

如昆明市五华商场一期工程，沿街设置顾客入口，员工入口位于侧面次要道路上，货物则由地下出入，三者之间分工明确，互不干扰。其营业厅水平流线主次关系清晰可见，一条水平方向的主要流线将商场三个楼梯从左到右联系起来，使水平交通与垂直交通联系紧密。次要流线则从主要流线上向外伸展出去，通向不同的售货单元(图3-12)。

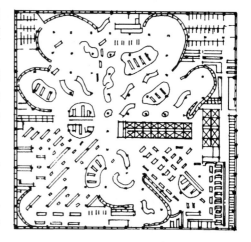

图3-11 国外某商场平面

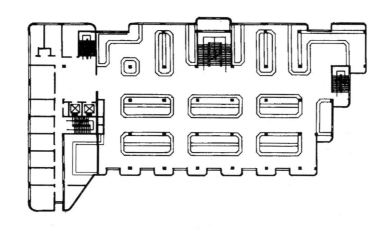

图3-12 昆明五华商场

图3-13为杭州友谊商店，顾客入口位于沿街广场上，货物入口与员工入口一并设置在商店背面，楼梯、电梯及自动扶梯均匀分布在营业厅四周，并与出入口关系十分密切，使购物人流能够方便快捷地到达每一个售货单元。营业厅内售货柜台呈岛状布置，与营业大厅空间相互协调，取得了较好的视觉效果。

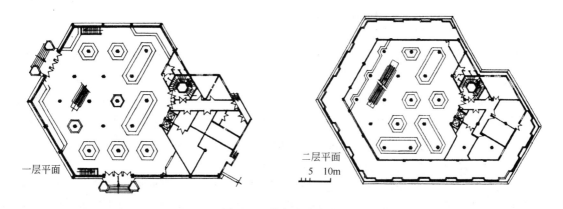

图3-13 杭州友谊商店

2. 垂直流线

不论从购物者的行为心理来看还是从实际销售额来看，对于多层商业建筑而言，越是靠近地面的楼层越是商业经营的黄金铺位，而现代大中型商业建筑层数越来越多，距地面的高度也越来越高，垂直交通的便捷与否成为大中型商业建筑中决定经营状况的重要因素。

垂直交通流线的设计原则是要能够快速、安全地将顾客输送到各个楼层。因此，垂直交通工具应分布均匀，便于寻找，楼梯、电梯、自动扶梯应靠近建筑出入口，并与各楼层水平交通流线紧密相连。垂直交通设施前应保证有足够的缓冲空间，不应布置柜台和货架。

垂直交通流线同样可分为主要垂直流线和次要垂直流线。主要垂直流线一般位于营业空间的中部，与商店主要出入口和主要水平流线有着紧密的联系。它的作用不仅在于快速地组织人流交通，同时对于建筑空间构成与商业气氛的渲染有着举足轻重的作用，并对购物者的心理产生极大的影响。如日本横滨皇后广场，中庭内的若干部自动扶梯和观光电梯成为商场的主要垂直交通工具，将大量客流快速送往各个楼层，同时自动扶梯上的人流随着扶梯的上上下下，成为空间中的动感要素，增加了室内空间的活力（图4-17）。

次要垂直流线应均匀分布在营业空间的四周，能够方便快捷地运送顾客。垂直交通工具有电梯、楼梯和自动扶梯及坡道。

（1）电梯

电梯的优点在于方便快捷，能直达目的地，尤其对于老年人和残疾人，电梯更是他们的首选垂直交通工具。

电梯的种类较多，根据使用性质一般可分为客梯、货梯和消防电梯。根据速度可分为高速电梯和普通电梯。高速电梯一般用于高层和超高层建筑。当电梯位于中庭或紧贴建筑外墙时，可设置观景电梯，具有垂直运输与观光的双重功能。如武汉广场入口处的观光电梯，不仅具有运输与观光功能，还使商业建筑室外空间活力倍增（彩图4）。

电梯的设置应注意以下几个问题：

1) 应位于人流集中的交通枢纽处，具有较好的可识别性；
2) 电梯厅的位置应避开交通流线，以免等候人流和过往人流交叉干扰；
3) 电梯厅的设计应能够满足《民用建筑设计通则》（JGJ 37—87）的要求（表3-5）；
4) 设有多台电梯时，宜成组集中设置，既便于电梯的维修管理，也有利于减少候梯时间。

乘客电梯候梯厅的深度要求　　　　　　　　　　　　　　　　　　　　　表 3-5

布置方式	候梯厅深度
单台	大于等于1.5倍轿厢深度
多台单侧布置	大于等于1.5倍轿厢深度（当电梯为4台时应大于4m）
多台双侧布置	大于等于相对电梯轿厢深度之和，并不小于4.5m

（2）自动扶梯

自动扶梯的优点在于具有不间断地运送顾客的能力，通常可达到每小时5000人以上，使顾客免受等候之苦。同时自动扶梯所占用的面积较小，也无需机房，因而广受商家和顾客的欢迎。但对部分老年人和残疾人士来说，由于每层楼都必须经过一次转换，使用上则不如电梯安全方便。

1) 自动扶梯常见的布置方式：自动扶梯常见的布置方式有以下几种：

① 连续直线型：沿单一方向使用，一上一下，每列扶梯均沿单一方向运行。
② 往返折线型：每层仅设一部扶梯，一般仅供上行人流使用，常为中小型商场所采用。
③ 单向叠加型：类似于单跑直楼梯，每到一层须向相反方向行走至下一扶梯起步处。
④ 交叉式：类似于剪刀楼梯，大型商场可采用双交叉往返折线型，但扶梯数量会成倍增加。

2）自动扶梯常见位置：自动扶梯的位置一般可设在以下部位：

① 商场出入口处：这种布置方式的优点在于能够快速将进入商场的人流疏导到不同的目的地，减少出入口处的交通堵塞。

② 商场中庭周边：随着扶梯的上下运行，增加了室内空间的动感，有助于室内购物环境的创造。

③ 设在平面的一侧：中小型商场的营业空间规模相对较小，如扶梯设在中央部位会给柜台和货架的摆放带来困难，将扶梯设在营业空间的一侧可避免挤占有限的营业空间。

④ 营业厅外设专用空间：沿街用大片的玻璃幕墙或拱廊将自动扶梯限定在一个专用的空间内，使自动扶梯成为一个景观要素，能为街上的行人所观赏。

目前我国生产的自动扶梯倾斜角度在 27°～35°之间，速度为 0.45～0.5m/s。扶梯的传动设备位于扶梯下方，自动扶梯的尺寸可根据空间的大小和层高选用不同的规格。自动扶梯除直线形外，还有弧形的。不论选用何种自动扶梯，应注意在自动扶梯上下两端 3m 的范围内不应兼作其他用途，以免造成交通堵塞。当营业厅内仅设单向自动扶梯时，应附设楼梯与之配套使用。

（3）楼梯

现代商业建筑中，自动扶梯和电梯已成为主要垂直交通工具，大多数情况下楼梯仅作为下行的通道，但自动扶梯和电梯决不可能完全取代楼梯的作用。楼梯不仅能联系相邻楼层，供顾客在正常情况下使用，更重要的是它能作为消防疏散通道，在紧急情况下起到疏散人流的作用。

楼梯分为普通楼梯和疏散楼梯两种类型。普通楼梯设计较为灵活，即可设计为梯间式，也可以是开敞式；既可结合中庭设置，又可与自动扶梯配合使用。楼梯的造型多样，有单跑楼梯、双跑楼梯、三跑楼梯、弧形楼梯、旋转楼梯等等。

疏散楼梯在平时作为普通楼梯正常使用，在火灾发生时必须能迅速将商场内的人流疏散到室外安全的地方。因此疏散楼梯必须满足防火规范的规定，均匀布置在营业空间的四周，楼梯出口处要有醒目的标志，以引导人流疏散。疏散楼梯的总宽度应以最大楼层的建筑面积计算，一般按每 $100m^2$ 需 0.6m 净宽计算。

（4）坡道

与楼梯、电梯和自动扶梯相比，坡道在建筑室内空间中出现的频率相对较少，主要因为坡道需占用较大的面积。但坡道的优点在于行走舒适方便，能够满足无障碍设计的要求，适合于老年人和残疾人的使用要求，方便货物的运输和购物车的使用。随着仓储式购物的兴起，坡道在室内的应用也越来越多。供残疾人使用的坡道，其坡度一般不应超过 1/12，宽度不应小于 0.9m。坡道两侧应在 90cm 高度设置扶手。坡道的起点、终点和转弯处应设有休息平台。当坡道较长时，应分段设置。其具体要求参见表 3-6。

每段坡道的允许坡度、最大允许高度和水平长度 表 3-6

坡道坡度（高/长）	1/8	1/10	1/12
每段坡道允许高度（m）	0.35	0.6	0.75
每段坡道允许水平长度（m）	2.8	6	9

（5）无障碍设计

无障碍设计是商业建筑设计中的一个重要内容，除坡道设计外，一般还应能够满足以下几点：

1）出入口有高差处应设可供轮椅通行的坡道，营业厅内尽量避免高差。

2）供轮椅购物的柜台应靠近商场的出入口。

3）多层营业厅应设可供残疾人使用的电梯。

二、营业厅空间形式

商业建筑营业厅常见的空间形式有长条式、大厅式、中庭式、单元式和错层式等（图 3-14）。

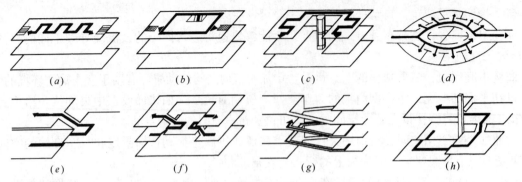

图 3-14 商业厅常见空间形式
(a)长条式；(b)大厅式；(c)中庭式；(d)单元式；(e)错层式之一；(f)错层式之二；(g)错层式之三；(h)错层式之四

（一）长条式

这种空间模式可以是长方形，也可以是弧形或折线形等。对于中小型商业建筑来说，长条形营业空间无疑是一种十分理想的空间模式。这种空间一般与城市道路平行，可以获得较长的沿街铺面，顾客出入较为方便。通常垂直交通位于营业空间的两端，水平流线也十分清晰明确，不易产生死角，如上海曹阳百货大楼(图3-15)。但由于进深较浅，货架布置受到一定制约，空间的灵活性较差，大中型商业建筑较少采用。

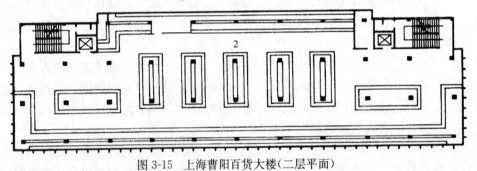

图 3-15 上海曹阳百货大楼(二层平面)

（二）大厅式

多为早期的大中型商业建筑所采用，如武汉中南商业大楼(图3-16)、北京王府井商业大楼和上海

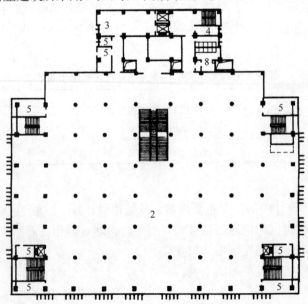

图 3-16 武汉中南商业大楼标准层平面

第一百货商店等。大厅式营业空间中开间与进深均较大，柱网布置较为灵活，每一平方米的建筑面积都能得到充分利用。空间分隔自由，有利于商品展示与陈列。但由于其方向感不够明确，若流线组织不当，容易造成人流交叉和顾客购物过程中的商品遗漏现象。

（三）中庭式

空间特征与大厅式类似，但由于中庭的出现使室内核心空间得以强化。营业空间围绕中庭设置，使顾客能够将中庭四周一览无余，便于确定购物方向。当处在远离中庭的其他空间时，也能通过对中庭方位的判断而决定下一步的行动路线，因此，中庭也是空间识别的参照点。

中庭的出现使营业空间的水平流线较大厅式更为清晰，能有效避免死角和遗漏。中庭的设置不仅丰富室内空间环境，也有助于商业气氛的创造。许多商家利用中庭作为举办各种促销活动的场所，尽管牺牲了少量建筑面积，但却改善了购物环境，吸引了大量客流，从而提高了营业额，因此受到了商家和顾客的普遍欢迎，如桂林百货商场一层平面（图3-17）。

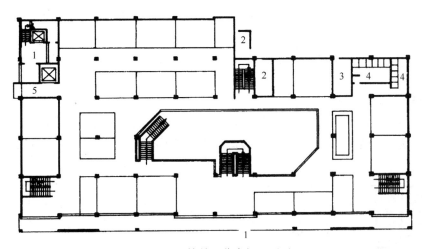

图3-17　桂林百货商场一层平面

（四）单元式

单元式营业空间的优点在于它提供了经营管理上的灵活性，各单元空间可卖可租，十分灵活。由于单元之间彼此相互独立，因此可根据不同商品的特点设置独立的营业空间，减少彼此之间的相互干扰。不足之处是其空间不够开敞，室内空间较为封闭。

单元式营业空间常常与大厅式或中庭式结合使用，既能够保证大空间视觉上的通透性和空间上的完整性，又能够确保使用上的灵活性，如桂林百货商场一层平面（图3-17）。

（五）纵深式

严格地说，纵深式也是长条式空间的一种。由于这种空间在中小型商业建筑中较多出现，故分而述之。在一些城市繁华的中心商业街上，由于沿街土地价格过于昂贵，用寸土寸金来形容丝毫也不为过。一些商业建筑采取了小门面、大进深的纵深式布局，如日本某服装店平面所示（图3-18）。其开间不足6m，而进深却达到近20m（图3-18）；而美国格罗利亚鞋店的开间也仅仅达到8m，但其进深却达到约40

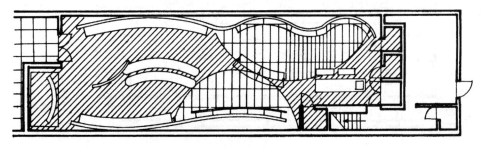

图3-18　日本某服装店

余米(图 3-19)。这种商店空间在我国也屡见不鲜。

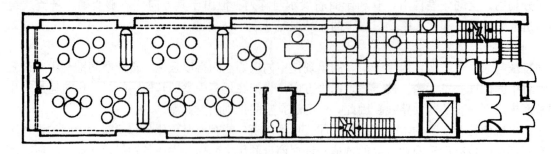

图 3-19 美国格罗利亚鞋店

纵深式营业空间由于一般情况下仅在沿街面上开有出入口，其平面流线常为尽端式布局，容易造成人流阻塞，且人员疏散较为困难，因此一般多为小型商业建筑(尤其是小型专业商店)所采用。

（六）错层式

错层式一般为以上几种形式演变而来，其室内空间更加丰富，不同楼层之间相差半层、1/2层或1/3层。楼层之间以楼梯、坡道或自动扶梯相联系，顾客在购物过程中不知不觉到达顶层，从而减轻了疲劳程度。由于错层式的结构与形式相对较为复杂，所占用的空间也相对较大，因此多为大中型商业建筑所采用。如唐山市中心百货商店，采用了中庭式错层营业空间。中央部位为两层，其层高较高、空间也较为开放；而沿商场周边则为3层营业空间，层高相对较低，适应了不同种类商品销售的空间要求(图 3-20)。

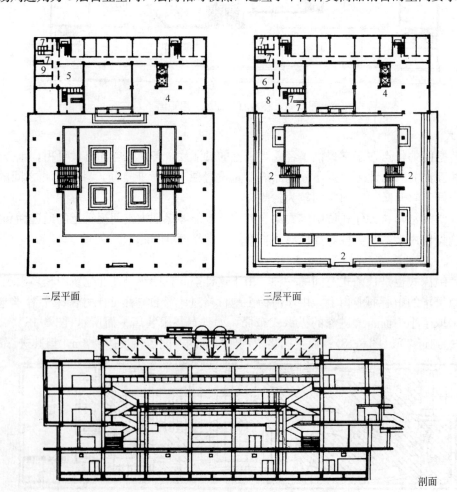

二层平面　　　　　三层平面

剖面

图 3-20 唐山市中心百货商店

三、营业厅柱网

营业厅柱网的选择应考虑的因素有:
(1) 能够满足正常的销售需要,有足够的购物空间和通道宽度;
(2) 能够满足货物的展示与陈列;
(3) 满足散仓的设置需要,以便少量货物的临时周转;
(4) 结构形式的经济合理;
(5) 技术经济条件的限制。

对于商店营业空间来说,柱网间距越大,空间越灵活,使用也越方便。但跨度增大必然会带来造价的提高,况且商店建筑中柱子只要布局合理,毕竟不会对使用功能带来致命的影响,因此一般常采用框架式结构。过大的柱网,既不经济实用,又造成空间上的浪费;而过小的柱网则会给空间商品陈列和货架布置带来困难,不利于空间的组织,并造成人流阻塞和拥挤。

柱网的布置应与柜台和货架相结合,避免将柱子暴露在顾客通道中,以免阻碍交通和遮挡视线。大型百货商店,由于每层营业面积较大,商品规格种类齐全,所以销量也较大。为了能够及时补充货源,保证货物的供应,营业厅内散仓的设置是十分必要的。散仓的大小和顾客人流量的大小对柱网的确定也有很大影响。

一般情况下,柱网的确定可参考以下公式:

$$W = 2 \times (450 + 900 + 600 + 450) + 600N \quad (N > 2)$$

其中 W 为柱距,标准货架宽度为 450mm,店员通道宽度为 900mm,标准柜台宽度为 600mm,购物顾客宽度为 450mm,行走顾客宽度为 600mm。N 为行走顾客人流股数,当 $N=2$ 时通道净宽取 2.1m (图 3-21)。一般情况下柱网采用 7.2m 至 7.8m 较为合适,即有利于商品展示销售,又便于空间分割使用。如 7.2m 的开间可一分为二,成为两个 3.6m 的销售单元,出租给厂家或个体经营者使用。

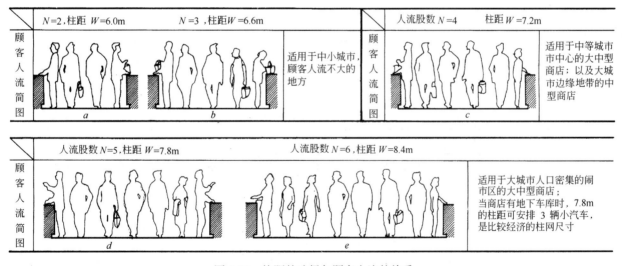

图 3-21 柱距的选择与顾客人流的关系

柱网的选择在满足人流股数的前提下应尽可能多地摆放柜台,大中型商场设有地下停车库时还应考虑柱网与汽车停放的关系问题。通常停放 3 辆汽车时至少需要 7.8m 的柱距。

表 3-7 为部分大中型商场的营业厅柱网尺寸。从表中可以看出 7~9m 的柱网尺寸最为常用。

国内外部分大中型商场的营业厅柱网尺寸　　　表 3-7

商店名称	建筑面积(m²)	使用面积(m²)	层高(m)	柱网尺寸(m)
桂林市百货大楼	16914.4	7866.73	4.1, 3.4	7.0×7.0
郑州商业大厦	42800	26500	5.4	8.6×8.6

续表

商店名称	建筑面积(m²)	使用面积(m²)	层高(m)	柱网尺寸(m)
武汉中南商业大楼	39878	21600	6	8.0×8.0
南宁和平商场	50868	30768	4.8	7.5×7.5
南京友谊商店	20160	11200	4.8	8.0×8.0
苏黎世曼里康百货商店				9.0×9.0
巴黎"春天"百货				8.6×9.4

四、营业厅层高

影响营业厅高度的因素有很多，如营业厅的面积大小、平面形式、结构类型、客流量多少、自然采光条件、通风的组织、空调设备的设置、空间比例等因素。气候条件和生活习惯对营业厅层高的选择也有一定影响。其中对层高影响最大的是结构高度、设备空间所需高度和营业厅净高。结构高度一般取决于跨度。跨度越大，梁的断面就越高。设备空间高度则主要取决于设备的复杂程度，如是否采用中央空调、是否采用智能化控制系统、是否安装自动灭火系统等。营业厅净高则可参照表3-8确定。但一层营业厅与城市道路关系密切，既是人流密集的场所，也是商业建筑室内空间设计的要点，其层高常常达到4.8～6.4m。当营业厅内设有空调时，营业厅净高可适当降低，但不应低于2.4m。

营业厅最小净高与一般层高　　　　　表3-8

通风方式	自然通风			机械通风和自然通风相结合	系统通风空调
	单面开窗	前面开窗	前后开窗		
最大进深与净高之比	2:1	2.5:1	4:1	5:1	不限
最小净高(m)	3.2	3.2	3.5	3.5	3.0
一般层高(m)	3.2	3.2	3.5	3.5	3.0

表3-9为国外一些百货商场各楼层的层高。从表3-8和表3-9的比较中可以看到，国外商业建筑的层高，底层大都为3.5～5.5m之间，二层以上为3.3～4.0m，均较我国低0.8～1.0m。

国外某些百货商店的层高(m)　　　　　表3-9

店名	三越	松板屋	伊势丹	小田急	卡鲁史达	美西
地点	东京	东京银座	东京新宿	东京新宿	柏林	纽约
六层	3.5	3.94	3.64	3.48	4.50	4.61
五层	3.5	3.94	3.94	3.48	4.30	4.61
四层	3.5	3.94	3.94	3.48	4.30	4.50
三层	3.5	4.09	4.39	3.48	4.30	5.38
二层	3.5	4.09	4.39	2.84	4.30	3.44
一层	4.55	5.50	5.15	3.32	4.90	5.38
地下一层	4.24	4.79	4.09	3.85	3.45	4.30
地下二层	3.94	4.24	3.64	3.90	3.35	3.55

五、相关规范要点

"建筑设计防火规范"（GBJ 16—87）、"高层民用建筑设计防火规范"（GB 50045—95）、"商业建筑设计规范"（JGJ 48—88)等规范对商业建筑设计有着重要限定。本书主要节选其中对建筑方案设计阶段的要求，省略关于施工图设计阶段的要求。对这些要求，应该正确理解其中的语态，如"必须"、"严禁"是指必须按规定执行。"应"、"不应"、"不得"指应该这样或不应这样，在正常情况下均应按规定执行。"宜"、"不宜"或"可"表示允许稍有选择，在条件许可的情况下首先考虑按照执行。

（一）耐火等级

在明确具体建筑防火设计要求时，首先应该弄清该建筑的耐火等级。我国建筑设计防火规范将耐火等级分为一、二、三、四级。一级最高，耐火能力最强，四级最低。建筑物的耐火等级取决于组成该建筑物的建筑构件的燃烧性能和耐火极限。建筑耐火等级，是根据建筑的耐久年限来确定的。一般大中型商业建筑、设在高层建筑中的商业建筑的耐火等级为一～二级。当商业建筑耐火等级定为二级时，层数不能超过2层。

（二）防火、防烟分区

指采用耐火、挡烟性能较好的分隔物，将建筑空间分隔成若干区域，一旦某一区域起火、产生烟气，分隔物可以将火、烟控制在相应域内，避免火灾向其他区域蔓延的技术措施，称为防火、防烟分区。

（1）多层、低层商业建筑，耐火等级分别为一～二级、三级时，其防火分区的最大允许面积分别为$2500m^2$、$1200m^2$；最大允许长度分别为150m、100m；当设有自动灭火系统时，面积可增加1倍；局部设置自动灭火系统时，增加面积可按该局部面积增加1倍。

（2）商业建筑内如设有上下层相连通的走马廊、开敞楼梯、自动扶梯等开口部位时，应按上下连通层作为一个防火分区，其建筑面积之和不应超过防火分区的最大允许面积的规定。当上下开口部位设有耐火极限大于3h的防火卷帘或水幕等分隔设施时，其面积可不叠加计算。房间与中庭回廊相通的门、窗，应设自行关闭的乙级防火门、窗；与中庭相通的过厅、通道等，应设乙级防火门或耐火极限大于3h的防火卷帘分隔。

（3）大中型商业建筑中有屋盖的通廊或中庭（共享空间）及其两边建筑，各成防火分区时，应符合下列规定：

1）当两边建筑高度小于24m，则通廊或中庭的最狭处宽度不应小于6m；当建筑高度大于24m，则该处宽度不应小于13m。

2）通廊或中庭的屋盖应采用非燃烧体和防碎的透光材料，在两边建筑物支承处应为防火构造。

3）通廊或中庭自然通风时，其窗户等开口的有效通风面积，不应小于楼地面面积达1/20，并宜根据具体要求采取组织通风措施。当为封闭中庭时，应设自动排烟装置。

（4）防火分区间应采用防火墙分隔，如有开口部位，应设防火门、窗或防火卷帘，并装有水幕。

（5）高层商业建筑内每个防火分区的最大允许面积：一类建筑为$1000m^2$，二类建筑为$1500m^2$，地下室为$500m^2$；设自动灭火系统时可增加1倍。

（6）高层建筑内的商业营业厅、展览厅等，当设有火灾自动报警和自动灭火系统，且采用不燃烧或难燃烧材料装修时，地上部分建筑防火分区的允许最大面积为$4000m^2$；地下部分建筑防火分区的允许最大面积为$2000m^2$。

（7）当高层建筑裙房与主体建筑之间设有防火墙等防火分隔物时，裙房防火分区的最大允许面积是$2500m^2$；设有自动灭火系统时，其面积可以增加1倍。

（8）地下商业建筑不宜设在地下三层及三层以下。当设有火灾自动报警和自动灭火系统，且采用不燃烧或难燃烧材料装修时，其营业厅每个防火分区的最大允许建筑面积可增加到$2000m^2$。当地下商店总建筑面积大于$2000m^2$时，应采用防火墙分隔，且防火墙上不应开设门窗洞口。

（9）玻璃幕墙建筑的防火分隔。为了防止火灾时通过玻璃幕墙造成大面积蔓延，首先应做好幕墙的防火隔断，即在每楼层间设不燃烧体的窗槛墙，以及在两水平防火分区之间设不燃烧体的窗间墙。其次应作好幕墙的构造防火处理，主要包括幕墙支座、框料、防火玻璃和连接密封胶等。应根据不同建筑物耐火极限要求对其喷涂防火涂料进行防火保护。

(10) 防烟分区。防烟分区宜结合防火分区设置，其分区面积不应超过 500m²，且防烟分区不应跨越防火分区；应采用防烟垂壁、隔墙、顶棚下突出 50cm 以上的梁体构成防烟分区。商业建筑可结合顶棚高差、同时利用格栅式吊顶，使烟气上升至吊顶上层，利用结构与构造手段进行防烟分区。

营业厅的空间大小一方面取决于商场规模的大小，另一方面必须能够满足国家有关规范的规定。根据国家《建筑设计防火规范》(GBJ 16—87) 条规定：当建筑内设有自动灭火设备时，一、二级建筑防火分区间最大允许建筑面积为 5000m²，三级建筑为 2400m²。当每层建筑面积超出规定面积时，应将每层建筑分割为若干个防火分区。一般情况下，商业建筑总是希望营业空间尽可能扩大，以便于灵活分割空间，因而常用防火卷帘和水幕来分割防火分区，而较少采用防火墙。中小型商业建筑一般每层可为一个防火分区，而大型商业建筑每层则需划分为两到三个甚至更多的防火分区方能满足防火规范的要求。

(三) 安全疏散

1. 安全出口

(1) 商店营业厅的每一防火分区安全出口数目不应少于两个。

(2) 商业建筑安全出口的数目不应少于 2 个，但符合下列要求的可设一个：

1) 单层商业建筑如果面积不超过 200m²，且人数不超过 50 人时，可设一直通室外的安全出口。

2) 设有不少于 2 个疏散楼梯的一、二级耐火等级的商业建筑，如顶层局部升高，其高出部分的层数不超过两层，每层面积不超过 200m²，人数之和不超过 50 人时，可设一个楼梯，但应另设一个直通平屋面的安全出口。

3) 地下、半地下建筑内每个防火分区的安全出口数目不应少于 2 个。但面积不超过 50m²，且人数不超过 10 人时可设 1 个。当地下、半地下建筑内有 2 个或 2 个以上防火分区相邻布置时，每个防火分区可利用防火墙上一个通向相邻分区的防火门作为第二安全出口，但每个防火分区必须有 1 个直通室外的安全出口。人数不超过 30 人，且建筑面积不大于 500m² 的地下、半地下建筑，其垂直金属梯可作为第二安全出口。

(3) 疏散楼梯及前室的门应向疏散方向开启，且不应采用吊门或水平推拉门，严禁使用转门。

(4) 商业服务网点的安全出口必须与住宅部分隔开。

2. 疏散楼梯设置

(1) 封闭楼梯间只能用于高度在 32m 以下的二类商业建筑，且应靠外墙布置。一类高层建筑及高度超过 32m 的二类高层建筑，由于性质重要，体量巨大和人员众多，必须设置防烟楼梯间。

(2) 地下商店，当其地下层数为 3 层及 3 层以上，以及地下层数为 1 层或 2 层，且其室内地面与室外入口地坪高差大于 10m 时，均应设防烟楼梯间。其他地下商店可设置封闭楼梯间，其楼梯间的门应采用不低于乙级的防火门。（注：公共建筑门厅的主楼梯如不计入总疏散宽度，可不设楼梯间。）

(3) 大型商业建筑的营业层在 5 层以上时，宜设置直通屋顶平台的疏散楼梯间不少于 2 座。屋顶平台上无障碍物的避难面积不宜小于最大营业层建筑面积的 50%。

3. 安全疏散距离

(1) 营业厅内任何一点至最近安全出口直线距离不宜超过 20m。营业厅内任何一点至最近的外部出口或封闭楼梯间的直线距离，在一～二、三级耐火等级的建筑中，分别不宜超过 40m、35m。

(2) 高层建筑内营业厅室内任何一点至最近的疏散出口的直线距离，不宜超过 30m。

4. 安全疏散宽度

(1) 商店营业部分疏散人数的计算，可按每层营业厅和为顾客服务用房的面积总数乘以换算系数（人/m²）来确定：

第一、二层，每层换算系数为 0.85；

第三层，换算系数为 0.77；

第四层及以上各层，每层换算系数为 0.60。

（2）商业建筑，楼梯、走道及首层疏散外门的总宽度，分别按表 3-10 计算。

楼梯门和走道宽度的指标　　　　　表 3-10

宽度指标(m/百人) 层　数	耐　火　等　级		
	一、二级	三　级	四　级
一、二层	0.65	0.75	1.0
三　层	0.75	1.0	—
四　层	1.0	1.25	—

疏散通道的宽度，通常应根据营业部分为顾客服务的用房面积乘以换算系数，再乘以每百人所需疏散宽度(表 3-10)来确定疏散通道的总宽度。例如：某 3 层商场，其防火等级为二级，每层营业面积为 1000m^2，其疏散通道总宽度应为：1000×0.85×0.75＝6.375(m)，如设有三座疏散楼梯，则每座楼梯平均梯段宽度不宜小于 2.125m。自动扶梯与电梯不能作为火灾发生时的疏散出口。

（3）商店营业部分的底层外门、楼梯、走道的各自总宽度计算应符合防火规范的有关规定。

（4）商店营业厅的出入门、安全门净宽度不应小于 1.40m，并不应设置门槛。

（5）商店营业部分的疏散通道和楼梯间内的装修、橱窗和广告牌等均不得影响设计要求的疏散宽度。

（6）人员密集的公共场所、观众厅的入场门、太平门不应设置门槛；其宽度不应小于 1.40m；紧靠门口 1.40m 内不应设置踏步。

（7）疏散楼梯的最小宽度不应小于 1.10m，营业厅部分的室内公用楼梯的最小宽度不应小于 1.40m，安全门净宽不应小于 1.40m。

（8）高层建筑中的商业建筑，内走道的净宽，应按通过人数每人不小于 1.00m 计算；建筑首层疏散外门的总宽度，应按人数最多的一层每 100 人不小于 1.00m 计算。疏散楼梯及其前室门的净宽度，按每 100 人不小于 1.00m 计算。

（四）其他要求

（1）燃油、燃气锅炉、可燃油油浸变压器、充油高压电容器和多油开关不应设在人员密集场所的上一层、下一层或贴邻，并应采用耐火极限不小于 2h 的隔墙和 1.5h 的楼板及甲级防火门与其他部位隔开。锅炉房、变压器室及柴油发电机房的设置位置应布置在一层或地下一层靠外墙的部位，并应设直接对外出口。

（2）使用管道煤气或管道液化气的房间部位如厨房操作间、开水间等，应靠近建筑外墙设置。供应管道液化气的瓶装液化气气化间，如果总储量不超过 1m^3，可与裙房贴邻建造；如果总储量大于 1m^3 而小于 3m^3，就应离开建筑 10m 以外单独建造。

（3）商店的易燃、易爆商品库房宜独立设置；存放少量易燃、易爆商品库房如与其他库房合建时，应设有防火墙隔断。

（4）专业商店内附设的作坊、工场应限为丁、戊类生产，其建筑物的耐火等级、层数和面积应符合防火规范的规定。

（5）综合性建筑的商店部分应采用耐火极限不低于 3h 的隔墙和耐火极限不低于 1.5h 的非燃烧体楼板与其他建筑部分隔开；商店部分的安全出口必须与其他建筑部分隔开。多层住宅底层商店的顶楼板耐火极限可不低于 1h。

（6）商店营业部分的吊顶和一切饰面装修，应符合该建筑物耐火等级规定，并采用非燃烧材料或难燃烧材料。

（7）地下商店的营业厅不宜设在地下三层及三层以下；不应经营和储存火灾危险性为甲、乙类储存物品属性的商品；应设火灾自动报警系统和自动喷水灭火系统。

(8) 步行商业街上空如设有顶盖时，净高不宜小于 5.50m，其构造应符合防火规范的规定，并采用安全的采光材料。

(9) 总蒸发量不超过 6t、单台蒸发量不超过 2t 的锅炉，总额定容量不超过 1260kVA、单台额定容量不超过 630kVA 的可燃油油浸电力变压器以及充有可燃油的高压电容器和多油开关等，可贴邻民用建筑(除观众厅、教室等人员密集的房间和病房外)布置，但必须采用防火墙隔开。

上述房间不宜布置在主体建筑内。如受条件限制必须布置时，应采取下列防火措施：

1) 不应布置在人员密集的场所的上面、下面或贴邻，并应采用无门窗洞口的耐火极限不低于 3h 的隔墙(包括变压器室之间的隔墙)和 1.5h 的楼板与其他部位隔开；当必须开门时，应设甲级防火门。变压器室与配电室之间的隔墙，应设防火墙。

2) 锅炉房、变压器室应设置在首层或地下一层靠外墙的部位，并应设直接对外的安全出口；外墙开口部位的上方应设置宽度不小于 1.00m 的防火挑檐或高度不小于 1.20m 的窗间墙。

3) 变压器下面应有储存变压器全部油量的事故储油设施。多油开关、高压电容器室均应设有防止油品流散的设施。

(10) 柴油发电机房可布置在高层建筑、裙房的首层或地下一层，并应符合下列规定：

1) 柴油发电机房应采用耐火极限不低于 2h 的隔墙和 1.5h 的楼板与其他部位隔开。

2) 柴油发电机房内应设置储油间，其总储存量不应超过 8h 的需要量。储油间应采用防火墙与发电机间隔开；当必须在防火墙上开门时，应设置能自行关闭的甲级防火门。

3) 应设置火灾自动报警系统和自动灭火系统。

4) 消防控制室宜设在高层建筑的首层或地下一层，且应采用耐火极限不低于 2h 的隔墙和 1.5h 的楼板与其他部位隔开，并应设直通室外的安全出口。

(11) 与商业空间综合在一起的其他各类建筑，设计应符合现行国家相应规范的规定。

六、建筑设备对商业建筑设计的一般要求

建筑设备对商业建筑设计的要求，在建筑方案设计阶段，主要表现在空调设备方面。这些要求主要有：

（一）空调冷热源设备的选择

空调冷热设备主要有活塞式、离心式、螺杆式及双效溴化锂制冷机。在大中型商业建筑中，大多采用双效溴化锂蒸汽型制冷机，一般设置 2~4 台。

空调热源设备与方式主要有：燃气锅炉、电力锅炉及集中供热方式。电力锅炉和集中供热投资较大，蒸汽锅炉供热质量不稳定。一般地，大中型商业建筑使用燃气锅炉较多。

（二）空调冷热源设备的布置

(1) 一般情况下，空调动力机房(包括制冷机房、锅炉房、水泵房)面积约占总建筑面积的 2% 左右；

(2) 在大多数商业建筑中，空调动力机房设置在本建筑或附近建筑的地下室或屋顶层；一般设置在地下室时，建筑结构比较合理，空调设备管理与维修比较方便，噪声与振动能够比较好地控制。

(3) 空调动力机房应考虑通风、排气等问题，锅炉的烟囱需引至屋顶。

(4) 空调动力机房独立于主体建筑设置时，噪声与振动对主体建筑的影响较小，但管线较长，管线投资与能源损耗相对较大。

（三）空调末端设备的布置

空调末端设备是指空调机组、风机盘管等将空气冷却(加热)的设备。常用的空调机组有柜式、组合式等，需要有专用的空调机房。其布置原则，一是要有利于所服务空间的空调效果，二是要有利于管线布置，节省管线投资，减少能耗。

（四）对营业空间吊顶的要求

在商业建筑中，排烟管道、空调风道、风机盘管机组或热泵机组一般都设置在吊顶内。为了安装与维修方便，商业建筑吊顶的净高度，一般要求大于 800mm。

第四节　营业厅室内环境设计

一、营业厅柜台布置形式及售货单元设计

按照开敞程度的不同，营业厅柜台布置通常采用三种方式：开敞式、半开敞式和封闭式。家用电器、服装、鞋帽、等商品可采用开敞式或半开敞式布局，而一些小件商品和贵重商品如金银首饰、小五金等常采用封闭式布局。以下就三种布置方式进行简要分析。

（一）封闭式

封闭式是一种传统的布置方式，一般又可分为周边式、带散仓的周边式、半岛式、岛式等（图3-22）。

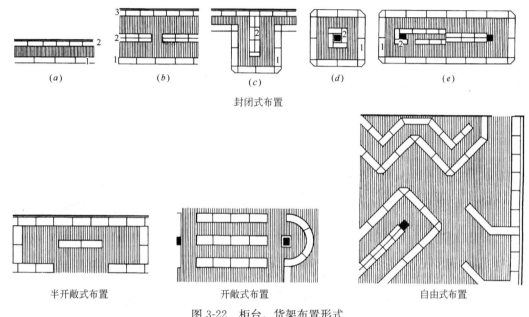

图3-22　柜台、货架布置形式
(a)周边式；(b)周边式带散仓；(c)半岛式；(d)单柱岛式；(e)双柱岛式
1—柜台；2—货架；3—散仓货架

周边式和半岛式是指柜台沿营业厅外墙排列。其特点是流线简捷，减少了交通面积，空间利用较为充分，顾客人流和员工人流彼此互不干扰。但服务流线一般较长，且沿墙布置的货架给窗户的开启带来了困难；北方地区也不便于沿墙设置暖气片。

带散仓的周边式及半岛式布置与周边式布置有相似的地方，其优点是柜台与散仓距离较近，便于随时补充商品；但需要占用营业厅面积，从空间的充分利用上来说是不经济的。

岛式布局一般则利用柱子作为依托设置货架，外围由柜台围合成岛式，可布置成方形、长方形、圆形、三角形等。常见的岛式布局又可分为单岛式和双岛式两种。岛式布局中货柜与柜台的关系较为密切，柜台较长，陈列商品较多，缩短了服务员的服务流线，并使服务员有较为开阔的视野，顾客流动灵活，视觉也比较美观。这种方式常常用于大厅中央部位的柜台布置。

（二）半开敞式

半开敞式常常通过柜台的围合形成独立的销售单元，每个销售单元由一到两名服务员负责销售与管理，顾客可进入到销售单元内，与所选购商品近距离接触，以便仔细观察商品的质量、色彩、质感等。同时使购物人流与交通人流分离，避免阻塞现象发生，保持良好的购物秩序。

（三）开敞式

开敞式于20世纪80年代末至90年代初开始，随着国外超市的经营方式传入我国，是现代大中型

商业建筑常常采用的布置形式。由于柜台及货架对顾客完全开放，不再有内外之分，顾客可以自行选购商品，不受任何限制，充分享受做"上帝"的权利，因而受到广泛欢迎，但对于商场管理来说则增加了难度。

（四）自由式

自由式是将营业厅的柜台、货架等设备，按照人流走向和密度变化灵活布置，使营业厅内空间气氛轻松活泼、美观大方。事实上，自由式布置方式综合了以上三种布置方式的特点，是大中型商业建筑中最为常见的布置方式。

不论采取那一种布置方式，都应处理好购物空间和交通空间的关系，尤其应保证通道的畅通，因此通道应有足够的宽度。表3-11为营业厅内通道最小净宽表。通道内若有陈列商品时，还应增加该陈列品所占宽度。

营业厅内通道最小净宽表　　　　　　　　　表 3-11

通 道 位 置	最小净宽（m）
通道在柜台与墙或陈列窗之间	2.20
通道在两个平行的柜台之间：	
(a) 柜台长度均小于 7.5m	2.20
(b) 一个柜台长度小于 7.5m，另一个长度为 7.5~15m	3.00
(c) 柜台长度均等于 7.5~15m	3.70
(d) 柜台长度均大于 7.5m	4.00
(e) 通道一端设有楼梯	上下两梯段之和加 1m
柜台边与开敞楼梯最近距离	4m，且不小于楼梯间净宽

二、营业厅商品陈列与展示

由于经济的发展、生活水平的提高，商品种类大大增加，新的产品不断出现，消费者的需求也发生了深刻的变化，购物行为也不仅仅是一种生活必须品的购买行为，而是成为人们休闲生活的一个必不可少的组成部分。人们所关注的也不再是商品自身的质量、外形、色彩、使用效率和安全性能，对于精神上的需求也占据了很大的空间，因此，现代商业建筑已由单纯的货币交换的场所变成了一个集购物、休闲、娱乐、饮食等多种功能于一体的综合性空间。这也为商家扩大营业范围、增加营业收入创造了条件。

消费者的购物行为一般分为两种，一是主动购买行为，具有较强的目的性，如购买生活必需品、日用品等，这种购买行为以男性和老年人居多。另一类为随机购买行为，以"逛"为目的，在"逛"的过程中突然发现某种商品，并被其所吸引，由此而激发起购买的欲望，这种购买行为以年轻女性居多。商品陈列的目的不仅是要让顾客充分了解商品，能够看到和接触所展示的商品，还要使商品能够吸引顾客的视线。通过商品陈列来吸引顾客、展示其魅力，从而刺激顾客的购买欲望。这不仅需要在商品自身设计上下功夫，提高商品的色泽、款式等方面的视觉效果，还需着重研究商业空间的内部布置、空间的分割与联系，使空间组织有序，对消费者的流线起到良好的引导。并通过某些与销售商品相协调的细部和灯光处理，创造特定的气氛，起到烘托商品和激发购买欲的作用。

商品的陈列与展示应着重研究商品陈列与环境之间的关系。包括商品与商品、商品与其背景、商品与陈列设备、商品与灯光效果等各种关系，运用协调、对比、主从、韵律等艺术手法，首先表现商品的丰富感，进而表现商品的质感和美感。

商场购物环境的好坏会对顾客的购买欲望产生直接影响，如商场顶棚的高度、商品陈列的高度、位置、灯光照度等是决定视觉和触觉效果的基本要素，因此必须研究商品处在不同位置时所产生的不同效果。如果顾客视线移动时只能接触到平均地、连续地、整齐地相关物品的简单排列，就会感到单调、乏味；商品的印象就会淡薄，也无法激起购买的欲望。相反，如能通过陈列方式的变化、室内空间的变化、色彩的对比、光线的照射，使重点陈列商品能够成为顾客视线的焦点，向顾客展示一个富有生气的、丰富多彩的陈列变化，则能让顾客始终保持浓厚的兴趣，给顾客留下深刻的印象。

（一）商品陈列与人体尺度

商业建筑内的商品陈列，由于其所处位置不同，其观赏效果也不尽相同。应该在研究售货员的工作姿态和顾客视觉特点的基础上，决定商品陈列的空间范围。商品摆设位置过高不便于顾客观看，而摆放位置过低（如在脚下附近），顾客取放商品就必须弯腰，既不方便又容易沾附灰尘。通常，便于顾客认知和探取商品的有效范围是在地上0.3~2.0m的范围内，而探取最为方便的范围是0.9~1.8m的范围（图3-23）。

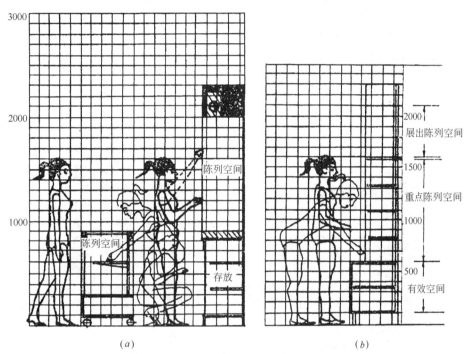

图3-23 商品陈列与人体尺度示意图
(a)封闭式陈列台（柜）基本高度；(b)开敞式陈列台（柜）基本高度

（二）商品陈列的方式

商品陈列一般采用以下几种方式：

1. 汇集陈列

汇集陈列：即大量商品的集中陈列方式，通过五颜六色、琳琅满目的商品的大量堆积，创造热闹的商业气氛（图3-24）。

2. 开放陈列

开放陈列：即能够让顾客直接、自由接触商品的陈列方式。其方式能使顾客身临其境，以激发购买欲望（图3-25）。

3. 重点陈列

重点陈列：即将有魅力的商品、贵重商品（如珠宝、首饰、新上市的流行商品等）单独、重点陈列展示的方式。如日本 LouisVittonShop，以精细的金属图案及映射的美丽图案作为背景，将部分服装进行重点陈设，展示出时装的独特与时尚（彩图5、图3-26）。

4. 组合陈列

图3-24 汇集陈列示例

图 3-25 开放陈列示例

图 3-26 重点陈列示例

组合陈列：即将相互关联的商品相互组合起来的陈列方式，用以表现建议性、流行性、系列性，如体育产品、体育器械、运动服装等的组合陈列（图3-27）。

5. 样品陈列

样品陈列：即将少量商品作为样品，用于展示，以吸引顾客，而大量商品则存放在仓库中，以免挤占营业空间的陈列方式。有些商品如空调、彩电、冰箱、汽车、家具等，因体积较大，陈列时不仅会占据较大空间，频繁搬运也会对购物人流产生干扰，此类商品常常采用样品陈列的方式。

图 3-27 组合陈列示例

商品陈列与顾客购物流线密切相关，通常选择顾客较为集中的场所，如垂直交通工具的对面、人行通道的两侧、通道尽端等。通过对顾客视线的引导，使顾客不知不觉被陈列的商品所吸引，从而激发购买的欲望。但应注意的是，所陈列的商品不应妨碍顾客的流动。

三、营业厅售货设施

营业厅常用售货设施有柜台、货架、陈列台（柜、架）、收款台等。陈列设备的基本尺寸必须与所陈列商品的规格、人体的基本尺度以及人们的视觉与行为特点相适应。

柜台：柜台的作用一方面是用来展示物品，供顾客参观和挑选，另一方面也是供销售人员用来包装、剪切和计量物品的工作台。因此柜台的设计既要便于顾客参观和选择商品，又要能符合人体尺度，以减轻售货员的劳动强度。柜台的高度一般为0.9～1.0m。柜台的宽度和长度应根据所销售商品的大小来确定，一般宽度为0.5～0.6m，长度为1.5～2.0m。为了避免展品色彩失真，柜台上部一般应采用透明玻璃，下部可为木制货柜，以便于物品的储藏。有时为了增强陈列效果，在柜台的内侧还可装置射灯，如用于珠宝首饰、黄金制品等展示的柜台。

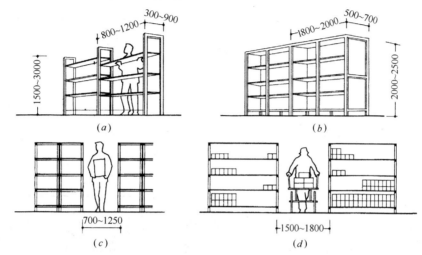

图 3-28 货架举例
(a)活动货架；(b)固定货架；

货架：货架是用来展示和储藏商品的设备。货架的尺度与柜台一样，既要考虑物品的规格尺寸，又要便于物品的存取，还要考虑货架在商场中的位置以及对商场空间所带来的影响。如沿营业厅周边布置的货架，其高度可适当增加；而位于营业厅中部的货架则应适当降低，以保证营业厅空间的完整性和人们视觉的连续性。货架内的格板以活动式为宜，以便根据不同商品的尺寸规格灵活调整（图 3-28）。

货架与柜台之间的距离应保证售货员能够方便自如地存取货物或柜台内的商品，既要节省体力，又要布局紧凑，减少占用空间，一般采用0.75～0.9m为宜。走道过窄会影响服务员的通行和提高其疲劳程度；而走道过宽则不仅会降低营业空间的使用效率，同时也会增加售货员前后移动的距离，从而消耗体力。营业厅内柜台宽度、货架宽度与售货员走道宽度之和即为售货员工作的总宽度，通常为1.8～2.5m。

货架的宽度可根据存放商品的种类确定，表 3-12 为常用货架尺寸规格。

常用货架尺寸规格(mm) 表 3-12

	项 目	高 度	深 度	长 度
货 柜	一 般 百 货	800～1000	600	2000
	摄 影 器 材	800～900	700	1500
	珠 宝 首 饰	800	550	1500
货 架	一 般 百 货	2000～2500	600	2000
	小 型 电 器	2100	600	1500
	鞋 类	2100	500	1500
	化 妆 品	1800	300	2000

陈列台（柜、架）：陈列台（柜、架）是用以陈列欲出售商品的样品的。其形状大小应考虑便于顾客观察，取放。不同类型的商品，其陈列的方式也是不一样的。建筑师应该知道的是，陈列设施是可以订做的，不影响建筑空间设计。陈列台（柜、架）的一般尺寸见图3-29。

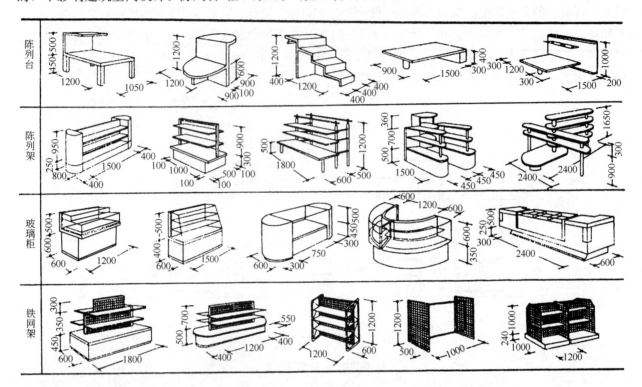

图 3-29 陈列台（柜、架）举例

社会经济的发展和人们审美观念的变化始终对商店的经营产生着影响，也对商场室内空间设计、陈列设施产生影响。商场内大量使用的基本陈列设施应遵循方便经营、造型优美、拆卸方便、造价经济等原则。同时为了创造商品的个性，还必须结合销售商品的性质、规格、尺寸，设置各具特色的陈列设施。

美国纽约Carlos Miele时装旗舰店，以纯白色的、柔化的室内空间作为背景，使得女性时装展示出独特的魅力（彩图6）。美国某商场内的音像制品展示设计，将音像制品实物与大幅的招贴画以及音像器材相结合，货架采用了红色的钢管作为支架，在灯光的照射下显得十分醒目（图3-30）。

图 3-30 美国某商场内的音像制品展示设计

四、橱窗设计

橱窗是用来对外展示商品以招徕顾客的有效手段之一。良好的橱窗设计不仅能够吸引顾客、激发顾客的购买欲望，客观上还起到了美化建筑立面、丰富街道景观、渲染商业气氛、引导消费潮流的作用。因此，在商业建筑设计中，橱窗设计是一个不容忽视的问题，也是商业建筑设计的重要组成部分。

橱窗设计首先应把握尺度。橱窗的尺度应根据商店的规模、性质、环境、商品特征及陈列方式等综合确定。如用于服装展示的橱窗，其流行性最为强烈，应具有较强的个性，针对顾客的特点决定其格调，充分展示时装的多样性和流行趋势。其照明设计不应影响服装的色彩和质感。用于珠宝首饰陈列的橱窗则应显得凝重、典雅，具有良好的照度。同时，橱窗也不宜过大，尽可能单独展示商品，既可增加商品的价值，又可提高安全性。

人们的视平线高度一般为 1.6m 左右，在视线上下左右的 30°范围内一般可以较为完整清晰地观察对象。因此，橱窗的大小除需要考虑陈列商品的大小外，还需考虑观赏距离等因素。

橱窗常见的类型主要可分为平式、突出式、凹入式、开敞式、立体式等五种类型（图 3-31）。应结合建筑造型和环境特征选用不同种类的橱窗。小型橱窗深度在 1.0~1.2m 之间，大中型商场橱窗的深度在 1.5~2.5m 之间，而高度则均在 2.6~3.2m 之间。过高过大的橱窗因超出人眼的正常观测范围，使顾客只能看到局部，而无法观看其整体，除非有足够的观赏距离，一般很少采用。

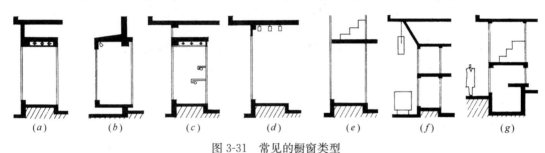

图 3-31 常见的橱窗类型
(a)平式；(b)凸出式；(c)凹入式；(d)开敞式；(e)两层式；(f)立体式；(g)利用地下室

橱窗内的照明可分为普通照明和局部照明，普通照明位于陈列商品的顶部，为了避免光线直射人眼，一般宜用过梁将光源遮挡。局部照明则是通过对陈列商品的直接照射，与环境形成强烈对比，达到突出重点、烘托主题的目的。不论是普通照明还是局部照明，都应作到光线宜均匀、柔和，有足够的照度，不偏色。

橱窗的设计还应考虑遮阳问题。阳光直接照射不仅会损坏商品，使商品褪色、变形，还会产生眩光，妨碍了顾客的观赏，因此常通过设置挑檐、百叶、雨篷等方法来遮挡阳光（图 3-32）。

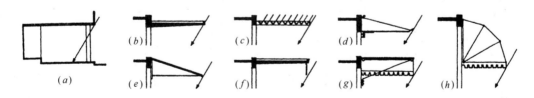

图 3-32 遮挡阳光的建筑处理方法

消除眩光是另一个值得重视的问题。眩光的产生是由于橱窗外的亮度高于橱窗内的亮度，使橱窗外的受光影像反射到橱窗玻璃上，从而妨碍了顾客观看橱窗内的商品。防止眩光产生的办法有以下几种（图 3-33）：

(1) 增加挑檐——通过挑檐遮挡部分阳光，避免阳光通过玻璃反射到人眼。
(2) 倾斜橱窗——将橱窗向外倾斜，以改变反射光线的方向。
(3) 利用绿化——利用沿街种植的高大乔木遮挡阳光的直接照射。

图 3-34 为美国某小商店的橱窗，设计手法十分简练，因商店规模比较小，且紧邻道路，因此，不

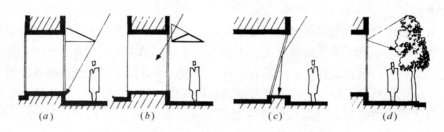

图 3-33 防止眩光的建筑处理方法

仅橱窗尺度相应较小，并且采用了整片落地的透明白板玻璃将室内外分隔开来。由于取消了橱窗背板，使街道上的行人能将室内一览无余，仿佛商场本身就是一个大橱窗。

图 3-34 美国某小商店的橱窗

五、营业厅空间与色彩调整

建筑设计一般都确定了室内空间的基本特征，有时候甚至直接完成了室内概念设计，从而确定了室内设计的基本特征。所以，室内设计师的主要任务是对营业厅空间进行调整与再创造。为了与室内设计师的工作进行协调，建筑师有必要了解商业建筑室内设计的基本特征，以利于进行建筑设计。如美国 Brandon Town Center 的饮食空间，即使在建筑构造上，也将建筑设计与室内设计融为一体（彩图 7）。

（一）营业空间的分隔与联系

为了适应现代商业经营方式的变化和满足购物者求新、求异的心理，营业空间应具有较强的空间适应性和灵活性，以满足和适应不断变化的需求。结构形式上，宜采用框架结构等便于空间灵活分割的结构类型，利用柜台、货架、陈列台、隔断等设施分割营业空间。其特点是空间割而不断，保持着明显的空间连续性；当使用要求改变时，又便于空间的重新组织。

日本 Kohans 鞋类专卖店，利用透明玻璃、矮墙及阶梯作为隔断，隔而不断，使室内空间保持了视觉上的连续性，既增加了商场空间上的虚实变化，又增加了商业气氛（彩图 8、彩图 9）。

现代商业建筑营业空间的货架和陈列柜的设计，越来越趋向于形简质轻，易于装配和拆卸，并能使空间分隔灵活通透。家具及设备的支脚越少越好，这样一方面便于地面的清洁卫生工作，另一方面又可通过地面的联系与渗透，增加空间的整体感和连续感。在进行内部空间分隔时应顺应顾客的购物流线及所销售商品的特性，创造丰富多变的空间形式，以获得轻松活泼、生动热烈的商业气氛，而不应拘泥于固有的模式。

（二）空间的引导与暗示

在营业空间中如何对顾客的购物流线加以组织和引导是一个十分重要的问题。通常可以通过货架与柜台的布置、空间装饰手法的运用、重点部位的特殊处理、灯光的变化、地面或顶棚的构图等加以引导。

美国某商场在楼梯踏步的中部设有一排连续的地灯，既能用来作为楼梯的照明，又具有强烈的空间导向作用，将顾客引导上楼（图 3-35）。而图 3-36 中的某商业空间设计则是利用顶棚的变化、地面铺装材料和色彩的变化以及室内植物的排列，将人流引向商场的各个角落。

（三）空间的延伸与扩大

利用人们视觉的特点，通过对空间界面如顶棚、地面、墙面的处理，玻璃、镜面等材料的应用，使空间产生扩大和延伸感。如图 3-37 为某商店服装展示空间，由于空间较小，因此在墙面上安装了两片镜面玻璃，利用其光线的反射扩大了室内空间。

（四）色彩调配

在营业空间中，色彩设计以突出商品为重要目的，同时又要创造琳琅满目的环境特征，刺激消费欲望。一般地，营业空间可选用白色、淡蓝色、粉红色、粉绿色、奶黄色、淡粉紫色、灰蓝色等作为背景色，配以少量的、小面积的鲜艳色（如金、银、黄、橙等）作为点缀色块；在柱子、楼梯口、走廊等与商品较远地方，可装饰鲜艳夺目的

图 3-35　美国某商场

图 3-36　某商业空间设计

图 3-37　某商店服装展示空间

点缀品,如挂画、镜面、标题、照明灯或其他装饰品。在进行商店营业厅的配色时,要调商品的色泽,不要使商品变色、失色,以加强商品对顾客的吸引力。如女装、童装部墙面的色彩可以采用较高彩度的色彩,要能起到烘托气氛的作用。日本 Kohans 鞋类专卖店室内就是采用白色作为背景色的。其给人印象最深的是,点缀色与点缀图案的采用,成为创造时尚感的重要手段(彩图 8、彩图 9)。

在较小的商业建筑中,由于商品起不到控制室内色彩的作用,可将室内色彩处理得丰富些,以创造有吸引力的室内环境。同时,还必须考虑室外色彩与室内色彩的搭配,不宜使二者完全脱节。在大中型商业建筑中,大部分室内空间的色彩选择范围要大得多;不过,在门厅等室内外空间过渡的地方,则应注意室内外色彩的衔接。

六、营业空间照明设计

营业空间照明设计是商业建筑室内设计的重要内容,为了充分展示商品特性,增加其魅力,必须选择理想的光源和确定合适的照度标准,合理进行灯具的选择和布置。

（一）理想的光源

为表现营业厅特定的光色、气氛,以突出商品的质感、色彩,强调其真实性,应选择合适的色温、照度及光色对比度。营业空间常用的光源有白炽灯、荧光灯、荧光汞灯和金属钠盐灯等。其色温一般在 3000～6500K 之间,光源发射的光的色温应当同照度水平相适应,在低照度下往往以暖光源为好。随着照度的增加,光源的色温也应当提高。色温过低时会使空间感觉酷热,而色温过高时则会感到气氛阴森。因此,营业厅的照明一般采用二者结合的方式,用色温高的光源作整体照明,而用色温低的点光源作为局部照明,能够增强商品的质感。如常用白炽灯投射到珠宝首饰或金银饰品、工艺品上。

营业空间的光源还应具有良好的显色性,并能根据不同商品对光源显色性能的不同要求,选择不同的光源。通常光源的效率会随着显色性的提高而呈下降的趋势,因此,在选择光源时应避免追求高效率而忽视了显色性。如荧光灯发光效率较高,但显色性能差,商品在其照射下会呈现青灰色,不仅使商品色彩失真,也会使室内气氛惨淡阴森,不利于商业气氛的创造。因此,在商业建筑照明设计中应同时考虑二者之间的关系。目前商业建筑中使用较为广泛的节能灯不仅具有较高的发光效率,显色性能也较好,常被用来作为商场的普通照明。

（二）合理的照度

商业建筑的照度标准与国民经济发展水平密切相关,目前根据我国《民用建筑照明设计标准》(GBJ 133—90)规定,商业建筑内的普通照明的照度至少应达到 75lx 以上。这一标准与过去相比已得到较大幅度的提高,但与西方发达国家相比,仍有一定距离(表 3-13)。

商店建筑照明的照度标准　　　　　　表 3-13

类　别	参考平面及照度		照度标准值(lx)		
			低	中	高
一般商店营业厅	一般区域	0.75m 水平面	75	100	150
	柜　台	柜台面上	100	150	200
	货　架	1.5m 垂直面	100	150	200
	陈列柜,橱窗	货物所处平面	200	300	500

照度的高低对室内空间环境的影响极大,当照度增加时,室内空间显得较为宽敞明亮。营业空间的照度过低,不仅会使空间产生压抑感,还会影响到顾客选购商品,从而降低购买欲望。营业空间中的不同部位对照度的要求也有所不同,这不仅有助于顾客选购商品,也是营造商业气氛、招徕顾客和引导顾客的需要。图 3-38 为日本商业协会所建议的商店内各部位照度比例关系。从中可看出,为了吸引店外的顾客,橱窗的照度为营业空间中最高,为普通照明的 2～4 倍;其次为商场内部,其目的就是为了将已经进入商场的人流引导到商场内部。

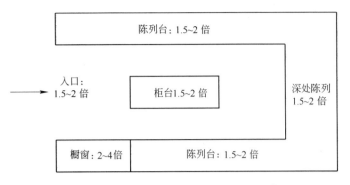

图 3-38 营业空间照明与普通照明的倍数比

（三）照明方式

营业空间的照明设计，有两个目的：一是要满足照度要求，包括柜台上的水平照度和货架上的垂直照度要求；二是要创造良好的商业气氛。由于不同的商品大小、形状、色彩、辨认程度各不相同，对照明的要求差异也很大，因此应针对不同的功能要求采取不同的照明方式，使所陈列的商品能够得到充分表现，并获得理想的室内商业气氛。

使营业空间获得基本亮度的照明称为普通照明。商店的普通照明通常是由均匀布置在顶棚上的灯具来提供，一般常采用嵌入式荧光灯发光顶棚布置成带状，或采用筒形节能灯呈点状均匀分布。当室内空间不高时可采用吸顶灯或嵌入式灯具；当室内空间高度大于 5m 时，为保证柜台和货架有足够的照度，就必须提高照度，这样势必会造成能源浪费。

使某些商品或某些空间部位（如入口处）获得突出效果的照明，称为重点照明。重点照明是在普通照明的基础上进行的。

使营业空间和疏散空间在普通照明突然中断的情况下，仍能保证基本亮度的照明，称为安全照明。

使营业空间获得更佳效果与气氛的照明称为装饰照明。

商业建筑的照明设计虽然不是由建筑师完成的，但建筑师仍然应该了解商业建筑空间的照明特征与照明方式。只有这样，才有可能将照明效果融入商业建筑设计中去。

第五节 现代商业建筑仓储空间及辅助空间设计

商业建筑的仓储及辅助空间是指除了营业空间与公共活动空间之外的其他空间。

现代商业企业的规模大小、经营方式、经营权属多种多样，对辅助空间的具体内容设置、空间容量要求也各不相同。在这里，我们仅对大中型综合商业企业的一般情况予以介绍，作为设计参照，建筑师在具体设计中还要根据不同企业的不同要求和不同情况，确定辅助空间的具体内容、容量与位置。

一、仓储空间设计

（一）仓储空间的概念

仓储空间指的是，根据商店规模大小、经营需要而设置的供商品短期周转的储存库房，和与商品出入库、销售有关的整理、加工、管理等用房。该部分占商业建筑总建筑面积的比例数可参照表 3-4。

储存库房包括总库房、分部库房、散仓三个部分。总库房一般独立于营业空间之外，贮存商品数量多、品种全，商品周转时间较长。分部库房与营业空间联系较紧密，而周转周期较短。散仓是与营业柜台紧密相连的，贮存即时备销商品的存储空间（一般布置利用货柜架下部或后部的空间）。营业空间与辅助空间的组合方式见图 3-39。

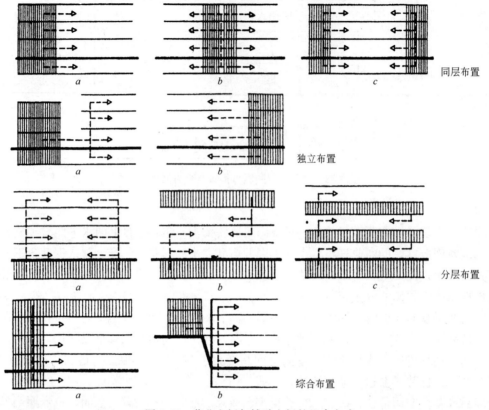

图 3-39　营业空间与辅助空间的组合方式

（二）商品管理方式对库房容量的影响

1. 进货方式对库房容量的影响

对库房容量有着重要影响的进货方式一般有四种：

（1）从本地生产厂家或批发市场进货。在本地生产厂家或批发市场，商业企业订货、提货方便，可以采取小批量的方式进货，以降低库存。采用这种方式进货占总进货量的比例越高，库房容量相对要求越小。小型的和经营中低档商品的商店，进货地域一般不广，库房容量相对要求较少。

（2）从外地生产厂家或批发市场进货。由于外地生产厂家或批发市场离商店较远，小批量进货不经济，往往采取较大批量的方式进货。采用这种方式进货占总进货量的比例越高，库房容量相对要求越大。越是大型的和经营高档商品的商店，进货地域越广，库房容量相对要求越大。

（3）自己生产或委托加工。有的大型商场为了争取利润最大化，发挥自己企业信誉与形象的优势，自创商标，自己生产或委托加工生产；有的专业商店，则主要经营自己生产的产品。采用这种方式进货占总进货量的比例越高，库房容量相对要求越小。

（4）根据订货量进货。以这种方式为主进货的商店主要有目录商店、样品商店、汽车专卖店等。采用这种方式进货占总进货量的比例越高，库房容量相对要求越小。

周转天数对库房也有影响，周转天数长，库房容量大，周转天数短，库房容量小，商品应有合理经济的周转天数，库房应有足够的容量。

2. 经营管理方式对库房容量的影响

（1）统一管理、统一进货

统一管理、统一进货，即商店由一家企业统一经营管理，统一进货的经营方法。传统的国有商店、专业商店大部分采取这种经营方法。这种经营方法一般要求库房容量相对较大。但是，有些连锁商店设置中心仓库，进行货物调配，各商店根据销售需要向中心仓库预定货品，由中心仓库及时将商品送到商店，大大降低了各个商店的库房容量要求。

在仓储式商业建筑中，将大部分仓储空间与营业空间相结合，对库房的要求另行讨论。

(2) 统一管理、分别进货

统一管理、分别进货，即商店由一家企业统一管理，将商业空间分开，由不同企业分别经营，分别进货的经营方法。现在，中国许多大型商场采取"引厂入店"的方法，将许多柜台出租给生产厂家或其他商户，分开结算，将更多的精力放到商场管理上。采用这种方式经营的比例越高，总库房容量相对要求越小，但对分部库房容量影响较小，对散仓几乎无影响。

(3) 分别经营、分别进货

房地产开发商及有的商业企业，更是直接将商业空间划分成许多不同的商铺，出租给商户经营。在出租商铺后，企业还对商场（或称市场）进行统一管理，以保证商场的经营方针按既定路线发展。商铺出售以后，大多数开发商则会将商场交给物业管理公司，基本只是进行物业管理，对市场的发展则会漠不关心。采用这种方式经营的比例越高，总库房容量相对要求越小，但对分部库房容量影响较小，对散仓几乎无影响。完全采用这种经营方式，则不需设置总库房，甚至不需设置分部库房。

(三) 一般商业建筑仓储及辅助空间的面积要求

经上述讨论可见，在现代商业经营活动中，由于经营方式、经营权属不同，商业建筑的仓储及辅助空间容量要求也不同。

在发达国家，百货商店营业面积与总有效面积（不含非经营性休闲空间）之比，一般在50%以上，高效率的在60%以上。

在我国，一般大中型百货商场的营业、仓储和辅助三部分建筑面积分配比例，可参照表3-4。

货物不同存储方式也不一样。一般货物的存储方式有，放在货架上（大部分商品以这种方式存放）、成包堆码（如棉布、鞋帽、服装等大部分为纸箱包装）、铺开摊放（如陶瓷制品等）三种形式。由于存储方式不同，不同商品占用库房面积也不同，如表3-14所示：

分类商业库房建筑面积分配比例表　　　　　表3-14

货物名称	库房面积（m²/每个售货单位）
首饰、钟表、眼镜、小型工艺品	3.0
衬衣、内衣、帽子、皮毛、文具、照明器材	6.0
包装食品、药品、书籍、布匹、中小型电器	7.0
体育用品、旅行用品、儿童用品、乐器、日用工艺品	8.0
油漆、颜料、建筑涂料、鞋类	10.0
时装	11.0
五金、玻璃、陶瓷制品	13.0

注：(1) 只有一个售货单位时，库房面积增加50%。
　　(2) 此表根据顾馥保主编的《商店建筑设计》（第二版）修改。

(四) 仓储空间的一般设计要求

(1) 商业经营方式、经营内容直接决定仓储空间的内容与规模。仓储空间设计，必须首先弄清商业建筑使用者的经营方式、经营内容与营业要求。

(2) 应符合防火规范的规定，并应符合防盗、通风、防潮、防晒和防鼠等要求。

(3) 分部库房、散仓应靠近有关售区，便于商品搬运，尽量减少对顾客的干扰。

(4) 食品类商业仓储空间设计的要求是：根据商品不同保存条件和商品之间存在串味、污染的影响，分设库房，或在库内采取有效隔离措施。各种用房地面、墙裙等均应为可冲洗的面层，并严禁采用有毒和起化学反应的涂料；如附设加工场，其设施应符合"食品卫生法"的规定。

(5) 库内存放商品应紧凑、有规则。货架或堆垛间通道净宽度应符合下列规定（单个货架一般长1.8～2.0m、宽0.30～0.90m、高2.0～2.5m；一般为两排并成组堆垛。堆垛宽度为0.6～1.80m；

1) 货架或堆垛端部与墙面内的通风通道净宽度大于 0.3m；
2) 平行的两组货架或堆垛间手携商品通道，按货架或堆垛净宽度选择。通道净宽度为 0.70~1.25m；
3) 与各货架或堆垛间通道相连的垂直通道，可通行轻便行手推车。通道净宽度 1.50~1.80m；
4) 电瓶车通道（单车道）净宽度要求大于 2.50m。

(6) 库房的净高应符合下列规定（库房净高应按楼地面至上部结构主梁或衔架下弦底面间的垂直高度计算）：
1) 设有货架的库房净高不应小于 2.10m；
2) 设有夹层的库房净高不应小于 4.60m；
3) 无固定堆放形式的库房净高不应小于 3m。

(7) 商店建筑的地下室、半地下室，如用作物品临时储存、验收、整理和加工场地时，应有良好防潮、通风措施。

(8) 分部库房一般与营业厅同层。位于与营业厅联系方便的其他楼层时，可采用升降机等垂直运输工具，以便将货物运至营业层。

(9) 库房一般要求设置卸货台、卸货棚（库房在地下室时不设卸货棚）、验收与值班室、包装回收和存放空间、货物整理场所等附属空间。其中要求一般卸货台离地高度 900~1200mm，至少一侧应设 7%~10%的坡道。

二、辅助空间设计

辅助空间主要包括行政、业务、职工福利及设备用房等。

(一) 一般商业建筑辅助空间的容量

一般商业建筑辅助空间的容量可以参照以下几条进行：

(1) 商业建筑的辅助空间包括外向橱窗、办公业务和职工福利用房，以及各种建筑设备用房和车库等。这些空间应根据商店规模大小、经营需要而设置。该部分所占商店总建筑面积的比例数可参照表 3-4 的相应规定。

(2) 商店的办公业务和职工福利用房面积可按每个售货岗位配备 3~3.50m² 计。

(3) 商店内部用卫生间设计应符合下列规定：
1) 男厕所应按每 50 人设大便位 1 个、小便斗 1 个或小便槽 0.60m 长；
2) 女厕所应按每 30 人设大便位 1 个，总数内至少有坐便位 1~2 个；
3) 盥洗室应设污水池 1 个，并按每 35 人设洗脸盆一个；大中型商店可按实际需要设置集中浴室。

(4) 商业企业的其他相应要求。

(二) 行政管理用房的一般内容

在一般大中型商业建筑中，行政管理用房常包括领导办公室、财会室、行政办公室、党团群工办公室、业务室、保卫室及会议室等，还包括各商品部管理室。除了各商品部管理室要求与相应营业空间接近以外，其他用房要求相对集中，并与营业区在空间上有一定分隔，避免相互干扰。

(三) 生活福利用房的一般内容

在一般大中型商业建筑中，生活福利用房常包括职工休息室、托儿室、母亲哺乳室、医务室、阅览室、食堂、浴室、职工自行车与机动车停车场所等。

(四) 技术设备用房的一般内容

在一般大中型商业建筑中，技术设备用房常包括空调设备室、变配电室、电话总机室、消防控制室、安防监控室、广播室、传送商品设备、食品冷藏设备室、电梯房等。

(五) 业务院及其他库房的一般要求

为货物装卸、车辆回转、开包拆箱、箱皮回收，商业建筑必须提供必要的工作空间（业务院）；为储存企业的一般物品、停放企业用车，还要设置相应的仓库、车库。

第四章　现代商业建筑形态设计

商业建筑是公共建筑中最为常见的建筑类型之一，也是最贴近市民、与市民生活息息相关的建筑类型之一。商业建筑不仅是提供一个物质交换的场所，也是一个市民休闲娱乐的场所。由于良好的、吸引人的建筑形态，能为人们带来视觉与精神上的享受，能为商业建筑带来更多的客流量，从而提高其营业额。同时，由于商业建筑通常位于城市主要道路两侧，对于城市景观的影响也比较大，所以形态是现代商业建筑设计的重要因素。

如果说项目概念与设计主题研究是现代商业建筑设计的战略问题，那么商业建筑设计手法便是实现这种战略的战术手段。在战争中，优秀的战略如果没有一定水平的战术手段去实现，很可能会导致失败。在建筑设计中也是一样，一个一般的设计概念，如果有优秀设计手法支撑，往往可能产生良好的设计；而一个优秀的设计概念，如果缺乏一定设计手法的支撑，却往往只能导致失败的结果。

在这里，建筑形态包括建筑空间形态与形式形态两个部分。我们将讨论现代商业建筑形态特征及设计原则、空间与形式设计手法。现代商业建筑一般由营业空间、公共空间、仓储与辅助空间组成，其中营业空间、公共空间是建筑空间与形式设计的重中之重，在此我们所讨论的商业建筑设计手法主要是关于营业空间和公共空间的。

在现代商业建筑形态设计中，首先应该尊重商业建筑形态设计原则，然后才能够较好地运用设计风格与设计手法。商业建筑形态设计原则有如下几点：

（1）尊重使用功能要求

建筑的根本目的在于使用，建筑形态设计不能脱离商业建筑的使用功能，或造成使用上的不便。使用功能包括满足商业经营与顾客活动的所有方面。我们不能够因为我们形态设计上的主观考虑，而牺牲功能要求，如过高的台阶造成顾客行动不便、气派的开敞空间造成夏日的暴晒等。

（2）尊重环境特征

这里所说的"环境特征"包括建筑所在地的气候、文化、文脉关系、城市设计要求等多种因素。如北方地区冬季气候寒冷、南方地区夏季气候炎热，从保温节能的角度，不宜采用大面积玻璃墙面；南方地区建筑空间应该通透灵活，以加强通风；历史街区的建筑应该注意与历史建筑相协调等等。我国南方传统的骑楼式建筑便充分考虑了南方地区的气候特点，为我们提供了良好的范例。

（3）充分表达商业建筑的性格特征

商业建筑的服务对象是广大消费者，这使得商业建筑带有强烈的大众气息。在设计中，商业建筑的性格特征应该结合新功能、新技术、新手段，并使之与环境有机结合。但这种表达应是真实的、合理的、科学的、合乎逻辑的，符合一般审美规律，避免过度虚假的装饰与渲染。

不可否认，随着社会的发展人们的审美观也在发生着变化，一些先锋派建筑师试图摆脱传统审美观的束缚、抛弃学院派的审美标准，通过极度的扭曲、变形、夸张等手法，在矛盾中寻找新的突破，以求达到标新立异、独树一帜的目的，在商业建筑中也是可以尝试的。

（4）尊重经济指标

不同的建筑，都有着不同的经济指标与投资预算。虽然商业建筑要求表现个性化特征，建筑空间也在向着功能复合化、休闲化发展，但在实际工程设计中，我们必须考虑建筑的经济指标与投资预算，否则设计只会成为空中楼阁。要知道，悉尼歌剧院和中国国家大剧院这样的工程，在现实工程中是极为罕见的。当然，在学生的课程设计中，我们大可以相对超脱一些，以锻炼我们的设计创造能力，但不应脱离经济指标太多。

（5）注重新技术、新材料、新方法、新手段的运用和表现随着科学技术的飞速发展，新技术、新材料不断出现，传统的建筑设计手法正在发生变化，如何在商业建筑的造型设计中去表现这种科技进步所带来的建筑审美观的变化，也是商业建筑所面临的新的课题。如在一般情况下建筑的结构往往被掩盖，而随着新科技、新材料的不断发展，新型结构的艺术表现力和感染力也越来越强。以精确的结构和精美的加工工艺为代表的技术美学已经自成一体，成为一个独立的流派，并在建筑美学中占有重要的地位。

第一节 现代商业建筑空间形态设计

现代商业建筑空间根据功能可以划分为公共空间、营业空间、仓储与辅助空间三部分。公共空间是指商业建筑中不具有直接营业功能，主要承担疏散、休息、游玩、交往等活动的空间。营业空间是指商业建筑中主要用于经营活动的空间。仓储与辅助空间是指商业建筑中用于经营管理、工作人员休息、货物储存、设备器械、停放车辆等所占用的空间。

对现代商业建筑一般功能空间的讨论，主要在本书第三章进行。本节主要讨论现代商业建筑空间个性、空间魅力的塑造方法。这里主要涉及商业建筑的公共空间，其次是营业空间。公共空间一般不直接产生经济收益，但有着交通或休闲功能，是现代商业建筑重要的空间组成部分。现代商业建筑公共空间一般包括门厅、交通厅、共享空间、庭院、步行街、广场及其他休息场地等。本节主要讨论商业建筑室内空间，室外步行街与室外广场将着重在第五章中讨论。

一、空间组合方式

在现代商业建筑中，空间组合的方式主要有如下几种：

（一）聚合

聚合的特点是，以一个空间为主导，其他空间在其周围聚集、靠拢。作为主导的空间，在空间形式上应该是相当突出的，如穹顶中央大厅、共享空间等。在空间位置上，可以置于建筑的中心，也可以在建筑的边缘，其他空间在不同方向进行聚集。如日本八王子东急广场中心有一个贯通的中庭，其他的服务部分都围绕这个中庭布置，中庭就形成一个主导空间（图4-1、4-2）。

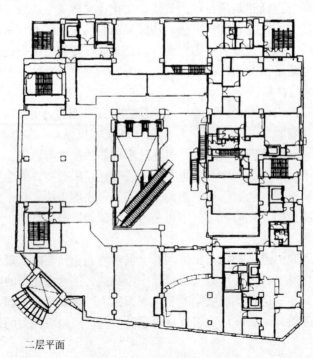

二层平面

图4-1 日本八王子东急广场二层平面图

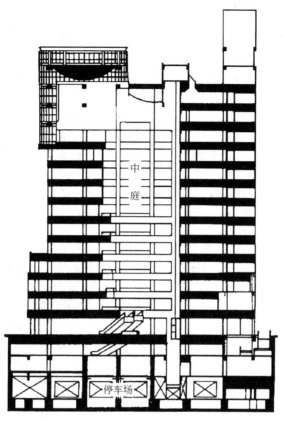

图 4-2　日本八王子东急广场剖面图

（二）线性组合

线性组合的特点是，采用一条路径将各类空间组合在一起。路径可以是直线式的、曲线式的或折线式的，可以是明显的街道式的，也可以是不明显的一般地面通道。被连接的各类空间可以被路径串联贯通，也可以并联于路径一侧或两侧。如美国 BrandonTown Center 购物中心，以一条曲线式通道为主轴，两旁分布着主题餐厅、商店等，整个购物中心就好像被罩在一个屋顶下的城市，路线简明，一个来回就可以逛遍每一个角落（图 4-3、4-4）。日本东京太阳街漫步商场用曲线式道路组织各个功能空间，一目了然又富于变化。人们如同顺流而下一般在其中行走，并且在这条主路上到处都可以绕回到变形的椭圆广场（图 4-5）。

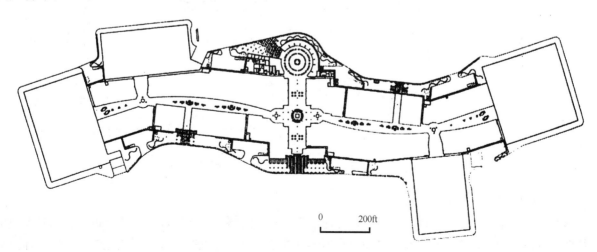

图 4-3　美国 Brandon Town Center 平面示意

图 4-4 美国 Brandon Town Center 室内

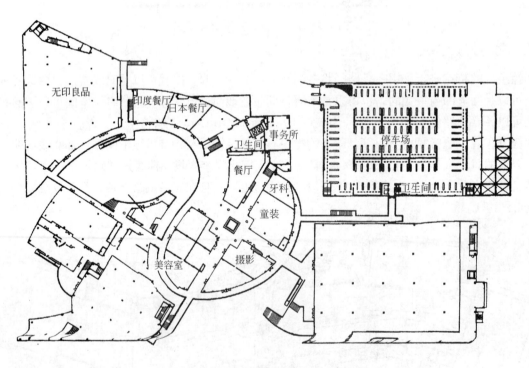

图 4-5 日本东京太阳街漫步商场二层平面

（三）辐射

辐射的特点是，以一个空间为中心，将其他空间沿辐射线路展开。当辐射线比较短时，同时表现出一种聚合特点；当辐射线比较长时，沿辐射路径形成线性组合。如美国北方公园商业中心，是一种完整的中心辐射形式（图 4-6）。美国 Santa Monica 商场，商场中心有一个长方形核心，两条道路交叉于此，向四个方向发散出去(图 4-7)。美国 Superstition Springs Center 平面为扇形，道路沿着一个虚拟中心呈发射状纵向分布(图 4-8)。

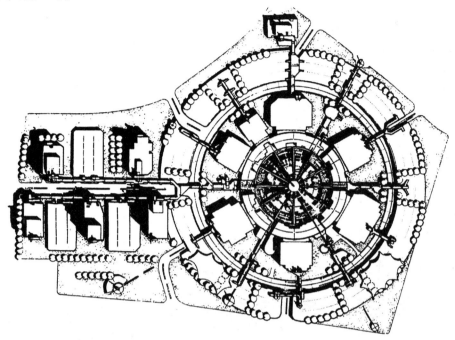

图 4-6　美国北方公园商业中心

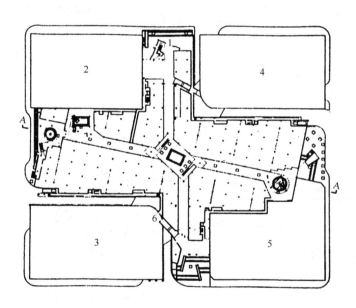

图 4-7　美国 Santa Monica 商场平面

（四）环绕

环绕的特点是，路径在某个空间外形成环路，商业空间沿环路布置。当多个环路同时出现时，形成多环路特征。美国 Westside Pavilion 购物流线中，一个优雅流畅的弧形通道与一条直线通道，形成商场内部的环行线路(图 4-9)。英国 Waverley Market 的室内通道属于多环路系统，两旁是独立排列的店铺，中央还分布着岛状的小店铺，形成了一个大的环路中还有三个独立的小环路的系统(图 4-10)。土耳其 Akmerkez Etiler 的主要空间组织方式是一个三角形环路，简洁明了，另外打通了三角中心区的通道，想去到任何一个服务中心点都很便捷(图 4-11)。

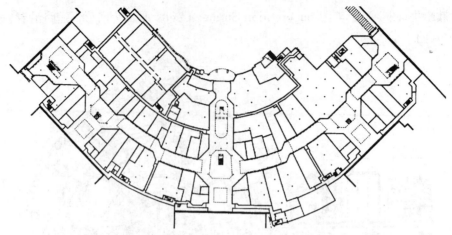

图 4-8 美国 Superstition Springs Center 一层平面

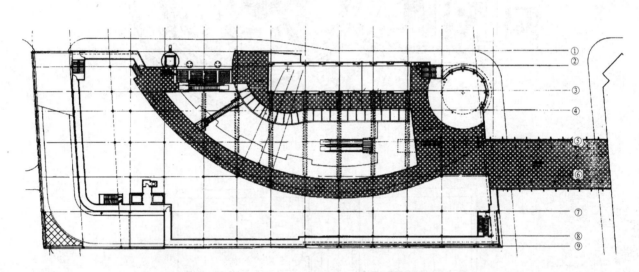

图 4-9 美国 Westside Pavilion 一层平面

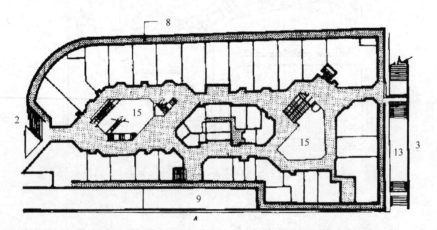

图 4-10 英国 Waverley Market 地下一层平面

（五）并列

并列的特点是，较少的几个空间或空间组团，没有明显的主次特征，均匀地分布在建筑中，其间连接的路径不长，没有被强化。如美国 Pioneer Place，两个容量接近的商业空间，并列在基地中，基本不分主次，用空中走道相连（图 4-12）。

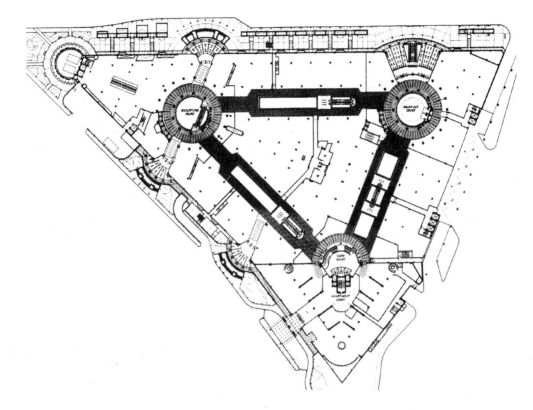

图 4-11 土耳其 Akmerkez Etiler

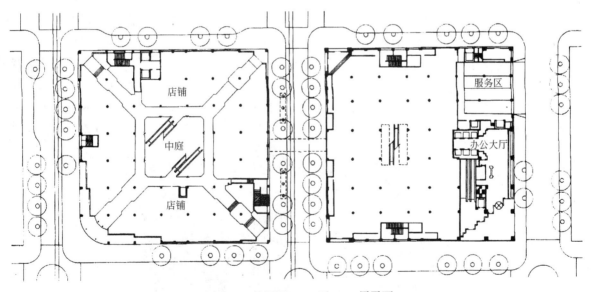

图 4-12 美国 Pioneer Place 一层平面

（六）网络

当并列的空间比较多，而不采用线性组合方式时，空间组合的特点必然是网络式的。网络的形式不一定仅仅是正交的、规则的，网络中的路径可以是直线、曲线，相交间距可以相等也可以不等，构成不同特征的网络空间特征，某些部分可以倾斜、中断、位移、旋转，以使空间的视觉形象发生变化，增强空间趣味性。由于现代建筑结构形式的使用，网格式空间组合在商业综合体内部空间设计中运用的最为普遍。如重庆大都会广场四层平面，在不规则的网络中，还有局部错开、倾斜、中断，形成复杂多变的通道网络（图 4-13）。

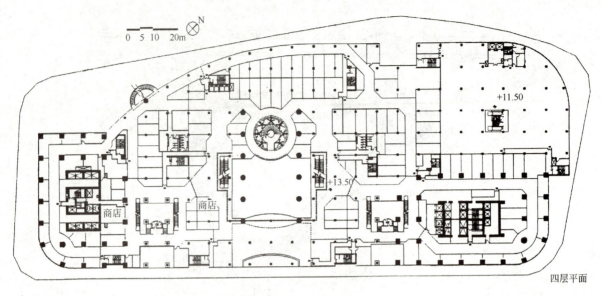

图 4-13　重庆大都会广场四层平面

二、空间设计手法

本书在此着重讨论商业建筑空间设计的重要手法，对于建筑空间设计中通用的问题，如形态、尺度、比例、序列、一般空间关系等等，不能在此一一讨论。

（一）开敞与流动

开敞空间，指的是局部空间之间的取消视线或行为限定，使空间之间相互融合、相互开放。人在其中，视线开阔，感觉空间辽阔。流动空间，指的是若干局部空间之间相互贯通、视线通透的空间。人们在行走的过程中，视觉与空间感受不断变化。在开敞与流动的商业空间中，人们可以感受到热烈、明朗、舒畅、自由的气氛，更多的人的聚集和货物的丰富，符合现代人的心理特征和商业经营的需要。它是现代商业建筑中运用的最为普遍和广泛的空间形式。如美国洛杉矶第七大街商场从上下贯通的中庭里面可以看到各层的情况，方便游人选择，视野也很开阔。自动扶梯、观景电梯等显示着人的流动，并将不同的室内空间、室内外空间在行为或视线上融合起来（图 4-14）。再如美国 Menlo Park 购物中心，中庭中间的弧形楼梯以及景观升降梯成为联系上下层空间的纽带，不同位置的许多空间都可以相互贯通（图 4-15）。

图 4-14　美国洛杉矶第七大街商场

图 4-15　美国 Menlo Park 购物中心

（二）矛盾与复杂

矛盾指的是在建筑空间中，空间组成的要素之间产生的对立，如规则与不规则、空间界面构成材料与形式的不协调等等。复杂指的是在建筑空间中，空间组成要素的多元化和组织方式的多样化，如多种空间形式的聚合、空间界面部分构成形式的设计、布置方法的变化与不同等等。矛盾与复杂也符合现代人的生活与心理特征，使现代人感觉丰富和有趣。但是，需要注意的是，这种方法在大型商业建筑中可以有一定的自由运用；在中小型商业建筑中，由于空间有限，是应该慎用的。如台湾统一高雄购物中心的中庭中，过山车轨道、空中走道、各层观景平台等，与室内广场融为一体，显示出空间的丰富与复杂；不同内容不同方向的交织，显示出矛盾中的协调（图 4-16）。

（三）穿插与交错

穿插于交错，指的是在现代商业之间中，楼梯、自动扶梯、观光电梯、空中步道、平台、梁体构件等等，在建筑空间中形成的穿插于交错。穿插于交错，造成空间感觉的丰富和有趣，有时造成空间的矛盾与复杂。如日本横滨皇后广场，有一个自地下 3 层到地上 5 层的巨大中庭，一条长达 300m 的立体化步行街穿插其间，自动扶梯、观光电梯、空中走道、观景平台等，在其中穿插交错，将各个部分连接起来，形成丰富多变的室内空间（图 4-17）。

图 4-16　台湾统一高雄购物中心

图 4-17　日本横滨皇后广场

（四）聚集性中庭或共享空间

聚集性中庭或共享空间，是现代商业建筑中广受欢迎的空间形式，它最初出现在美国著名建筑师波特曼设计的旅馆建筑中。由于中庭的出现，使建筑在水平方向获得了空间开放的前提下，垂直方向的空间也能够与水平空间有机地融于一体，强化了三度空间的特征。人们在中庭中不仅具有较为开阔的视野、超尺度的神奇的空间感受，也感受到热烈的商业气氛。因此"中庭"这种空间手法一经出现，便被精明的商人和建筑师广泛应用在商业建筑中。表面看来，中庭减少了营业面积，增加了结构技术难度，增加了用于自动防火系统的开支，但由于改善了营业环境，为商家带来了人气，提高了营业额，其为商家带来的丰厚利润足以弥补其损失。

上海虹桥友谊商城营业空间围绕中庭设置，使顾客能够在购物的过程中一边浏览商品，一边还能观赏室内空间，不知不觉中降低了疲劳程度。中庭里的自动扶梯，既是垂直交通工具，也是室内景观要素，其运动过程增加了室内空间的动感。中庭内的休闲茶座，增加了商业的休闲气氛（参见实例1）。

日本北海道札幌市 Sapporo Factory 啤酒厂改建购物中心，更是将购物、饮食、生活休闲和娱乐融于一体，为市民提供了一个节假日休闲的场所。其中庭内还引入了大片的草地、花卉、瀑布流水，种植了高大的乔木等，阳光通过屋顶大片玻璃天窗直射下来，在墙上、地上留下丰富的光影变化，使室内空间变得生动而有趣（图4-18）。成都王府井百货商场，圆形的中庭，成为商业空间的中心；其中的商业活动与装饰，成为活动商业气氛、塑造空间特征的重要手段（图4-19）。

（五）庭院空间

庭院空间，指的是融入建筑中的、没有屋盖的庭院。这种空间形式在商业建筑特别是购物中心中获得广泛运

图 4-18　日本札幌市某购物中心

图 4-19　成都王府井百货商场

用(彩图10、12、14、15)。一般地,商业建筑的庭院空间一旦覆有屋盖,便成为共享空间。

在带有庭院现代商业建筑中,庭院一般是重要的交通组织空间或休闲空间。在现代商业建筑的庭院中,一般采用绿化、水体等手段,结合休息场地,形成随意、休闲的空间环境,作为商业营业空间的补充与调剂。庭院与营业空间之间,有的完全融合,没有阻隔;有的以玻璃进行空间分割,主要用以空调目的。如美国Encino庭院购物中心(图4-20、4-21)中间有一个走道与楼梯围合而成的扇形庭院空间,内部种有大量绿色植物,配合休息座椅,营造出轻松自然的环境。庭院与营业部分直接相通,没有阻隔,购物与休闲环境融为一体。

图4-20 美国Encino庭院购物中心

图4-21 美国Encino庭院购物中心

(六) 创造吸引人的入口空间

在现代商业建筑中,为了吸引人们进入,建筑入口空间一般都设计讲究,以色彩、尺度、形式、装饰、与城市空间连接等等方式进行突出。入口空间包括门厅室内空间、门厅外部空间。有时候,门厅外部空间的引导与个性魅力对吸引购物者显得非常重要。

美国Arizona Center购物中心,在入口处建筑的外墙上,配置了许多灯具,入夜时显得温暖而又夺目(彩图13)。广州天河购物中心次入口处设置了休息座椅绿化和高大的休闲廊(彩图18);主入口较大的门厅也进行了精心的设计(彩图19)。杭州某超级市场,门前依据地形形成台阶式广场,高大的弧形入口长廊与门前休闲茶座融为一体,亲切而又气派非凡(图4-22)。台湾美丽华购物中心,以其奇异的外表吸引了众多游客。圆弧曲线、倾斜的楼面以及大面积采光玻璃顶使空间变得丰富灵活。空中花园、摩天轮与海景大道是其三个造景主题。其中最抢眼的设计就是在五楼的百米摩天轮,它直径70m,顶点高达100m,可供300人乘坐。开幕后从晚间6时开始每隔15分钟就有"天、地、风"三个主题霓虹灯光秀,视觉冲击力很强,成为当地最醒目的标志。入口处切割出的圆形空间,呈现出很好的聚客之势,并表现出吸引人的空间场感(图4-23)。

(七) 模仿城市街道与广场

模仿城市街道与广场,指的是在现代商业建筑中,模仿传统城市街道与广场空间,在建筑室内或室外形成城市街道与广场般自在、随意的商业空间。

在传统的百货商场中,这种模仿更为抽象,更多地融入营业空间之中。在现代全封闭的购物中心中,这种"街道与广场"购物宽敞随意,将步行的概念融入其中,更多的是一种"Mall"的概念。在其中,人们可以享受现代空调技术带来的四季宜人的小气候,随意自在地游逛或购物,传统商业建筑的封闭、拥塞与压抑大大减少。在开敞式的购物中心中，这种模仿更是将商业建筑与室外街道、广场结合起来，创造出新型开放的城市空间。在步行商业街中，街道与广场已经不是模仿，而是创造了。

图 4-22 杭州某超级市场
(a)入口长廊；(b)门前广场

图 4-23 台湾美丽华购物中心

如美国 Lenox Mall 营业空间是以一家家小店面分布在"街道"两侧的方式组织的（图 4-24）；美国 Valencia Town Center，将"街道"空间覆盖在透明屋盖之下（彩图 20）；日本大阪赫尔比大厦地下二层，模仿城市街道的购物通道蜿蜒于商店中间，如自然形成的街道形态(图4-25)。

图4-24 美国Lenox Mall室内

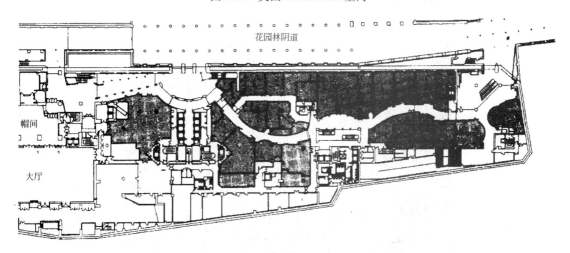

图4-25 日本大阪赫尔比大厦地下二层平面局部

（八）巨大尺度

巨大尺度指的是以巨大的空间尺度，创造非凡的、令人振奋的空间形态的设计方法。如美国Dreamland Shopping Resort，街道两边花车小摊林立，游人如织，高大的门洞与过街走廊成为吸引众多购物者与游客聚积的重要因素(图4-26)。台湾美丽华购物中心巨大的中庭与观演空间，产生的恢弘气势，可以和一些纪念性建筑相媲美，简直就是世俗生活的空间交响曲（彩图21、22）。广州荔湾广场巨大的中庭空间，产生了强烈的空间特性，成为吸引顾客的重要因素（彩图23）。

（九）增加通俗幽默与趣味

增加通俗趣味性指的是在商业建筑空间中，通过特殊符号如可爱的卡通形象、大众喜闻乐见到民俗物件、夸张运用的建筑部件等等，使商业空间产生幽默与趣味性。

如美国奥兰多环球影城入口处以经典的电影造型加以装饰，配以逼真的场景，鲜艳的色彩，不仅吸引儿童的注意力，对成年人来说也是个新鲜的刺激，使人产生好奇心，想一探究竟(图4-27)。广州中华广场，中庭顶棚采用透明玻璃，中庭空

图4-26 美国Dreamland Shopping Resort

中设置了极具特色的莲花、水草、金鱼装饰,色彩生动;阳光通过屋顶大片玻璃天窗直射下来,在墙上、地上留下丰富的光影变化,使室内空间变得更加自然、生动而有趣(彩图24、图4-28)。

图4-27 奥兰多环球影城(主题型购物中心)

图4-28 广州中华广场中庭

(十)室内空间室外化

室内空间室外化,指的是在建筑室内采用相应设计手段,使室内空间产生室外的感觉。为了营造安全和舒适的环境,现代商业建筑的大多室内空间排除了气候因素的干扰,防风、防雨、防晒,气候宜人,但同时如果设计处理不好,同样会使人感到气闷、压抑、乏味。室内空间室外化,是一种使商业空间产生轻松自在气氛的设计手法,使人漫步室内,如置身室外。

室内空间室外化的具体设计手法有:(1)玻璃顶和大面积采光窗的使用。它有利于引入更多的室外光线和景观,同时有利于加强室内外空间的沟通;(2)绿化、水体及其他小品的运用。室内绿化包括草地、花卉、绿篱、高大乔木等等;水体包括水池、喷泉、瀑布等;室外小品包括售货亭、凉棚、阳伞、室外座椅、电话亭、灯柱、铺地、招牌等都被移到了室内,特别是这些设施不仅用于限定空间,还增加了欢乐的气氛,或形成某种特殊的氛围。例如室内街能够借助宜人的气候和洁净的环境,提供路边用餐设施和场所,增加街道情趣。

如澳大利亚 Chadstone 购物中心,透明的玻璃顶棚引入充足的阳光,步行街种植了富于东方风情的竹子,使整体环境幽雅怡人,置身室内,如在室外(图4-29)。日本某啤酒厂改建购物中心,顶部为透明天井拱廊;在挑高5层楼的花园式的中庭内,布置有欧式风情的露天咖啡座与精致幽静的日本料理餐厅,人在其中,既能享受到室内的舒适气候,又能感受到室外的轻松与开敞(彩图25)。英国 Trafford 购物中心休息茶座的顶棚上,绘制了天空云彩,使人感到室外的清新明快(图4-30)。

图4-29　澳大利亚购物中心 Chadstone

图4-30　英国 Trafford 购物中心

(十一) 融入自然

融入自然,指的是将自然因素融入到建筑空间之中。在商业建筑设计中,其中有两种方法。一种是场地中基本缺乏自然因素,通过建筑设计,将自然因素如树木绿化、自然材料、山石水体融入到建筑中。另一种是场地中或临近处已有自然因素,将建筑与其尽量相融合,如相邻较大水面,则设置大面积亲水商业休闲空间;有较小的河流通过,就将河流纳入建筑空间之中;什么都没有,则干脆采用大跨度的透明屋盖而其下不设墙体,将建筑空间与苍天大气融为一体。

美国亚利桑那购物中心,内部设置了一个约 1215m² 的城市花园,迷宫式的、丰富的绿化成为吸引购物者的重要因素(彩图10)。美国 Washington Harbour 面向大海开敞的休闲广场,周边的绿化与蔚蓝的大海、天空相映成趣,自然的海与人造的喷泉也相互呼应。通过广场这样一个过渡空间,将自然的景色完美的融入了商业空间之中(图4-31、4-32)。美国 River Center 则创意地将临近的河水引入到中心庭院中,使得人工空间变得更加自然有趣(彩图26)。伦敦南岸中心的最大特色是采用了大面积的、半开敞的大跨度玻璃顶棚,并且仿照波浪的形态,设计成曲面,与泰晤士河水呼应。顶棚下就是城市与自然的一部分,街道、商店、休息设施等等全部在巨大的玻璃曲面笼罩之下;外部的水色、绿化以及天空都自然而然的纳入活动其中的人们眼里(图 4-33、4-34)。

图 4-31　美国 Washington Harbour 鸟瞰

图 4-32　美国 Washington Harbour 广场一角

图 4-33　伦敦南岸中心鸟瞰

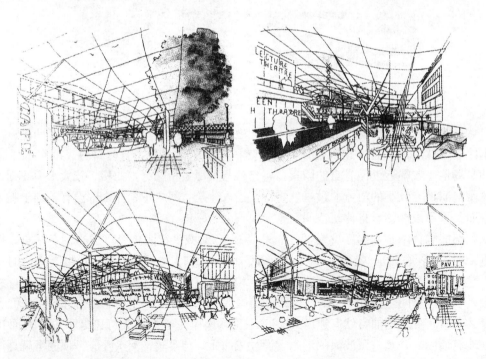

图 4-34　伦敦南岸中心竞赛方案透视图

(十二) 融入城市

融入城市，指的是将商业建筑空间与城市空间相互融合。这种融合，一种是在商业建筑场地中，创造城市活动空间，如表演场地、公共休闲场地等（现代开敞式购物中心中的功能复合，也是对城市活动的融入）；另一种是将城市文脉纳入到商业建筑空间中去，如在场地中，保留、引入城市步行道路等。

如宁波天一广场，采取了以上两种融入城市的方法，一方面开辟大面积的室外休闲广场与绿地，吸引来客；另一方面在场地中打通了一个步行街，作为联系城市中两个干道之间的通道，方便市民，引入城市人流，增加人气（实例14）。日本惠比寿下沉式中心广场，连接着车站、展览馆、商场、写字楼、公寓、影院等公共建筑，以一组很轻巧的顶棚式的雕塑，加上下沉式广场、水体还有老教堂、公寓楼群，形成连贯的城市景观轴，从行为与形式上都融入到城市空间中（彩图27）。美国East Gate商业中心主要购物通道两头与街道相连，融为一体，形成步行的街道（图4-35、彩图28）。

(a)

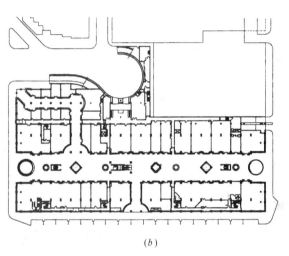

(b)

图4-35 美国East Gate商业中心
(a)外观；(b)底层平面

一般来说，商业建筑的公共空间开放程度越高，越能进行与城市空间的交流，提高商业竞争力。室外商业活动通常具有较好的开放性，但是一般商业建筑由于营业管理与空调的原因，内部的活动往往难以与室外空间进行沟通。在这种情况下，有意识地把公共空间置于沿街一侧，以大面积的全透明的玻璃，可以使室内外空间有一定的交流，提高内部空间的开放性。苏格兰的St. Enoch Center（1989年）、美国丹佛的Tabor Center和圣安东尼奥的Rivercenter（1988），都采用了沿街单边步行街。日本Rifare购物中心为了使得中庭空间更加开放，以大片玻璃幕墙向街道展示中庭空间（图4-36）。

图4-36 日本Rifare购物中心

另外，设置部分在室外、半室外进行的经营活动，如室外咖啡、酒吧、拱廊和步行街等，有利于促进商业建筑内外的交流，有利于取得与街道人流活动的互相融合，促进商业建筑融入城市与社区。如武汉汉商新武展购物广场，建在武汉国际展览中心广场的地下，开敞的下沉式广场、地下通道、室外餐饮等将商业空间较好地融入到城市空间中(图4-37)。

图4-37　武汉汉商新武展购物广场

在城市空间中，可以引入到商业建筑场地中的内容还有人行立体交通系统、地铁和轻轨的人流出入口等。为了与具有最大人流量的地方相结合，并使得来往顾客交通方便，日本许多大型商业设施开始与地铁车站相结合，有的甚至作出了开发与地铁车站相连的地下商场的计划(图4-38)。

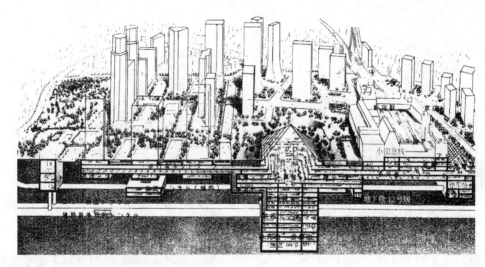

图4-38　日本某商业中心

商业建筑融入城市空间，对于商业建筑来说非常有意义。一方面，商业建筑与城市相互融合，成为城市的重要空间节点，成为市民的生活化场所，融入社区空间，增加了商业建筑的知名度与标志性；另一方面，聚集了人气，达到了"集客"的商业目的。

第二节　现代商业建筑形式设计

与建筑空间相对应，建筑形式在此仅指建筑的外部实体形态。在商业建筑设计中，应该尊重商业建筑的形态特点与设计原则，针对不同的设计对象，确定不同的设计目标，运用不同的设计手法，突出的商业气氛，创造建筑个性。

一、当代主要建筑思潮与流派在商业建筑中的表现

当代建筑思潮与流派较多，根据不同的设计对象，基本都可以运用到不同的商业建筑中去。在此，我们不对建筑思潮、流派、设计对象等进行过多讨论，只对当代主要建筑思潮与流派在现代商业建筑中的表现实例进行初步观察,以扩大我们设计的视野。

(一)现代主义

现代主义(Modernism)是20世纪影响最深远的建筑思潮。现代建筑成为当今世界最为广泛存在的建筑形式。现代主义强调的"Form from Function"、"Less is More",使得绝大多数现代建筑努力寻求"在功能基础上的几何形体变化",形成以几何形体变化为主要形式特征的国际式建筑语言。这种语言在现代商业建筑中已显得日渐单调乏味,但在大多数中国建筑师手里,因为缺乏足够有效的设计手段,仍然在采用这种设计方法。与此同时,晚期现代主义(Late Modernism)在国际上变化丰富,仍然保持着吸引人的魅力。

日本某地SOGO综合体的简单立方体组合的外观,不做过多的装饰,是典型的现代主义的产物,是走遍世界皆可见的"国际式"建筑的一员(图4-39)。北京百年城休闲购物中心是典型的中国建筑师设计的、具有"国际式"特征商业建筑,在平顶方盒子基础上略加变化的几何形体、简单的色彩、巨大的广告牌反而成为最显眼的装饰(图4-40)。即使在历史保护地段,在体制的作用下,在一些建筑师的漠视与"平方米"任务提成态度下,许多简单的、大尺度的现代建筑也茁壮成长。如历史建筑林立的武汉江汉路,其西北段中心百货商店处,简洁的、大尺度的现代建筑已经使江汉路步行街局部失去了独特性(图4-41)。近年来,一些中国商业建筑中也开始追求形体、色彩与细部的处理,显得越来越引人入胜(彩图39)。

图4-39 日本某地SOGO综合体

图4-40 北京百年城休闲购物中心

图4-41 武汉江汉路步行街西北段中心百货商店处

(二)新古典主义

古典主义与新古典主义(Neo-Classicism)建筑思潮源远流长,即使在现代主义建筑极盛的时期,世界各地形形色色的新古典主义建筑仍然频繁出现。现代建筑中的新古典主义,表现为吸取古典建筑构图特征,采取抽象的方式表现古典建筑神韵。中国的新古典主义建筑,主要表现出传统新古典主义的特征,具象地模仿古典建筑,只是构图上有所变化。

美国某商业中心采用对称的构图手法,将其与拱券和整齐排列的方窗等古典元素组合在一起,表达出一种有条理、有计划的安定感(图4-42)。上海新世纪商厦(彩图55、56)、成都新中兴品牌商业广场(图4-43),吸取古典建筑要素特征,抽象地表现在现代建筑之中,更接近新理性主义的特点。成都新中兴品牌商业广场(彩图29)、重庆王府井百货商场(图4-44),局部采用西方古典建筑的檐口、柱、券廊等建筑符号，表现出西方古典建筑的特征。重庆现代书城，则是完全仿古的中国新古典主义建筑（彩图 30）。现代中国许多城市中都有模仿西方古典建筑风格的商业建筑（所谓的欧陆风），虽然有的端庄典雅、简洁大方，但有一些人批评它们为"新殖民主义"建筑，如上海不夜城天目广场（图 4-45）。

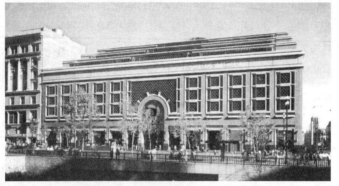

图 4-42　美国某商业中心新古典主义建筑形式

图 4-43　成都新中兴品牌商业广场

图 4-44　重庆王府井百货商场局部外景

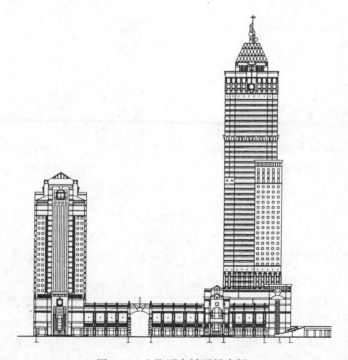

图 4-45　上海不夜城天目广场

(三) 新乡土派

新乡土派(Neo-Vernacular)是以现代建筑自由构思，结合地方特色与适应当地人民生活习惯的一种建筑流派，它继承和发展了阿尔托的设计思想。目前流行的新地域主义或批判的地域主义，实际上，也是新乡土派的一种发展。

美国 Brandon Town Center 利用灵活的曲线墙面、清水砖装饰外墙、热带植物以及明快奔放的色彩，反映出浓郁的热带风情(图4-46)。美国 Boulevard 则仿照热带树木形态设计的门柱，配合外部高大的椰子树，来表现当地特色，营造和谐而亲切的氛围(彩图31)。

图 4-46　美国 Brandon Town Center

(四) 后现代主义

后现代主义(Past-Modernism)建筑强调注重历史、传统与装饰，喜欢对历史与传统建筑的片断或构件进行汲取或变形处理，运用到新建筑中。"Learning from Las Vegas"的口号，也使商业建筑形象更加通俗，一些卡通形象也堂而皇之地成为建筑的一部分。

美国 The Entertaiment Center 的帐篷状的外观，鲜艳的颜色圆屋顶，让人仿佛身处童话世界，使店铺的趣味性增强了，也吸引了更多的客人前来购物(彩图32)。加拿大蒙大拿商业中心是一幢以白色墙体为主的建筑，点缀以柔和的杏色的门厅、蓝色的拱顶、大红的门、变异的传统建筑屋顶，看起来象儿童的积木搭建而成，使得建筑有些卡通化了(图4-47)。日本千业县绿街零售中心的设计运用后现代的设计手法，采用夸张的几何元素和积木式的体块，组合出让人过目不忘的购物中心(图4-48)。

图 4-47　蒙大拿商业中心透视

(五) 高技派或表现高技效果的倾向

高技派(High-Tech)或表现高技效果的倾向，是在建筑形式上表现"高度工业技术"的一种现代或晚期现代建筑流派，注重在建筑中表现机械、结构、设备等等。

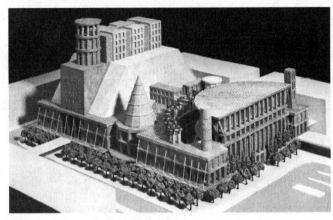

图 4-48　日本千业县绿街零售中心 1990 年

意大利 BCE 大厦商业拱廊轻盈通透，透明玻璃加上裸露的钢构架规整的排列着，构成了强烈的几何形体，富于雕塑感和韵律感。精美的构造细部处理，体现了技术美和力度感，这些因素表达了与两旁古老的砖石建筑截然不同的"机器美"，同时也是努力使高度工业技术接近人们的生活方式与美学观念（彩图 33）。英国塞斯伯利超级市场表现钢结构与新材料，建筑看起来像工厂一般（图 4-49）。广州美博城采用轻巧的张拉膜结构，表现出建筑的现代、时尚与精巧（图 4-50）。

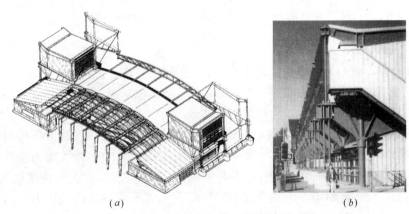

图 4-49　英国塞斯伯利超级市场
(a)轴测图；(b)外观一角

图 4-50　广州美博城

（六）光亮式或表现光感质地的倾向

光亮式(Slick Style)或表现光感质地的倾向，是在建筑形式上表现玻璃、金属等材料光感质地的一种现代或晚期现代建筑流派。

上海九百城市广场内部的步行街是南京路的延伸，商场有机地融入了台阶式平台的概念，使商场沿南京路的立面更具层次感，方案设计中流线形立面造型配合金属质感的饰面材料，在日光下闪闪发光，感性十足（图4-51）。法国柏西购物中心（图4-52、4-53）有着巨大的流线形外观，造型仿佛天外来客，外表皮是不锈钢制造的金属壳片，像鱼鳞一样覆盖在结构体表面，这使得整个建筑看起来光彩闪烁，充满了时尚感。

图4-51 上海九百城市广场

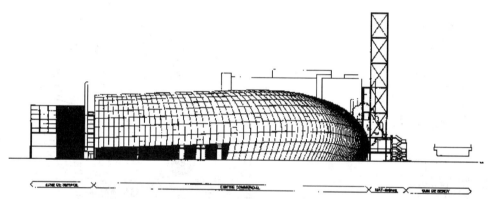

图4-52 柏西购物中心立面

图4-53 柏西购物中心外观

（七）解构主义

解构主义（Deconstruction）是后结构主义的解构理论在建筑创作中的反映。解构主义建筑师向传统美学原则提出了质疑，他们重视机会、偶然性、异质性在建筑中的影响与表现，对传统建筑观念进行消解、淡化，把建筑功能、技术视为艺术表达的一种手段。在商业建筑中，一些建筑师也开始摆脱传统审美观的束缚，抛弃了均衡、稳定、对称以及节奏、韵律等静态的构图原理，代之以复杂、矛盾、动态、模糊不定、非完美、非和谐的倾向。

如 BEST 系列超级市场，显示出破裂、残缺、坍塌的建筑形象。这种对怪诞、败落、无序等与完美概念对立的审美范畴的扩展，除了体现出现代商业建筑形式的广告特征外，还体现了当代西方的审美情趣的转变(图 4-54、4-55、4-56)。

图 4-54　美国 BEST 超级市场之一

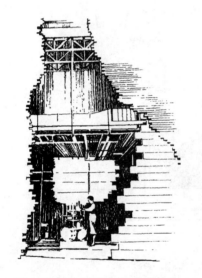

图 4-55　美国 BEST 超级市场之二

图 4-56　美国 BEST 超级市场之三

二、现代商业建筑形式设计的一般特征

现代商业建筑多为大空间建筑，室内空间对形式设计的制约相对较弱，使建筑师的创作余地较大。根据现代商业建筑的特征，其形式设计一般可以从以下几个方面入手：

(一) 注重商业性

商业性是商业建筑与生俱来的特征，也是商业建筑与其他建筑类型的主要区别所在。商业性就是极力讨好消费者，因为广大消费者是商业建筑的服务对象，是决定商业项目成功与否的至高"上帝"。在商业建筑设计中，建筑师必须调查与考虑主要消费者的口味和喜好，决不能光凭自己的主观想像和爱好进行设计。消费者的口味和喜好成为商业建筑设计最重要的衡量尺度和标准，这使得当代商业建筑带有强烈的大众气息，大众化的商业建筑成为必然。如日本铃吉商场地处街角的特殊位置，形成了比较特别的三角形的平面布局方式，全玻璃幕墙的外观、醒目的广告灯箱和众多的点射灯显示出商业建筑的特征，吸引着顾客的注意力(彩图 34)。美国某商业中心各种各样的广告牌覆盖了建筑表面，创造出热闹繁华的气氛，更加突显其商业特征(图 4-57)。

商业建筑的形式设计还应反映商业建筑的功能特征，表明其所经营内容。如具有旅游特征的步行商业街总是采用具有当地传统特征的建筑形式，汽车专卖店往往表现出现代、时尚与科技的特点。日本某玩具店则采用夸张的、具有玩具特征的形体，以吸引玩具爱好者(彩图 35)。

图 4-57　美国某商业中心

（二）注意开放性

与其他类型建筑不同的是，大多数商业建筑的服务对象不是特定的群体，而是绝大多数市民。不论阶层与等级，也不论是否是以购物为目的，绝大多数顾客都会受到商家的欢迎，因为人气越旺，商业气氛越浓，销售额也会随之升高，所以开放性应该是相对商业建筑的重要特点，建筑师应该注意商业建筑开放性的设计。内外空间的相互融合与渗透是提高商业建筑空间开放性的一个有效手段。

日本大泉购物中心利用通透的玻璃通道，使顾客在楼梯中的行进过程中可以看到室外的风景，同时也给外部空间提供了动态景观，增加了建筑的趣味性和开放性（图 4-58）。重庆百货大楼外墙采用大面积的透明玻璃，室内的绿化、商品布置、顾客流动，都可以被城市广场中活动的人感受到，成为城市空间的一部分（图 4-59）。台湾泰丰金银岛广场购物中心有地上地下两个入口。地上部分入口门厅使用透明玻璃做成采光顶棚；地下入口是与下沉式广场结合的。广场上空一半面积同样被一个大的采光罩覆盖，形成了一个半开敞的门厅。大面积的透明玻璃墙面的运用，加强了城市空间与建筑内部空间的交流，增加了开放性（图 4-60）。

图 4-58　日本大泉购物中心

图 4-59　重庆百货大楼

图 4-60　台湾泰丰金银岛广场购物中心

（三）追求独特性

商品社会中商业竞争异常激烈，经营者不仅要在产品质量、营销方式、售后服务、购物环境等方面应对同行业的竞争，同时往往要求商业建筑标新立异，展示出自身与众不同的特点，或突出现代技术，或表达传统意象，或突出商品特性，以期给人留下深刻印象。

新加坡O.G商店是一家高级女性时装店，其店面的概念设计采取了珍贵、精致、浪漫与温柔的设计理念，期望使女性顾客产生好奇心和对商场品位的信任感，以满足了其追求标新立异的心理，从而吸引其进入，刺激其购买欲望(图4-61)。日本光格子服装店采用栅栏式的灰色小方格玻璃砖作为外立面设计的基本元素，室内灯光若隐若现的朦胧感吸引着街边的顾客，E时代的"酷"感通过建筑冷艳的外观传达出来。通过玻璃砖的室外自然光给室内带来迷幻的气氛，建筑规模虽然不大，但在城市中仍然显得鹤立鸡群(图4-62，彩图36、37)。成都王府井百货商场的顶部采用了一个巨大的球形建筑体，使得建筑具有独特的个性(彩图38)。

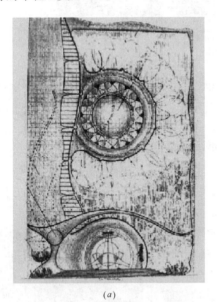 

(a) (b)

图4-61 新加坡O.G高级女时尚装专营店面概念设计
(a)方案一；(b)方案二

大中型商业建筑由于其规模较大，经营品种较为齐全，具有较强的"吸附力"，成为人流汇聚的中心，容易在许多人心中留下印象，从而使得具有独特性的建筑成为城市的标志性建筑之一。宁波天一广场的独特性使得它很快成为宁波的标志性建筑，成为城市的"客厅"(实例14)。

(四)注重地域性

自20世纪初期开始，现代主义的"国际式"建筑曾经一统天下，几乎包办了所有类型的建筑。20世纪60年代以来，随着"国际式"建筑的大量出现而带来的城市景观单调乏味和对城市传统建筑文化的破坏，人们越来越多地认识到了"地域主义"建筑的重要性。在中国，国际风格和其他各式各样的舶来风格一道，已使中国的许多城市失去了个性，而拘泥于对传统形式的具象模仿"传统"或"地方"形式的建筑，又显得越来越刻板、缺乏生气、缺乏现代感。中国建筑界也逐渐认识到发展中国"地域主义"建筑的重要性。为了实现商业建筑的独特性、地域性已成为商业建筑的重要表现特征，地区气候、文化、文脉特征等等成为决定地域建筑特色的重要因素。

对地域主义建筑的追求，一种是采用具象模仿的方法，

图4-62 日本光格子服装店外观

再现传统建筑形式特征(图4-63及彩图16、18、31);另一种是采取抽象的方法,将传统建筑中的某些元素抽象地反映到现代建筑中,如图4-64、4-65;还有一种是超越形式的方法,从地方文化中吸取营养,意象地表达地域建筑特点,如图4-67。

台湾新光三越台南新天地反映出对传统木结构体系的抽象模仿,看得出梁柱、窗棂、屋顶与斗栱等等的影子(图4-64)。日本Aobadai & Philia Hall 百货商场对传统建筑的模仿则更为抽象,只看得出整体的木构特征了(图4-65)。日本ARCUS商场则显示出一种"灰空间"的特质(图4-66)。

图 4-63　美国 East Town Center

图 4-64　台湾新光三越台南新天地

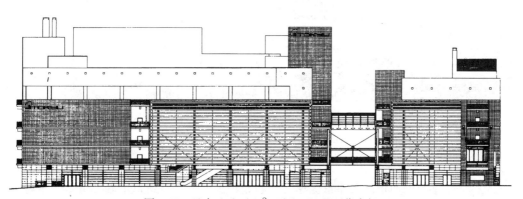

图 4-65　日本 Aobadai & Philia Hall 百货商场

(五) 注意建筑基本形体塑造

建筑的基本形体是建筑形式构成的基础。特别在现代建筑中,由于一般采取几何体塑造建筑形式,所以建筑基本形体已成为建筑的基本形式特征。另外现代建筑的基本教育,使得绝大多数建筑师一般只擅长于其本形体的塑造,这是造成建筑千篇一律的根本原因。有关研究表明,一般的所谓形体变化,已经很难给大众以鲜明的印象。然而,这种形体塑造方法,仍然是各类风格建筑形式设计的重要基础,在现代商业建筑设计中,也有着一定的特点。

单一体量的商店,其平面及体形较完整单一。平面形式大多为简单的几何形体,如矩形、圆形,对称的正方形等,体形上常以等高处理。采取这种体形处理的商店建筑往往位于城市中较为开阔的重要地段,它以其自身完整独特的体形给人们留下深刻的印象,因此常常成为城市的地标性建筑。如纽约梅西公园百货公司,整个百货公司布置在一个直径为130m的圆筒体内,如此庞大的体量和简单完整的体形,形成了这个商店的独特的个性。

绝大多数商场建筑的体量是由不同大小、数量和形状的体量所形成的较为复杂的体形。处理好不同体量之间的相互关系，是现代商店建筑形式设计的重要基础。建筑形体塑造的手法很多，都可以在商业建筑设计中运用，如分清体量的主从关系，运用构图手法进行形体组织，形成有规律的、完整统一体的手法；为使建筑轮廓丰富变化，利用局部形体大小、高低的不同，采用错落、穿插等处理手法；为使建筑形式更加丰富，运用对比的处理手法（如大小的对比、形状的对比、方向的对比，高低的对比、色彩的对比、质感的对比等等）。

南京银都商业大厦采取层层出挑的方式，与城市街道取得密切的关系，建筑形体同样十分完整，方形窗在大片墙体上不断重复，产生了强烈的节奏感（图4-67）。重庆大都会广场是一座大型商业建筑。建筑方圆结合，局部形式进行了形体变化处理，采用了若干种窗式；材料与色彩丰富，现代感较强（图4-68）。成都汇龙湾购物中心位于两条城市道路交叉口处，以玻璃墙为主，形体方圆结合，进行切割与加减，暴露的钢结构表现出建筑的轻巧、现代、时尚，墙面划分、材质选择、色彩搭配讲究，建筑形体丰富多变（彩图40）。

图4-66　日本ARCUS商场

图4-67　南京银都商业大厦

图4-68　重庆大都会广场

（六）注意与城市道路的关系

商店建筑的一二层与城市道路关系最为密切，也是街道上的人看得最清晰部分，常常是需要重点刻画的内容。大多商业建筑的这一部分被出入口和橱窗所占有，从而在立面上形成商业建筑所特有的形式特征。室内空间与外部空间的融合是现代商业建筑的重要特点，也是改善购物环境、渲染商业气氛的行之有效的手段。一般情况下，商业建筑沿街部分总是希望能具有视觉上的通透性，并利用五颜六色、琳琅满目的商品，配以灯光效果来烘托商业气氛，以激起路人的购买欲望，因此，商业建筑沿街立面常常采用大片的透明玻璃，配以精美的橱窗来招徕顾客。

在处理建筑与城市道路之间关系的时候，建筑在平面与剖面的不同变化，可以产生不同的空间与形式特征。在平面上，常见的处理方式有：底部退后、转角挖空、角部通路、横向引入、中心引入、纵深引入、单通道中庭（或庭院）、双通道中庭（或庭院）、三通道中庭（或庭院）等等（图4-69）；在剖面关系上，常见的处理方式有：紧靠红线、退台布置、底层架空、挑出群房、临街设廊、底层退空、加顶退空、引入内庭、留出广场等等（图4-70）。

一般情况下沿街商店的底层不宜设置过高的台阶，以方便顾客出入，但也不排除为增加沿街"黄金"地段的使用效率而采取一些特殊方法。如武汉中南商业大楼将底层地面抬高半层，在其下设置半地下室，顾客上半层可进入一层商业大厅，而下半层则可进入底下超市，同时还可利用抬高的半层设置室外产品宣传场地。

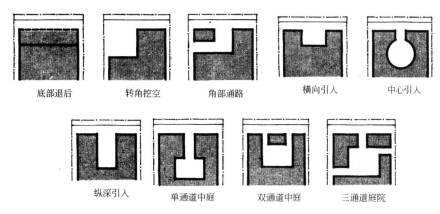

图 4-69 建筑与城市道路之间的平面关系

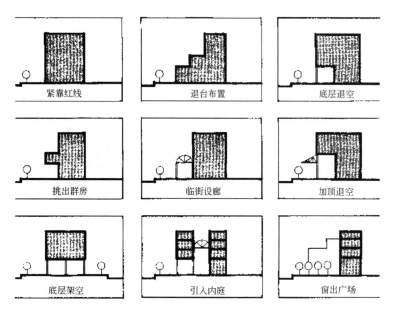

图 4-70 建筑与城市道路之间的剖面关系

上海新世纪商厦以弧形外墙在商业空间与城市道路之间设置了一个数层高的灰色空间，高大的拱形门廊极富韵律感，顶层的玻璃天窗使得阳光能够穿透其间，该空间的设置增加了街道的空间层次，为人们提供了一个安全的步行空间，使顾客流连忘返（实例2）。美国拉斯维加斯的 Fashion Show 通过广场、过街桥、纵深引入场地、巨大的云状屋顶等多种方式，保持了与城市空间较大的相容性（实例28）。

（七）注意广告设施的影响

现代商业建筑中，广告设施与建筑的关系越来越密切，在建筑形式中占据的地位越来越重要，甚至成为影响建筑形式的重要因素。经营者借助广告设施宣传自己的商品或服务，顾客则可以通过广告设施了解自己所需要的商品。现在，广告设施的形式多种多样，内容丰富生动。

广告常见的手段有五种，即：文字、图形、色彩、材料、声音。广告的形式分为静态和动态两种类型。根据广告与建筑的关系，一般情况下商业建筑中的广告设施可分为：①广告塔式；②屋顶式；③墙面式；④悬幕式；⑤突出式；⑥门脸式；⑦帐篷式；⑧橱窗式；⑨活动式等类型，一般位于建筑的沿街面上（图 4-71）。

广告塔位于建筑顶部，呈塔状，一般结合屋顶突出的构筑物如水箱、电梯间等设置。屋顶广告则常常沿建筑屋顶外边平行于马路设置。由于位于建筑的顶部，适合于远距离观看，因此，他们的尺度一般较大，色彩也较为鲜艳，否则会难以辨认。墙面式和悬挂式广告的位置较为灵活，既可位于建筑高层主体，也能位于高度较低的裙房部位，但是，这种广告处理不好会对建筑采光带来负面影响，因此，应结合建筑功能合理设置。突出式广告常从建筑物外墙面向外悬挑至人行道上空，以吸引行人的注意，其形式有如我国传统商业街中的招牌。常见的形式有横、竖两种，内部设有荧光灯，也有用霓虹灯制成，主要在夜间使用的。广告的大小不仅应当考虑其自身的效果和视觉冲击力，同时更应考虑建筑的尺度关系，过大的广告会造成建筑比例的失调，从而影响建筑的视觉效果和城市街道景观；而过小的广告则会造成辨认上的困难。

武汉市群光广场表面将大幅广告与建筑立面有机结合起来，使广告成为建筑立面的一个构成要素，作为广告背景的建筑立面处理手法十分简洁，以使广告显得更加醒目(图4-72)。广州金龙盘休闲、运动鞋交易广场，将外立面与广告设计结合起来，外立面布满广告，产生了浓厚的商业气氛(图4-73)。而武汉广场建筑群的立面广告，虽然也是后加的，但建筑群中众多的广告却显得城市空间生机勃勃(彩图4)。

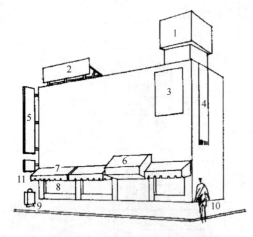

图 4-71　广告设施与建筑的关系
1—广告塔；2—屋顶式；3—墙面式；
4—悬幕式；5—突出式；6—门脸式；
7—帐篷式；8—橱窗式；9—活动式；
10—模特；11—突出式小招牌

图 4-72　武汉市群光广场

图 4-73　广州金龙盘休闲、运动鞋交易广场

第五章　分类商业建筑设计

商业建筑按照行业类型可以分为零售类商业建筑、批发类商业建筑。零售类商业建筑又可以分为杂货店、专卖店、百货商场、超级市场、购物中心、步行商业街等。在本书中，出于建筑设计的一般需要，只对零售类商业建筑中的百货商场、超级市场、购物中心、步行商业街进行讨论，各类杂货店与专卖店由于空间特征并不特殊，可以参照这些讨论进行设计。另外，由于本书第三章主要是基于百货商场进行分析的，所以在本章中不再繁述。

第一节　超　级　市　场

一、超级市场概念的界定

（一）超级市场的定义

关于超级市场的定义，学术界看法不一，但存在一定的共性。从超级市场的产生背景来看，超级市场一般是指具有实行开架陈列与销售、顾客自我服务、货款一次结算，以经营食品、日用品为主的商业场所。由于各国具体情况不同，对其概念的界定也有所不同。

超级市场的发祥地在美国，1955年美国出版的《超级市场》一书中，把超级市场定义为"采取自助服务方式，有足够的停车场地，完全由所有者自己经营或委托他人经营，销售食品和其他商品的零售店"。这一定义的由来带有强烈的时代色彩，它主要基于美国城市郊区化的时代背景，以当时发展迅猛的郊区型超级市场为描述对象。当时人们对于超级市场的表述，在经营规模、形式和服务范围上都存在局限性。随着社会经济的发展，超级市场作为一种零售方式，其种类和规模呈现复杂性和多样性的特征。日本自助服务协会对超级市场作出了新的定义，即"以自助服务方式、由一个资本经营、年营业额1亿日元以上的综合食品零售业"，并且以超级市场的营业面积作为划分标准："特级市场的营业面积必须超过2500m^2，经营大量的食品和日用品，实行自助服务，并拥有满足顾客使用的停车场；超级市场是实行自助服务的食品商店，营业面积要达到400～2500m^2，以经营食品为主，包括少量日用品；次级市场，作为一种实行自助服务的零售商店，营业面积应在120～400m^2，主要经营食品"。

在我国，虽然超级市场这一词汇已经被人们所熟悉，但对它的理解却是仁者见仁，至今还没有形成一个统一的认识。这主要有两个原因：一是我国引进超级市场这一零售方式较晚，人们认知新鲜事物需经历一个不断加深的过程，直到最近几年它才被广泛的认识与接受，所以对其的理解缺乏较为深刻的研究和思考；二是政府没有及时出台有关超级市场的法规，以至于人们按自己的理解去构造超级市场的模式。

我国于1980年代中期称超级市场为"自选商场"，到1990年代初，"超级市场"的概念才被普遍应用。上海辞书出版社出版的《经济大辞典（商业经济卷）》认为，"自选商场在国外称为超级市场，是实行敞开售货，顾客自我服务的零售商店"。1995年由上海市人民政府财贸办公室制订的《上海连锁超市规范标准》认为，"超级市场是一种零售商店，营业面积一般在500m^{2}以上，实行开架销售，上架经营品种平均不少于3000种，以经营与人民生活密切相关的主、副食品和家庭日常生活用品为主，贯彻薄利多销原则"。以上的表述虽然对超级市场作出了一定的阐述，但随着经济的发展，超级市场的模式日趋复杂，早期的定义已经无法全面概括现代超级市场。在2000年东北财经大学出版社出版的《超级市场营销管理》一书中，上海连锁经营研究所所长顾国建先生，将超级市场定义为："超级市场是一种以经营消费者所需的食品和日常用品为主，实行自助服务和集中式一次付款，经营范围日益广泛，通过连锁经营的方式，运用网络手段所建立起来的与大工业生产相适应的规模型销售体系"。

（二）现代超级市场的特征

超级市场作为一种现代零售方式，具有与其他零售方式不同的特点。同时，超级市场在发展过程中，随着社会背景的变化和自身的演变，也会在时间的推移中呈现新特征。现代超级市场具有以下几个特征：

1. 销售特点

超级市场实行自助服务和集中式一次付款。这种方式可以节省营业人员，降低流通费用，为降低商品的价格提供了条件，同时也给予了消费者较大的挑选自由，节省了购物所需时间和精力，提高购物效率。

2. 商品内容

超级市场以经营消费者所需的食品和日常生活用品为主。超级市场是以经营食品崛起于零售业的，以后逐渐发展到综合经营，至今已扩展到建筑装潢、家具、医药等诸多领域，但仍以经营食品和日常用品为主。

3. 销售原则

超级市场产生于经济危机时期，以满足人们最基本的食品和日用品作为突破口发展起来，廉价性是超级市场从开始就创立的经营目标。它以大众化、低费用、高周转率和连锁经营为特色，达到低价销售的目的。首先，食品类商品本身周转比较快，销售量较大，具有大众化的特点。同时，它采用自助服务、一次付款和低成本装修，减少经营费用。此外，超级市场通过连锁方式，组成庞大的连锁网络，实行资源共享条件下的多店铺营运，建立网络化销售体系。

（三）超级市场的分类

自1935年以后，超级市场进入了快速发展时期，到了20世纪60年代，超级市场进入了发展成熟阶段。这一时期的超级市场呈现类型多样化、复杂化的特点，一部分是对原有形式的延续，另一部分则是在发展过程中派生出来的新类型。在这种情况下，传统的分类方式已经无法穷尽现代超级市场的类型，产生了多种分类方式并存的现状。

1. 按传统的方式分类

超级市场最初是以规模和服务商圈为标准进行分类的，这是因为它的规模与服务商圈大小有直接的关系。以法国的分级模式为例，按照服务商圈的大小，超级市场被划分为大型、中型和小型三个规模（表5-1）。

法国超级市场规模与商圈范围 表 5-1

规 模	面积（m²）	商圈范围
小型超市	120～399	步行10分钟内
中型超市	400～2499	步行10分钟 车行5分钟
大型超市	2500以上	车行20分钟

这种分类方式沿用了相当长的一段时间，今天仅仅以超市的规模已不能涵盖现代超级市场的新特质，需要从其他方面更全面地描述现代超市。

2. 按业态模式分类

在超级市场的迅猛发展过程中，其发展模式呈现多样化的特性，为提高自身的市场竞争力，面对不同层面的顾客，超级市场演化为不同的业态模式，归纳为以下5种：

（1）便利店：面积在30～50m²，营业时间长，商品大多为半成品，每日更新率达70%，以特定顾客为服务对象。

（2）传统食品超级市场：社区型中小型超级市场（300～500m²），集中了食品店、杂货店等传统商店各自单一的功能，使之综合化，功能在于便利社区居民的简单购物，是传统商店的取代者，也是超级市场的原始模式。

（3）标准食品超级市场：面积为1000m²左右，主要以经营生鲜食品为主，对消费者基本生活品一次性够足创造了最初的、完整的形式和内容。

（4）大型综合型超级市场：除满足购物外，还具有休闲功能，分为大型（2500～5000m²）和超大型

（6000～10000m²），并配有面积比1∶1的停车场。它具有经营内容大众化、综合化，经营方式灵活性大和经营内容组合性多的特点。

(5) 仓储式超级市场：集营业场所与仓储场所于一体，店堂装修简朴，实行会员制，进行批量销售，营业面积一般都在10000m²以上，设有较大的停车场。主要以小型批发商为顾客，商品一般为储藏时期较长的货品，有一定的局限性。

3. 按其他分类方式分类

商圈和业态模式分类方式主要源于经济领域，从建设角度来看，超级市场根据其建设方式的不同可以分为新建型和改建型。新建型超市是依照经营者的意图，经过系统的规划设计，拥有完善的配套设施，具备良好的内部与外部空间设计。改建型超级市场多出现于拥挤的城市闹市区，或城市商业更新区。利用原有建筑，更新过时的零售和辅助设施，成为超级市场。与前者相比，由于建筑面积和基础设施的限制，改建型超市往往要削足适履，适应于原有建筑，使其自身发展受限。但是，由于其设店地域，使它成为商业区的磁力点，吸引顾客购物，使商业区重新获得吸引力。

超级市场为适应社会的变化，存在方式也发生了改变。按照超级市场自我存在方式可以分为独立型和嵌套型超级市场。独立型超市经营管理自主独立，便于整体经营，但对于基础设施的配备要求高，在建设初期投资大，且不够完善。嵌套型超市作为其中一个子系统与其他零售及非零售设施结合，作为一个大系统共同运作。这一形式可以与其他企业共享资源配置，同时借助于联合增强自身的吸引力，提高市场竞争力。但是由于和其他业态的联合，不易于突现企业自我特色，品牌效应难以增加。

根据超级市场的区域、区位（即所在位置），可以分为城市市区型和郊区型超级市场。它们之间虽然在经营方式上并无差异，但在商品经营形式的侧重点却差别甚远。市区型超市趋向于销售更新率快的生鲜食品和日常用品，而郊区型超市则偏重于长期消耗品，多为批量贩卖。

20世纪60年代以后，新的超级市场类型层出不穷，超级市场设计和选址的变化使单一的分类方式越来越缺乏意义。超级市场的新特点使分类方式变得复杂，分类标准也趋向多元化，规模、选址、功能、商圈以及建筑形式均可作为分类标准，而任何单一的标准都无法完全反映现代超级市场。因此，需要借助于综合分类方法，以不同分类标准为坐标轴，才能将各种超级市场定位于多维坐标系中。

二、超级市场内部功能构成与面积配比

（一）超级市场内部功能的基本构成

超级市场作为商业建筑的一种，其功能构成却有着自己的独特性。虽然超级市场在功能构成上削减了供人休闲的休闲空间和一定的主题商品展示空间，减少了商业空间的趣味性，使购物者相对容易产生购物疲劳。但是另一方面，超级市场以销售生鲜食品和家庭生活用品为主，削减其他空间，以增大营业面积，融购买、销售和仓储空间于一体，有助于达到商品的低售价、多种类和高存货量，而且可以在短时间完成购物行为，符合现代人省时、购物的特点。

超级市场的功能构成特点见表5-2。

超级市场内部功能构成表 表5-2

商业空间	商业部分	仓储：货品直接储存在营业厅内（可配备小型辅助储存空间）
		销售：顾客自助服务为主，营业员流动作业
		服务：问讯、卫生间、寄存等服务
	辅助部分	管理：警卫、财会、办公室等
		加工：商品加工和运输、装卸
		设备用房：配电、用电、机房、中央控制室等

（二）超级市场内部空间的面积配比

超级市场采用现代化零售方式，实行开架销售、顾客自助服务、货款一次结算的经营方式，将仓储、售卖与顾客空间结合一体，归为营业空间，与传统意义上的商业设施相比，相对加大了营业空间的份额（表3-4、5-3）。

（三）经营理念对超级市场空间构成的影响

超级市场从无到有是一个渐进过程，经历了相当长的时间。最初的超市仅仅包含售卖和收银两项功能，建筑面积也相对较小。随着现代人生活方式和社会背景的变化，市场竞争的日趋激烈，超级市场的规模的不断扩大，其经营理念也发生了变迁。一方面，为服务更多的顾客和营业厅的运作，原有的两项主要职能被不断扩大，新的辅助功能如员工福利、商品管理和行政部门，新的服务空间如寄存、问讯等，纷纷出现，并不断推陈出新、自我完善，辅助于超市的营销经营。另一方面，超级市场的数量急剧上升，引发超市之间、超市与其他商业设施的竞争空前激烈，使其不得不逐步改变原有独立成店的经营方式，开始吸纳小型商业空间如精品店、餐饮店、花店、珠宝店等作为附属商业设施，内部空间开始呈现多样化、复杂化的特点（图5-1、5-18）。另外，超级市场也开始与其他具有相当规模商业设施如商场、专卖店结合，组合成强大的商业体系吸引客源，如随着商业步行街和购物中心在中国的发展，超级市场开始将其融入到这些庞大的商业体系中，以加强其竞争力。

标准商业设施营业面积率　　　表5-3

	营业面积（%）	后勤设施及公共空间（%）
百货商店	55	45
集中专卖店	50	50
超级市场	65	35

注：［日］谷口汎邦，黎雪梅译，商业设施．中国建筑工业出版社，2002。

图5-1　武汉家乐福武昌分店与其他商业形态的融和

三、超级市场的基本布局

（一）超级市场的主要平面形式

商业设施根据其规模及复杂程度不同，有多种平面及平面组合形式，一般可分为线形、辐射形、环形、群聚形和方格形等，布局自由活泼。超级市场虽然也存在大型和超大型的规模，但是无论是何种规模大小，其标准楼层的平面形态都以长方形最优。尤其是营业厅的平面形式，更是以采用布局容易、视野开阔、购物方便的长方形为最佳选择，同时，要避免狭长的长方形、L形或是三角形平面，以免造成视线死角，且不利于商品陈列。

超级市场由于其自身的经营特点，没有其他商业建筑那样丰富的建筑空间和平面形式，它往往以争取最大的有效营业面积作为平面选择的参照。方正的长方形仍旧是现在超市的主流平面形式，如武汉的中百、家乐福超市。但是这种平面形式简单，在布局上容易产生单调乏味感，无法突出企业个性，如今延长购物绝对时间的同时，减少购物行为的相对时间，且增加企业个性化优势成为平面设计的突破口。虽然对于超级市场平面形式的改变还没有形成一种新的成熟模式，但是对于建筑平面进行变革的例子已经屡见不鲜。以深圳百佳超市为例，它的更改原则是维持方形卖场的营业平面的前提下，将原有的整体平面进行拆分重组，强调不同商品区域之间的界限（图5-2），它打破规整的长方形平面，整个营业平面根据家庭用品、生鲜卖场等商品分区划分为多个大小不一的小型空间，串联在主要购物通道的两侧，产生一定的空间变化，这些都是对传统超市平面的大胆尝试。

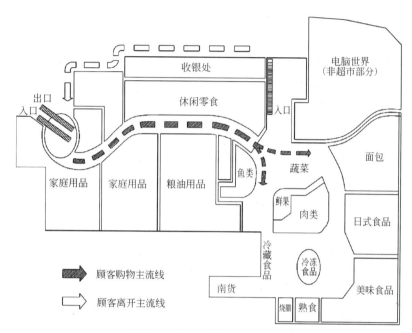

图 5-2 深圳百佳东门超市

（二）超级市场内部空间的基本布局

超级市场的内部空间除了营业空间外，还包括公共空间和后勤设施。设在营业厅内的客用电梯及客用卫生间等，不属于营业范畴，一般归为公用部分。超级市场的后勤设施在分类上与其他商业设施相差不大，但在其职能范围上却有所不同，一般划分为以下三个部分：一是商品部门，包括卸货台、堆料场、冷藏冷库、商品管理办公室、生鲜食品加工间等；一是行政管理部分，包括办公室。财会、接待、会议等；最后是员工福利部门，包括休息室、更衣、就餐及医疗等。除此以外，员工专用楼电梯、员工用卫生间及设备用房，也包括在后勤设施中。

做平面布局时，在同一平面上，一般使商品部与营业厅直接相连，在二层以上的超级市场建筑中，通常把后勤设施的操作间布置在一层平面，把行政管理及员工福利部门统一布置于上层同一空间。这样既能确保三大部门保持较短的距离，联系紧密，运营高效，保证管理，同时也使员工的工作流线缩至最短。至于竖向流线设计，与其他商业设施一样，超级市场将上下交通工具安排在各层统一位置或上下流动竖井中，以确保上下流动竖井的连贯垂直（图5-3）。

四、超级市场营业厅设计

营业厅的规划设计是超级市场内部空间设计中重要部分，它包含营业厅的一般布置原则、人流动线规划设计、空间尺度设置以及后勤设施功能房间设置等方面的内容。

（一）营业厅布置的一般原则

超级市场的营业厅基本采用自助售货的方式，在营业厅布置设计时，首先要考虑以下几项：一是合

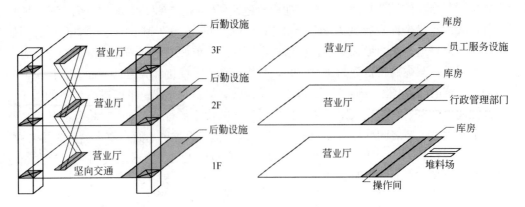

图 5-3　超级市场内部空间的基本布局

理安排人流动线和购物通道，使顾客购物方便快捷；二是要营造良好的卖场气氛，创造良好的购物环境，使顾客舒适购物；三是营业厅应随着如促销、展示等商业活动，具有一定的可变性，增强平面的有机活力。对于平面的具体布置则需要根据营业厅的具体情况如形状、出入口位置等，具体分析实际操作。虽然超级市场由于不同店铺、环境和企业属性具有不同特色，但仍存在普遍的一般布置原则。日本《超级市场的规划与设计》一书中，提出超级市场的营业厅一般采取四周布置食品冷藏、冷冻柜，中间陈列干货商品和杂货货架的布局方式，收银机则集中布置，并可在靠近其位置为已经付款的顾客设置包装商品的柜台（图 5-4）。我国现代超级市场的营业厅以长方形为主，其一般布置原则与日本相似，但由于人民生活习惯和经营商品的不同，有相异之处。

我国超级市场大多以经营生鲜食品和家庭日常用品为主，其一般布置原则是：

1. 对于仅有一层营业厅的超级市场

在平面中，将冷藏、冷冻及需要加工处理的生、鲜食品陈列台布置在四周，并邻近货物的堆放场，以便于在其后布置加工操作间。在营业厅的中央区布置干货商品及生活日用品货柜，在入口处集中设置收银机及包装台。

2. 对于有两层以上营业厅的超级市场

在竖向布置上，一般在底层布置食品类商品，将其余家庭用品及耐用品布置在上层空间，并合理安排上下楼层的关系，保证顾客顺畅地经过较长购物路线而又不产生购物疲劳感，且不造成购物时间的延误。在超市的出口（一般在底层）集中设置收银机及商品包装台。

随着超级市场的发展变化，如规模大型化、销售商品的多样化，一些精致高档商品开始进驻超市的营业厅。营业厅除在出口处集中设置收款机外，还要分散设置收银、包装台，以辅助超市的运营。另外，超级市场营业厅的平面形式发生变化，开始寻求新的形式，营业厅的布置也势必相应发生变化。但其布置始终是以顾客、货物流线规划的合理性为基础进行的。

（二）营业厅顾客流线设计

顾客的流线是指顾客在营业厅内行走及购物的流线，其基本的规划原则是单向通道设计。从顾客的角度来看，让顾客在购物过程中尽可能依货架排列方式行走，以浏览商品不重复，顾客不走回头路的方式设计。从商家的角度来看，安排顾客走相对较长的购物路线，以尽可能指引顾客逛完全店，又提高顾客购物效率，即加长购物的绝对时间的同时减少购物行为的相对时间，达到购物路线长短与购物者产生疲劳之间的平衡。

目前我国超级市场，有的沿袭国外郊区型超大型超级市场的模式，有的与"7-11"便利店的小型模式相似，但仍以 1~2 层（最多不超过 4 层）、面积在 2500m² 以上的大型超级市场为主。本书所探讨的是这类超级市场的顾客流线。

这类型的超级市场按照层数的不同可分为单层和多层，单层超级市场所有商品均布置在一层平面上，通常设于一层或地下一层，少数情况下设于上层空间，作为大型商业设施的附属机制之一，在顾客

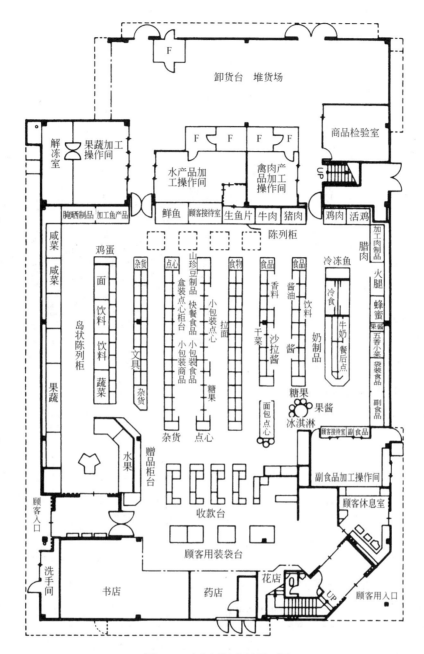

图 5-4 日本超级市场平面图

流线的设计上不仅要考虑平面内人流组织，还要考虑当平面位于不利层时人流的引入和输出。多层超级市场多为独立商店，有时会吸纳其他商业形式作为其辅助功能，与单层超市不同，多层超级市场不仅要考虑水平方向上人流的组织，还要考虑垂直方向上的人流疏导，以及两个方向上人流交接的合理性。

1. 单层超级市场营业厅顾客流线设计

（1）单层超级市场营业厅顾客流线设计相关问题

1）营业厅的可达性

单层超级市场的营业厅通常设在一层或地下一层，少数情况下设置在上层空间，如深圳百佳华强北分店。它多以依附于其他商业设施的形式存在，较少独立成店，成为商业设施网络中的吸引点之一。通常情况下，设在一层的店铺楼层位置最好，可达性高，而设于地下和上层空间的店铺，其可达性就依次递减，在流线组织上需要首先考虑引导购物者进入营业厅，确定营业厅主人流的出入口位置。

127

为了减少顾客对于上下楼的心理麻烦度,应设置直接与营业厅相连的电梯或自动坡道等交通工具。对于设在地下一层的超市,一般在超市的出口处设置上行的自动交通工具,以减少满载商品的顾客的上行负担,如深圳人人乐南油分店(图5-5)。而对于设在上层空间的营业厅,通常在入口处设置自动交通工具与营业厅相连,如深圳百佳华强北店(图5-6)。这两者虽是在不同位置设置自动交通工具,但是都是抓住了人们对于"上楼"这一心理负担,引导顾客进入营业厅。

图5-5　深圳人人乐南油分店出口处的自动坡道

图5-6　深圳百佳华强北店入口处的自动电梯

营业厅的顾客流线规划是超级市场设计的重要部分。单层营业厅的超市由于所有商品均在同一层销售,在同一层平面中商品分区较多,故顾客流线比较混杂。设计时要注意避免流线交叉,引起顾客购物上的路线干扰。

2) 收银包装台的设置

单层超级市场采用集中收银,一般在营业厅内不另外设置收银包装台。收银机的设置位置一般设置在营业厅的前厅位置,并结合放置顾客进厅的闸位、供选购商品用的盛装器皿以及顾客小件寄存处,其面积不小于营业厅面积的8%。收银机的数量应根据厅内可容纳顾客人数,在出厅位按每100人设收款包装台1个,含0.60m宽顾客通过口(数据取自商店设计规范)。由于超级市场是集中大量人流的购物场所,应在收银机与第一排货柜之间留有一定的距离,以供顾客排队等候。在所调研的超市中,距离的设定在2700~7000mm之间,这一距离的确定与超市的规模以及容纳人数有关(表5-4)。

超级市场收银机的技术指标　　　　　　　　表5-4

超市名称	建筑层数	营业厅的面积(m²)	收银机的数量(个)	收银机距货架的距离(mm)
武汉武昌家乐福	2	15000	44	4800
武汉武昌中百仓储	2	12000	40	4500
深圳华侨城沃尔玛	2	10000	38	4500
深圳南油沃尔玛	2	15000	60	7000
深圳西丽万佳	3	9000	30	2700
深圳西丽人人乐	4	12000	44	4200
深圳南油人人乐	1	8000	34	4200

3) 商品的平面配置

商品的平面配置直接作用于顾客流线的形成,商品的配置要讲究商品的关联性。一般情况下,落地式货架的两侧不应陈列关联性的商品,因为顾客通常是依货架的陈列方向行走,很少再回转购物。所以,关联性的商品通常是依货架陈列在购物通道的两侧,在主购物通道上可以放置岛式展台,给人以卖场区域提示，增加商品分区的识别性。但应注意岛式台上的商品堆积高度不要过高，应控制在人的视线高度之下，避免遮挡购物区域(图5-7)。

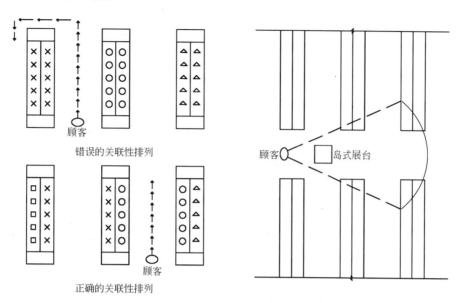

图 5-7 超级市场商品的平面配置

(2) 单层营业厅的顾客流线设计

顾客流线设计应尽量保持流畅的顾客流动线，以大圆或是椭圆环绕为佳，由右方向左方环绕卖场，其具体组合形式归纳如下：

1) 矩形营业厅的顾客流线设计

超级市场营业的顾客流线复杂，受购物顺序、个人习性以及待购商品的影响，购物者的行走路线不一，超级市场的营业厅需要借助货架与购物通道的结合布置，确立超市的主要购物流线，引导顾客购物，避免往返和交叉干扰。由调研资料来看，单层营业厅的流线组织分为尽端式和环绕式两种。

① 尽端式

这种流线组织方式常用于出入口设在狭长营业厅的同一短边的平面形式上(图5-8)。据相关调查显示，消费者的购物顺序有一定规律可寻，一般是：

果菜→鱼、肉→冷冻食品→调味品→糖果、饮料零食类→面包→日用品。

由此顺序可以看出，顾客倾向于首先购买生鲜食品等购买频率高的商品。尽端式流线依据这一点，将长方形的营业厅划分为三个部分：

第一部分是前厅部分，主要设置服务咨询、小件寄存和收银包装台；

第二部分是营业区部分，主要放置家庭日用品、零食、饮料类产品等购买频率相对较低的商品；

第三部分也是营业区部分，设置购买频率高的果蔬、肉制品等生鲜食品，并结合设置操作加工间，与后面的卸货场相连。

依照这样的设置，顾客进入超市后，首先到达尽端的第三部分购买当日所需的生鲜食品，再开始回转依次购买其他商品(图5-9)。采用这种尽端式流线组织，最大的优点在于能够很好的结合货物流线和购物者的行走路线，依次安排前厅、营业厅和功能用房，而不引起流线的交叉干扰，并提供最为快捷的上货路线，特别是对于那些购买频率高的商品，且可以引导大部分顾客走较长的购物路线，游览更多

图 5-8 尽端式流线

的商品。其缺点在于，因为路线的方向明确简单，如果购物环境不佳或营业厅长度过长，很容易造成购物者的思想疲劳，失去购物的兴趣，而且将购买频率高的商品放置在尽端。尽端往往是疏散的最不利点，容易造成购物高峰期时营业厅内部的拥挤，在多家超市相互竞争时，顾客可能会放弃购物意图，另择他家。

② 环绕式

环绕式流线组织——根据营业厅的形式呈现不同的环绕方式，对于偏正方形和狭长方形的营业厅，环绕式呈现为单向环绕和双向环绕两种形式。

a. 单向环绕式(图 5-10)。图示中营业厅的平面长边与短边的差距甚小，这种形式运用广泛，如武汉汉阳家乐福超市(图 5-11)。

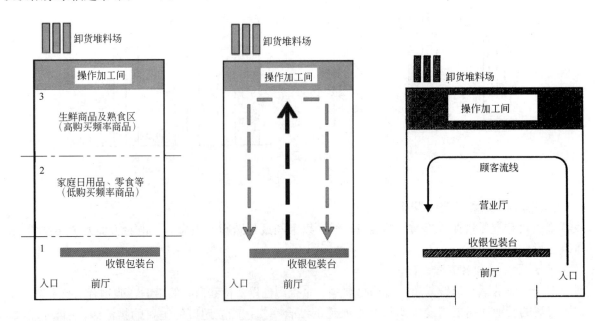

图 5-9　深圳南油人人乐超市商品分区示意图　　　　图 5-10　单向环绕式流线

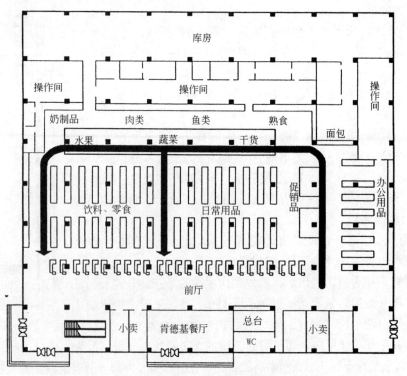

图 5-11　武汉汉阳家乐福超市为例

这一布局将整个近似正方形的营业大厅划分为几个长方形的组合，依次设置前厅、商品售卖厅和加工操作间。这种划分方式所得的小型长方形空间长宽比例适当，方正实用，不会造成面积的浪费。营业厅的入口处留有较大的空间，具有一定的灵活可变性，可以用于促销或是其他商业活动之用。如图所示，主动线从入口至出口，商品的配置依次为促销商品→面包、西点→熟食→生鲜食品→奶制品、饮料，均为购买频率较高的商品，而家庭日常用品和干货产品则布置在主动线的圆环内侧。当顾客随主流线购买了商品后，就已经踏入营业厅内部后层空间，需穿过家庭用品和干货商品区到达收银台，这就为其他商品增加了被购买的机会。这种以大圆或者是椭圆形式单向环绕式流线设计，使购物者在相对较少的时间内走完较长的购物路线，并环绕了营业厅大部分空间，同时还增加了其他商品的商机。这样，使营业厅感觉布局紧凑，不易使购物者产生购物疲劳，而且在平面划分上，有利于获得较多的积极商业空间。这一形式是目前为我国超级市场广泛应用的营业厅流线和平面形式。但是，它也有一定的局限性，这种方正的平面对于地域环境要求颇高，由于中国的城市化进程的加快，完整的大面积方正地形越来越难以寻觅，这无疑限制了这一形式的发展。

 $b.$ 双向环绕式（图5-12）。在图示中的营业厅形状比较狭长，为了避免营业厅内商业最不利点的产生，平面上开设了两个购物主入口。按照购物者的购物习性，可以将购买频率高的蔬菜、肉类、奶制品还有促销产品分置在两条环绕流线上，并靠近入口；而家庭用品及干货商品等集中设置在营业厅的中部，在下层空间靠近前厅的部分设置收银包装台。双向环绕式的流线布局充分利用了进深小、开间大的平面形式，良好地避免了最不利点的产生。但是也存在一定的问题，虽然它避免了最不利点，但由于存在两条主购物流线，容易造成顾客在完成一条购物流线后就直接离开超市，特别是对于无目的购物的顾客。此外，狭长的营业厅经过划分后，容易形成细长的带形空间，这种空间在预留通道后无法形成积极的商业空间，如布置展台、小型店铺等，造成营业空间的浪费。

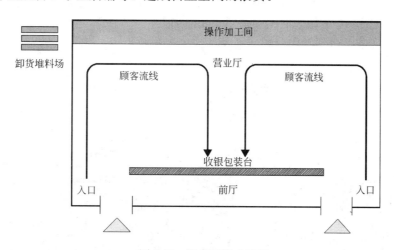

图5-12 双向环绕式流线

2) 其他形式营业厅的顾客流线设计

以上两种顾客流线布局均建立在矩形营业厅的基础上，随着超市的发展，营业厅的平面形式有了新的突破，如前面提过的百佳超市。那么伴随着新型平面形式，顾客流线也随之产生了新的形式。以深圳百佳东门超市为例（图5-12），由平面图中可以看出，顾客流线的起止点分在两个端点，营业的序列空间串联在流线两侧，这种流线组织称为两点式。两点式的流线设计以超级市场营业厅的入口和出口作为起始点，且两点之间距离较远分置于营业厅的两端，顾客流线的轨迹基本成直线形（图5-13）。这种流线组织方式将顾客走回头路的可能性限制到最小。但由于出入口在两端设置，不利于设置小件寄存、问讯等服务空间，若在入口处设置寄存服务，购物后的顾客需折回出口处领取自己的物品，这造成了一定程度上的麻烦。像百佳超市就取消了物品存放的服务，而这又为手持物件的顾客造成了购物负担。而且由于出入口位置各异，需要留出两个疏散空间，不能像前两种流线形式达到出入口疏散空间的共享，降

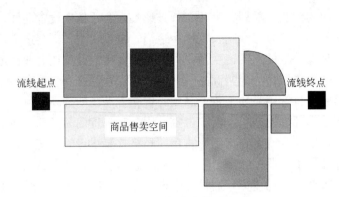

图 5-13 两点式流线示意图

低了商业面积的利用率。

2. 多层超级市场营业厅顾客流线设计

(1) 多层超级市场营业厅顾客流线设计相关问题

多层营业厅在平面上的流线布局与单层营业厅有一定的相似处，如在流线组织上考虑购物者的购物习惯，避免流线的交叉干扰，尽量提高商业面积的利用率等。有所不同的是，多层营业厅要兼顾水平和垂直双向流线的规划设计，因而在设计上与单层营业厅有所区别。在设计上应注意以下几项问题：

1) 收银(包装)台的设置

多层营业厅除集中设置收银(包装)台外，由于层数多，商品种类丰富，再加上一些高档商品的引进，一般在各层营业厅，特别是一些特殊区域，如摄像器材、化妆品，还有服饰商品区设置零散的收银台。这样便于销售商品的管理，同时缓解集中收银区的压力，避免聚集过多人流。由于多层超级市场的容纳顾客人数增多，收银台与货架之间的预留空间相应加大，供购物者等候付款之用(图 5-14)。

图 5-14 某超级市场珠宝类商品收银台

2) 多层营业厅的商品分配原则

与单层营业厅不同，多层营业厅将商品分配到不同的营业平面，多层超级市场的商品竖向分配直接影响顾客的竖向流线，它的配置应具有合理性，符合购物者高效率的生活方式、购物习惯以及商家的销售计划。我国现代多层超级市场以 2 层为主，其商品布置原则一般是：将生鲜食品、奶制品、面包等高周转率食品类商品放置在一层,将家庭生活日用品、汽车用品、家用电器、服饰等购买频率较低且不需要加工的商品放置在上层空间。对于两层以上的超级市场,其经营商品分类更为细致,倾向于经营与百货商场相匹敌的多种商品。在商品的竖向配置上,食品营业厅位于底层,家庭用品分配到以上各层,其分配原则如图所示(图5-15)。虽然这两者在商品分配上存在差异,但它们遵循同一原则,即将购买频率高、周转快的商品(生鲜食品、奶制品、面包、饮料等)放在一层空间,

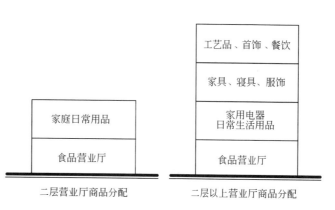

图5-15 多层营业厅的商品分配示意

并合理安排加工操作间、卸货平台和商品管理部门的流线关系。这种布局避免大量人流聚集于上部空间,不利于人流的疏散,在实际案例中也存在个案,将在多层营业厅的流线布置中详细讲述。

(2) 多层营业厅的顾客流线布置

多层营业厅的顾客流线组织较为复杂,基于调研资料,可以将多层超级市场的流线设计分类描述:即两层营业厅和两层以上营业厅的流线组织。

1) 两层超级市场营业厅的流线组织

多层超级市场多为两层形式,其顾客流线的组织形式较为丰富。从单层平面的层面考虑,其流线受垂直交通工具的影响甚广,且垂直交通工具是连接上下层营业厅的唯一路径,也是人流最为集中的区域,它决定了每层营业厅人流的起点和终点的位置。一般说来,由于营业厅交通工具所在位置的不同,可以将其流线组织形式分为以下两种:

① 集中式:超级市场为方便顾客携带商品盛装器(购物篮、购物车),一般采用自动坡道连接上下层营业厅。所谓集中式,就是将上行和下行自动坡道集中设置的方式。这一方式应用非常普遍,两部自动坡道以剪刀式集中设置在营业厅的一侧,一般情况下紧贴营业厅的边墙设置,最大程度地保留营业厅较大的商业空间,保持营业厅的灵活性和布置自由度。这种剪刀式集中布置方式,避免上行和下行顾客在同一点的碰撞,同时也使上下层营业厅自然形成环绕式顾客流线(图5-16)。以深圳华侨城沃尔玛超级市场为例(图5-17),通常超级市场将主入口

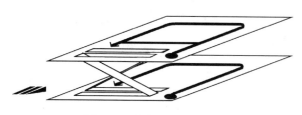

图5-16 集中式流线示意图

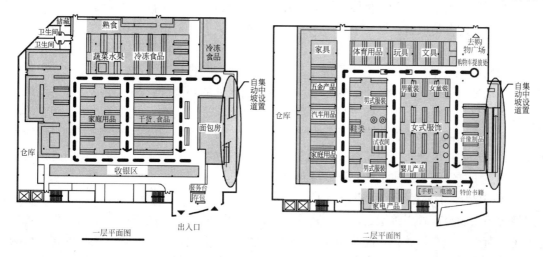

图5-17 深圳华侨城沃尔玛超级市场为例

设置在上行自动坡道的起点处，将进入超市的购物者直接引导至上行坡道进入二层营业空间的尽端。对于有购买二层商品目的的顾客，可以沿着二层环绕式购物流线游览商品；对于只想在一层食品营业厅购买商品的顾客，则沿着短边直线直接由下行电梯进入一层营业厅的尽端，再沿一层的环绕式流线选购商品。一般商家会在短边直线路线上布置促销特价商品，以吸引顾客的注意，使顾客驻足购物。这种顾客流线设计的优点在于保证了上下层营业厅单层空间良好的水平流线形式，而对于直接引导至二层的顾客，提供了长短两条路线选择，大幅度增加了无目的购物顾客的购买机会，同时对于只想在一层购物的顾客，不造成过大的思想疲劳，是现代超级市场流线组织的主要形式。

集中式也存在自动坡道同向布置的实例，以武汉家乐福武昌分店为例（图5-18），与前者不同，武汉家乐福武昌店不属于独立设店，它与其他的商业机构混合共处于建筑物中，它的两层营业厅设于建筑的二层和三层。由于其他商业机构的存在，建筑的主要自动坡道设于营业厅外，而营业厅内部设置二层至三层的自动坡道，并且采用同向布置方式。为了延长购物者的路线，自动坡道与营业厅的出入口设置在营业厅内相对较远点，之间以简洁的主购物通道相接，方便易寻。但是这种同向布置方式使上行和下行顾客共同使用疏散空间，在购物高峰期易产生上下流线的交叉干扰和通道不畅。

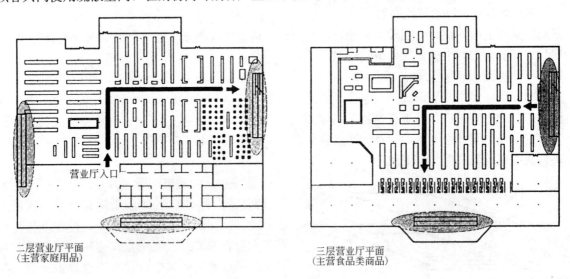

图5-18　武汉家乐福武昌分店

② 分散式：分散式，顾名思义是将上行和下行交通工具分散布置，一般设置在营业厅位置的相对较远点，例如武汉中百仓储珞狮路店和深圳沃尔玛蛇口分店（图5-19、5-20）。分散式布置即一般在超市的入口处设置上行自动交通工具，直接引导购物者进入二层营业厅，在营业厅范围内，相对其较远或最远点设置通往一层的自动坡道。与集中式不同的是，分散式提供了两条长度相当的购物路线，无论是否有在二层购物需求，消费者都必须沿购物流线走完半个营业区域，方可下至一层。由于存在无目的或无完全明确目的购物的顾客，延长浏览商品路线无疑会刺激潜在购物行为的产生。与集中式相同的是，分散式的下行自动坡道也通向一层营业厅的尽端，产生由内向外的环绕式流线，构成合理的流线布局。分散式也具有其自身的局限性，首先对于只在一层购物的顾客，分散式布置增加了顾客心理上的购物麻烦程度；其次，对于欲在二层购物的顾客，在走完一条购物流线后，顾客发现下行坡道时，可能直接选择下楼而放弃另一条购物流线。而对于选择了两条购物流线的顾客，必须至少重复一条商品浏览路线，折回原点才可到达下层空间，造成了购物路线的重复。

2) 两层以上超级市场营业厅的流线组织

一般情况下，超级市场以单层或双层形式为主，两层以上营业厅的超市所占份额较少。此种超市采用"超市+百货"的经营模式，是超级市场在中国发展的一个新经营理念。这一类型的超级市场由于层数的增多，其流线设计倾向于百货商场的形式，只是在商品配置上仍有所不同。多层超级市场多将自动

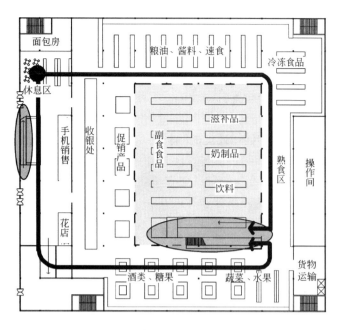

图 5-19 武汉中百仓储珞狮路店

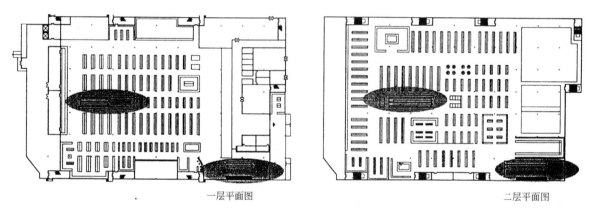

图 5-20 深圳沃尔玛蛇口分店

交通工具设置于营业厅相对中央的位置，在四周布置疏散楼梯等，而库房、后勤设施等布置在远离超市出入口的地方，使出入口与自动交通工具之间尽可能拉开距离，且不至于设置过于隐蔽，利用中间的空间放置陈列柜，提高商店的空间利用率。以深圳西丽万佳超市为例（图 5-21），建筑共为 3 层，自动扶梯

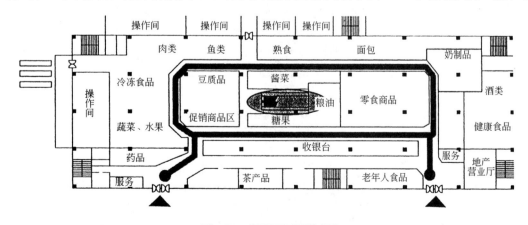

图 5-21 深圳西丽万佳超市

设于营业厅的中部，在临界面开设两个出入口，以改善狭长的营业厅形式，在背离街道的一边设置操作加工台，既远离顾客的出入口，又靠近货物的卸货平台。顾客基本上以自动扶梯为中心形成圆环式购物流线。多层超级市场的形成往往由于地域的限制，形成了建筑层数的增加而标准层建筑面积减少的局面。在这一情况下，在营业厅设置双坡道将会占用大量的面积，造成营业厅有效面积不足，而且受平面尺度的影响，在特殊情况下可能无法设置自动坡道。因此，像深圳西丽万佳超市，则以自动扶梯代替自动坡道，成为超市的主要垂直交通工具。但是自动扶梯不方便顾客携带购物篮、购物车上下通行，造成单层平面上商品盛装器的堆积，影响购物通道的顺畅。

在所调研的超市实例中也存在个案不遵循以上的布置原则。如深圳西丽人人乐超级市场，在商品配置上，将食品营业厅设在二层，而家庭生活用品营业厅设在一层。在平面布置上，自动坡道和顾客入口设置在营业厅矩形平面的相对最远点，成对角线布置(图 5-22)。

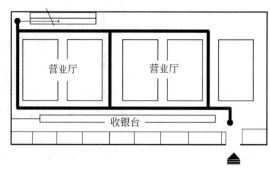

图 5-22 深圳西丽人人乐超市一层平面示意

这种布局的设计初衷，是希望借助二层生鲜食品对于顾客的吸引力，使购物者穿越一层营业厅到达二层，在穿越过程中增加底层营业厅商品的几率。但是这样的布局存在现实问题，它导致大量顾客聚集在二层的营业厅，在购物高峰期时，容易造成营业厅拥挤不堪。

五、超级市场后勤设施设计

后勤设施作为支撑店内营业厅高效运营和保证良好的货物更新的辅助设施。同时，它还是调度人员工作、减少各单位能源损耗必不可少的部分。超级市场的后勤设施主要由商品部门、行政和员工福利三部分组成。商品部门负责商品进货、加工、垃圾处理和受损商品管理等，其职能与超市的经营方式和商品息息相关。其布局是否合理直接影响超市的经济效益，同时它具有不同于其他商业设施的功能。

超级市场的后勤设施由市场管理用房、商品管理用房及场地、员工福利用房三大部分组成。

1. 市场管理用房

市场管理部门担负着管理整个商业设施的职能，负责店铺的运营，包括行政部和设备管理部。对于多层超级市场，行政管理部门为营销提供服务的机构，包括财会室、电话机房、办公室、会议室等，负责超市经济运作，一般不设于首层，而是统一分布于上层空间的相同区位。设备管理部为整座建筑提供服务的设施，包括中央监控室、清洁休息室、库房等，负责建筑内部安全及设备管理。两者在平面上应该有所区分，分类布置。

2. 商品管理用房及场地

商品管理部门主要负责管理商品的进货加工、检验及废物处理。功能用房包括卸货场、垃圾处理及排放间、商品管理办公室、商品加工操作间等。商品进出的一般操作流程参见图 5-23。

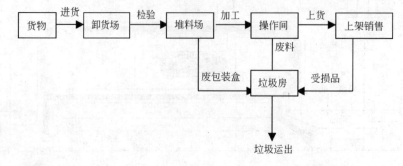

图 5-23 商品进出流程图

在平面设计上要注意功能用房配备完整、工作流线顺畅快捷，提高工作效率。应尽可能将相关联的用房比邻布置，并注意与其他房间的衔接。处理好后勤设施与营业厅的平面位置关系，做到距离相对较短又互不干扰。同时当营业厅为多层时，要考虑货物运输方式及垂直交通的位置关系。一般布置原则是将操作间与营业厅结合布置，并靠近营业厅的商品出入口；而垃圾处理间和商品管理办公室分置于进货口两侧，与卸货平台和堆料场相接，但又保持相对距离不引起相互干扰；对于多层营业厅，要选择好后勤区域上下楼、电梯位置，货梯最好设置在靠近堆货场和废料出口的一侧，便于上货，除废（图5-24）。

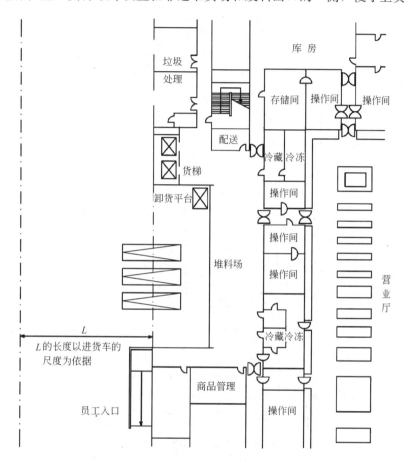

图5-24 超市后勤设施布置实例

在建筑设计中，应特别注意如下几种用房与场地：

（1）卸货场

超级市场卸货场的规模由进货货车的车型、数量和卸货时间等因素综合决定。超市的进货时间应避开顾客光临超市的高峰期，一般在开店营业之前。货运平台的设置要高于卸货场地60~100cm。为方便卸货，还可设置专门的卸货升降台。另外，可以把商品管理办公室设置在货场附近，可以在进出货物的同时，随时观察工作人员的出入状况。对于多层超级市场，还应在卸货区就近布置方便员工和货物上下移动的电梯、货梯，以提高工作效率。

（2）垃圾处理空间

超级市场产生的垃圾（包括纸盒）、木板和塑胶袋等包装废料，还包括食品加工产生的生鲜垃圾。在垃圾的处理工程中，垃圾的分类与清除、搬运方式影响垃圾处理空间。超市垃圾的处理流程参见图5-24，生鲜垃圾需要经过低温处理抑制臭气散发，包装成袋由专业收集单位清理；纸箱、纸板等包装材料需要经过压实，集中放置在专业堆放场，再被垃圾处理单位回收（图5-25）。

（3）操作间

操作间是介于生鲜食品营业厅与进货区之间的空间。生鲜食品通常暂时存放于冷藏、冷冻库，一部分送往操作间进行加工处理，制作成熟食及生鲜包装商品送往营业厅销售。有时候，将部分干净的加工操作布置在营业厅中，方便与销售结合。一般操作间根据所加工的商品不同，分为肉类、海鲜鱼类、疏果类、熟食类、腌制食品类、面包类和豆制品商品的加工间。根据不同商品的加工程序，操作间应配备相关器材，如操作台、煤气、厨房用品、冷藏冷冻库和给排水设施，特别还要注意防虫、避鼠等卫生措施。另外，由于员工会频繁借助手推车、流动服务车等推撞操作间与营业厅之间的门，所以应选择具有一定抵抗强度的摆动门，为了避免顾客误入操作间，最好设置两道门形成过渡空间（图5-26）。

图5-25 武汉麦德龙桥口店卸货与堆放空间

目前我国许多超市的部分生鲜操作空间，在视觉上与营业空间是连通的，以使顾客看到货物的加工过程，感知其新鲜程度，刺激消费(图5-27)。

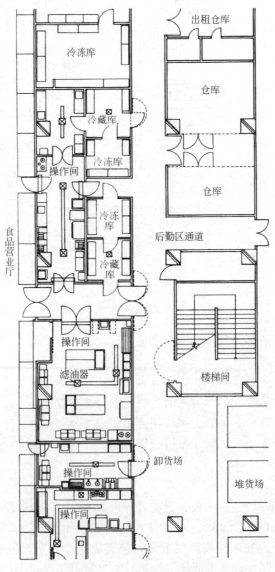

图5-26 操作间布置实例
（图片来源：[日]谷口矾邦著，黎雪梅译，
《商业设施》. 中国建筑工业出版社，2002）

图 5-27　武汉中商平价超级市场操作间与展卖空间

3. 员工福利用房

由于店铺员工要在营业区内长时间站立，并进行多种工作，劳动强度较大，为了使员工能够适当地休息，恢复精力，超市应设置为员工服务的休息室等福利设施，包括食堂、更衣室、休息室、卫生间、医疗室等。不过现行超市多实行多班轮班制，营业员的工作时间为 6 小时，其员工福利用房可以根据员工的作息时间相应的完善或删减。

六、超级市场内部空间尺度

本小节将重点介绍超级市场营业厅的相关尺度数据，这些数据均取自于实地调研，希望为超级市场的规划与设计提供具有参考性价值的技术资料，以辅助设计。

（一）柱距

营业厅的柱网尺寸应根据商店设施的规模大小、经营方式、布置规律而定，应便于柜台、货架的布置，并且具有一定的灵活性。在确定营业厅的柱距前，应先考虑以下问题：

（1）所采用的柱网结构是否经济合理；

（2）店内的视野是否开阔，通道设置是否简明，是否便于店内陈设的变更；

（3）设置地下停车场时，是否满足停车要求，确保足够的停车位；

（4）未来是否有增建、扩建计划。

在所调研的超级市场根据设施的配备，可以分为有无配置地下停车场两种。对于设有地下停车场的超级市场，其柱距应考虑到地下停车位的设置，通常每一柱距停泊 3 辆小型轿车，一般设置在 8～9m 之间，且跨度相等，如武汉中百仓储珞狮路店和武汉家乐福武昌店，均采用这种形式（图 5-28）。对于

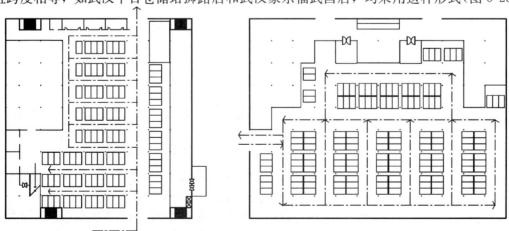

图 5-28　武汉中百仓储和武昌家乐福的地下停车库平面图

没有设置地下停车库的超级市场，其一般采用地面停车方式，考虑到结构的经济，也会采用8～9m的等跨柱距。但是，近年来，底层超级市场有加大柱距的趋势。随着柱距的加大，相同建筑面积下，营业厅柱子的数量减少，减少了遮挡，也增加了店内布局的灵活性，自然提高了营业厅面积的使用率。如深圳沃尔玛蛇口分店采用了10.8m的等跨柱距。对于单层的超级市场，还可以采用轻质屋顶材料，以减少柱的数量或形成无柱营业空间。例如深圳沃尔玛蛇口分店的二层营业厅采用轻质屋顶材料，减少二层营业厅的柱子数量；而武汉的普尔斯马特则是采用无柱空间。

（二）层高

超级市场的层高受其功能、店内陈设、空间展示效果等因素影响。层高的设定取决于其空间的利用，一般超级市场的高度空间分区为3个部分（图5-29）：

货架的高度、堆货高度和结构厚度。货架的高度以人体尺度为参照，不宜过高，一般以人抬起手臂取货的高度为标准，控制在1.8～2m之间。货架以上的部分是用于堆放储存货品的空间，而堆货高度受限于超市的上下货方式。超级市场的上下货方式分为人工和机械装卸两种。采用人工方式，一般是店员借助平板推车和扶梯等工具装卸商品。这种情况下的堆货高度较低，以便于人员操作，一般控制在600～1200mm之间。采用机械方式，一般是员工操控机械装卸车将货物堆放于货架上，并由其他员工辅助完成全过程。这种

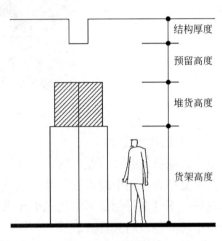

图5-29 超市营业厅高度分区图

情况下的堆货高度较高，可以达到2～3.5m，如武汉中百仓储珞狮路店、深圳三姆会员店。结构高度是建筑的支撑体系，如梁的厚度，此外还包括安装通风管道的预留空间。超级市场的楼层高度要达到满足以上的空间需求。值得注意的是，现在很多大型超市采用的是机械与人工混合方式装卸货物，在营业厅的净高设置上需要根据实际情况进行调整，超市采用净高（除去结构高度后的部分），实例见表5-5。

超市采用净高实例表　　表5-5

超市名称	层数	净高(mm)	备注
武汉中百仓储珞狮路店	2	3600～3900	局部架空
武汉家乐福武昌店	2	3900～4200	独立成店
深圳西丽万佳店	3	3600～3900	独立成店
深圳沃尔玛华侨城店	2	3900～4200	独立成店
深圳人人乐南油店	1	3300～3600	地下一层
深圳沃尔玛蛇口店	2	3900～4200	独立成店

（三）购物通道、货架与柱距的关系

我国超级市场的柱距以8～9m居多。在柱网的设计中需要考虑营业厅内顾客购物通道的设置、货架的摆设，最大程度地利用空间。

1. 购物通道的尺度

购物通道是超级市场内部顾客浏览商品的通道，一般分为主通道、次通道和最小购物通道3个等级。购物通道的宽度取决于顾客的流量、营业厅的规模以及营业厅内货物的装卸方式。一般说来，单层营业厅面积越大，容纳顾客人数越多，同时需要借助机械装置上下货物，购物通道的尺度也就越大；反之，单层营业厅面积较小，容纳顾客人数较少，只需借助人工方式上下货物，其购物通道的尺度就相应减少。

（1）标准层营业厅面积小于3000m²时，购物通道的尺度

当标准层营业面积较小（不足3000m²）时，营业厅为陈列更多商品，提高售卖面积，采用人工装卸货物的方式，则采用较小的购物通道。购物通道的宽度应满足购物者走动自如，同时还要满足员工推行平板车进行货物运输。其3个等级的购物通道宽度分别为2400～3000mm、1600～2000mm、1200～1500mm（图

5-30)。与之相对应,超市在购物车、购物篮和货物运送板车尺度选择上,也会采用小尺寸装置(图 5-31)。

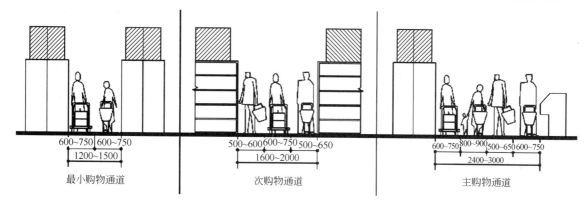

图 5-30 超市营业厅的购物通道图

(2) 标准层营业厅面积大于 3000m² 时,购物通道的设置

当超级市场的标准层营业面积大于 3000m² 时,由于营业规模的增大、顾客的增多、销售和储藏商品繁多,仅仅采用人工装卸商品已经不能满足超级市场的需求,需要借助于机械装置提高工作效率。购物通道的设置则需要相应加大,以满足多方要求。

1) 采用人工和机械装置混合方式装卸货物时,购物通道的设置

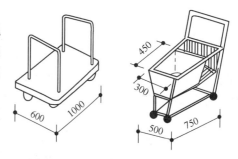

图 5-31 小型购物篮、平板车的尺度

为避免发生危险,部分超市通常在非营业时间使用机械车辆。次要和最小购物通道的宽度需要根据顾客的流量相应加大,分别达到 2400~2700mm、1800~2200mm。在设计中应注意,虽然机械车辆一般不与顾客同时使用购物通道,但是机械上货需要店员协助完成,要预留一定的空间供店员使用。另外由于主购物通道上的顾客通行量极大,商家往往在主购物通道上布置促销品和展示台,吸引顾客增加商机,因此,通道的宽度要根据展示台的尺度相应加大,增加灵活性空间,如深圳华侨城沃尔玛超市的主购物通道宽度增加至 6m,其中 1200~1500mm 用于商品展示(图 5-32)。

2) 采用机械装置装卸商品时购物通道的设置

对于大型和超大型超级市场,由于商品的储藏量非常大,需要频繁使用机械装置装卸商品。如武汉中百仓储珞狮路店,营业厅的购物通道宽度需要保证机械装置和工作人员的同时使用,最小购物通道达到 2.4m,而主要通道需根据机械装置与展示商品的尺度相应加大(图 5-33)。

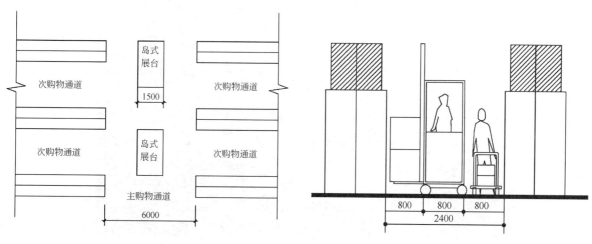

图 5-32 主购物通道布置展台示意图　　图 5-33 机械上货购物通道布置

2. 单位柱距内货架和购物通道之间的关系

良好的货架与购物通道的设计是超级市场平面的重点。要处理好三者间的关系首先要了解他们的尺度。超级市场的柱距以 8～9m 为主，不同规模及店内商品运输方式的差别形成不同的通道与货架平面关系。超级市场的货架宽度通常采用 600mm，这主要是以人体的手臂长度为参照，在排列中通常为两个货架组合，一般每两组平行货架之间为次要通道，每组货架的端头之间形成主购物通道。对于不同规模的营业厅购物通道的大小不一，其基本排列方式见图 5-34。

近年来超级市场的平面形式不断推陈出新，产生了弧线形购物通道和异形平面，货架与通道的组合更加灵活多变，以增加购物者的购物情趣。

七、超级市场的外部环境设计

超级市场的外部环境包括建筑立面、建筑周边环境等硬环境，也包括商业策划方面的软环境。超级市场发展至今，社会背景、商业发展状况和建筑思潮都发生了日新月异的变化，但超级市场的外部环境设计仍然较为简单。这种状况应该得到改变。

（一）外立面设计

超级市场问世于 20 世纪 30 年代经济危机下的美国，社会背景和世界经济形势决定了其低成本经营策略，选择价格低廉地段开设店铺，建筑也完全追随低造价和争取更多的商业面积，特别是面向公共空间的建筑立面，极少开窗，即使添加了新功能，仍会出现大面积的空白墙面，所以超级市场一直被称为"光秃秃"的建筑存在于城市的公共空间中(图 5-35)。这种巨大的"光秃秃"建筑，一般会影响城市的面貌，应该引起我们的注意。

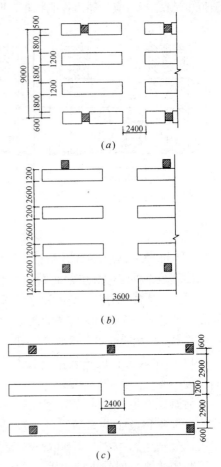

图 5-34 货架与购物通道的关系
(a)深圳西丽万佳货架与通道布置；
(b)深圳蛇口沃尔玛货架与通道布置；
(c)武汉武昌家乐福超市货架与通道布置

图 5-35 武汉家乐福王家湾店外观

在超级市场建筑立面设计中，将大面积的空白墙面进行处理，可以参考如下几种方法：

1. 窗的运用

超级市场为寻求商品展示面积而极少开窗，使建筑立面乏味单调。窗是立面设计的活力因素，超级市场为寻求活泼的立面效果，在立面上找寻低利用率的墙面开设方格窗、条形窗或不规则窗洞，以减少空白墙面的面积，为建筑注入韵律，同时也为不同建筑材料的运用创造了条件，如武汉易初莲花洪山分店，结合其他功能，在外墙上进行了生动的开窗处理（图5-36）。

图5-36　武汉易初莲花洪山分店外观

2. 材料与色彩的搭配

不同颜色、质感的建筑材料可以增强立面效果。对于不可开窗的墙面，不同颜色的立面装饰材料可以制造层次感，改善死板的单色墙面；对于开设窗的区域，结合窗的形式、色彩添加其他材料附件，为建筑立面注入不同元素，丰富立面效果。沃尔玛店国外某店正立面，涂料、钢材、铝板配合，蓝、绿二条水平色带区分出墙面上下不同的灰色调，钢结构采用蓝色，以突出主入口，并与墙面蓝色相呼应（图5-37）。

3. 结合建筑平面进行立面形式变化

随着超级市场的发展，为满足消费者的需求，超市增加了寄存、问讯、餐饮娱乐等服务空间，在建筑空间上可以将其与建筑入口相结合，强化建筑的入口空间，产生衔接超市内部与外部的过渡空间。由于其功能不受商品展示要求的限制，在造型、材料和颜色的运用上自由度大，与营业厅的墙面形成鲜明对比，成为超市建筑造型上的闪光点。如北京华联武汉中华路店，主入口墙面后退，形成主入口灰空间，在提供购物者遮阳避雨空间的同时，又丰富了立面空间（图5-38）。

图5-37　沃尔玛店国外某店入口外观

图5-38　北京华联武汉中华路店主入口

4. 建筑与周边环境的融合

现代商业设施的概念已经转向综合化、多元化，商业设施应当是生活信息发布中心，能够吸引顾客、游人长时间逗留，甚至是作为一种贴近日常生活的建筑，它还应该与周边环境协调，具有改善城市环境和景观的作用。如武汉家乐福武昌分店，位于某商业综合体的二三层，考虑到与小商铺的融和，正立面外墙基本采用透明玻璃，不仅有利于出入口空间及小商铺的采光，同时内部空间与城市空间进行了交融（图5-39）。

图5-39 武汉家乐福武昌分店正面局部

（二）外部环境营造

当超级市场登陆中国以后，由于中、西方社会背景的差异，超级市场在选址上倾向于选择城市中心区和居住密集区。其结果是，一方面超市在用地日益紧张的城市开设店铺，需要与周边环境的协调；另一个方面，由于激烈的市场竞争和购物者对于购物环境的高要求，超级市场开始在外部环境设计上重新思考，以争取更多客源。

超级市场的外部空间景观营造包括两个方面的内容：一是以顾客出入超市的路线作为景观设计轴线，通过植物搭配、高差以及材料的运用营造趣味空间序列，引导顾客进入超市；一是围绕购物者的休闲娱乐空间展开景观设计。通过宜人舒适的休闲环境，使经过长时间购物后的购物者或经过店铺的路人在此得到小憩，借此吸引客源，提高顾客再次购物的可能性，同时提升企业形象。下面以实例说明超级市场外部环境的营造方式。

深圳华侨城沃尔玛超级市场坐落于深圳城市主干道深南大道旁，地处华侨城高档住宅区和主要旅游区。它以顾客进入超市的路线为景观轴，创造舒适宜人的购物环境，不仅为超市争取了客源，也为周边居住社区、办公建筑创造了良好的景观效应。在总平面规划上，超市进行人车分流，形成两条前往超市的购物路线（图5-40）。车行路线和人行路线形成环状，环抱位于超市前的雕塑花园，在汇聚点通过高差分流，车辆由坡道进入超市的地下车库，步行者则直接进入超市。

武汉麦德龙古田店处于较不繁华的市区，为了吸引驾车购物者，设置了大面积的停车场。为了遮阳避雨，麦德龙不惜耗资，其中近一半的停车空间被巨大的钢结构屋面所覆盖（图5-41）。武汉中百仓储宝丰路店，设置在某街头公园地下，并结合公园设置了若干个出入口。这种设计，既将战时需要与商业空间需要结合起来，又为市民提供了大面积的绿地（图5-42）。

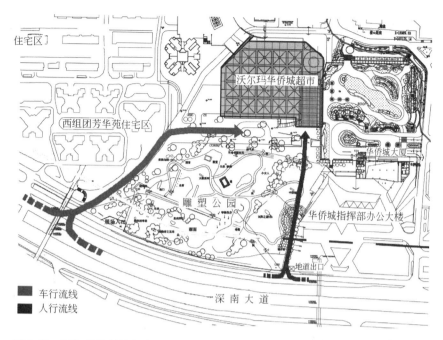

图 5-40　沃尔玛华侨城超市的人车分流图（图片来源：傲地建筑设计顾问有限公司）

图 5-41　武汉麦德龙古田店停车场

图 5-42　武汉中百仓储宝丰路店

第二节　购物中心

一、购物中心的定义与分类

（一）购物中心的定义

购物中心（Shopping Center，简称 SC）于20世纪20年代产生于美国，后传到欧洲、日本及东南亚等国家和地区，并得到迅速发展。购物中心的定义较多，在不同国家，购物中心有着不同的特点。

美国国际购物中心协会在1960年定义的购物中心具有的特征是：①计划、设立、经营都在统一的组织体系下运作；②适应管理的需要，产权要求统一，不可分割；③尊重顾客的选择权，使其实现一次购足（One Stop Shopping）的目的；④拥有足够数量的停车场；⑤有更新地区或创造新商圈的贡献。

日本购物中心协会关于购物中心定义是：购物中心是以土地开发商为主体，而有计划地建设的包括零售业、饮食业、服务业等集团设施在内的中心。其运营必须在统一管理的基础上进行共同活动，以发挥购物中心能使顾客在一站购齐所需物品的机能。

国际购物中心协会的定义是：购物中心是被作为一个整体来进行统一规划、统一开发、统一运营、统一管理的零售店铺与配套设施的联合体，拥有自己的停车场。一般情况下，其规模和店铺数量会因目标商圈的大小而有所不同。

中国国家标准"零售业态分类"中的购物中心定义为：企业有计划地开发、拥有、管理运营的各类零售业态、服务设施的集合体。

我们还可以这样认为，购物中心不是一种零售形式，而是由一组零售商店及有关的服务设施组成的群体。随着时代的进步，人们的生活方式、购物行为在不断更新，要求享受购物过程，购物已不仅仅是一种单纯只是买东西的家务劳动，而且是一种社会性的消遣，甚至是获得刺激与生活调节的一种享受。无论有钱者或无钱者，均可享用购物中心这个既有文化又具活力的公共场所。人们到购物中心，不仅可以基本买到一切生活用品，还可以进行吃喝玩乐的综合消费与享受，它不仅是一种购物场所，更是一种生活化的场所。独具特色的购物中心，不仅是能够成功经营的商业实施，而且是吸引市民和观光客前往的公共场所，并会成为城市的重要标志建筑之一。

（二）购物中心的分类

参考美国购物中心协会和美国国家研究局 National Research Bureau (NRB)的分类标准，按照选址和商圈的不同，将购物中心划分为如下4种类型：

1. 邻里型购物中心（Neighborhood Center）

也称近邻型购物中心、小型购物中心，营业面积在9300m^2以下；提供便利商品的销售（食品、药品和杂货）和个人服务（洗衣和干洗、理发、修鞋等），为满足附近居民每天的生活需要，有一个超市是邻里中心的主要承租商。

2. 社区型购物中心（Community Center）

社区型购物中心，也称中型购物中心，营业面积在9300～37200m^2之间；比邻里中心有更广泛、便捷的销售软线（服饰）和硬线（五金器皿、器具等）商品范围。它一般设有一个小型主体百货店、超市、杂货店或折扣型百货店，可能还有一个较强的专业商店等。

3. 区域型购物中心（Regional Mall）

也称大型购物中心，营业面积在37200～93000m^2之间；提供门类品种齐全的日用商品、服饰和家具；拥有大型的百货店，并以此作为主要的吸引力；甚至可以包括2个、3个或更多百货店。

4. 超区域型购物中心（Super-Regional Mall）

也称特大型购物中心，营业面积在93000m^2以上；供应广泛多样化品类的、众多的、杂货大众商品；拥有3个或更多的主体百货商店。

二、中国购物中心发展趋势

（一）中国购物中心的市场发展趋势

1. 社区型购物中心已经具备一定发展条件

近几年，我国城市社区的商业环境发展日益成熟，社区型购物中心基本能够为社区提供大多数商业服务，同时具有便利的优势，已经具备一定的发展条件。社区型购物中心较常见的形式为，以超级市场、大型化妆品商店与折扣型百货公司为主力店，另外出租一些专业商店，如服饰店、家居家饰品店、餐饮店等等。

1998年成立的上海友谊南方商城，一直经营良好，是中国社区型购物中心的先驱与代表。它以家乐福超市、友谊百货、好美家建材超市等3家主力商场为主力店，有120多家特色专卖店，涵盖服装、百货、通讯器材、家具、体育用品、计算机等日常购物范围，还有餐厅、电影城、健身中心、咖啡厅、茶房、药店、银行、邮局、书城、美容院、旅行社等系列服务设施。

2. 主题型购物中心将占一席之地

主题型购物中心指的是以某种经营或空间特色为主题的购物中心。目前主题型购物中心在我国购物中心总数中约占 9%，而且经营良好。主题型购物中心的成功在于紧紧抓住目标顾客，围绕主题展开设计与经营，形成特色，实现了市场细分。作为一个文化和旅游大国，且许多城市现有旅游休闲资源相对欠缺，以旅游为主题的主题型购物中心发展潜力更大。

3. 一些地区发展大型购物中的条件已经基本成熟

一些专家认为，美国的大型购物中心是在人均年收入 10000 美元、小汽车大量普及、城市人口大量郊区化的背景下产生的。中国大陆目前居民的购买力较低，私车拥有量太低，发展大型购物中心的机会不成熟，风险较大，不适合发展大型购物中心。但事实上，大型购物中心在中国已经开始发展起来了，这说明，中国购物中心产生与存在的市场环境与美国不同，因此空间特征也必然不同。

据有关研究，美、欧、日等发达国家在人均国民收入（GDP）达到 1000 美元左右，恩格尔系数（恩格尔系数指在一段时期内，家庭生活总必需支出与家庭总收入的比值）下降到一定程度的时候，出现了大型购物中心。2002 年，我国人均国民收入达到 7972 元，上海、北京、广东及浙江等沿海地区的一些城市的人均收入已经接近甚至超过了部分东南亚国家，接近马尼拉、曼谷等东南亚城市，许多城市和地区出现了大批高收入人群，这是大型购物中心在中国产生与存在的必要经济条件。

菲律宾、泰国、马来西亚等东南亚国家许多大型购物中心，已有十多年的发展历史，且经营良好，新的大型购物中心仍在不断地建设中。曼谷、吉隆、雅加达坡分别有 20 多家大型购物中心；经济不很发达的马尼拉也有 30 多家大型购物中心，平均 35 万人口拥有 1 家。通过对比，表明我国一些地区发展大型购物中心的条件已经基本成熟。

随着我国居民生活水平的提高，许多人有了更多的闲暇时间与度假休闲需求。许多人平时工作压力大，在购物时不仅希望得到方便与舒适，更希望将购物变成一种休闲与消遣活动，在购物时体验到更多的轻松愉悦。大型购物中心正好能够满足人们的这种需求。建设现代化的大型购物中心，对优化商业结构、改善购物环境、更新城市空间、提高居民生活质量都有重要意义。

4. 超大规模购物中心（摩尔 Mall）越来越多

目前，中国大陆各地建设大型购物中心（摩尔）的热情开始出现，有些地方将购物中心的建设视为城市发展的形象工程、献礼工程，一些超级大型摩尔正在建设或计划建设之中。据报道，2003 年底全国已有购物中心 300 多家，正在建设的面积超过 10 万 m^2 的就有 200 多家，有的建筑面积甚至接近了 90 万 m^2，一些摩尔开始号称亚洲和世界规模第一，见表 5-6。

中国大陆部分摩尔基本情况（含在建设或计划建设项目） 表 5-6

项目名称	基 本 情 况
上海：正大广场	24 万 m^2，地上 10 层，地下 3 层，总投资 3.35 亿美元。设有 1600 个车位的停车场；1000 多个国内知名品牌的专卖店和专业店；100 多家餐厅和一个可容纳 3000 人就座的体育馆及复合电影馆；书店、家具店、摄影工作室、儿童乐园、汽车展示场地、室内试车车道、酒吧、雪茄俱乐部、游泳池、健身房等诸多设施
上海：协和世界	位于上海市南京西路，建筑面积 60 万 m^2。主题商业街有：纽约时代广场、伦敦 HARRODS 百货、古罗马斗兽场、巴黎香榭丽舍大街、东京银坐等主题街区
上海：虹桥购物乐园	位于延安路附近，占地面积 14 万 m^2，建筑面积 33 万 m^2，定位为休闲、购物、旅游
上海：开元广场	定位为大型家庭娱乐型商业广场，位于上海市松江新区中心，拥有车位 1080 个，其中商场 11 万 m^2，单身公寓 3.4 万 m^2，五星级酒店 3.2 万 m^2，公寓 1.7 万 m^2，还设有美食城、电影城、邮局、银行等相关的配套措施
成都：熊猫万国商城	47 万 m^2，包含百货公司、大卖场、生态商业步行街、海底世界，集商贸、餐饮、娱乐、运动、旅游、综合服务和文化展览为一体，欲成为"成都市的标志性建筑"，分四期建设

续表

项目名称		基 本 情 况	
武汉：武商集团的"摩尔商业城"		营业面积20万 m²，在几座大型百货店的基础上用走廊连通而成的，其中购物面积占70%，餐饮占20%，娱乐场所占10%，正在运行	
武汉：团结销品贸		总营业面积40万 m²，一期工程的20万 m²	
北京：亦庄大地 MALL		占地549亩，总规划建筑面积60万 m²，一期建筑面积达31万 m²	
北京：春天 MALL		占地2000亩，建筑面积达65万 m²，计划总投资超过10亿美元	
加拿大555集团计划开发	青岛项目	占地1000亩，建筑面积近100万 m²	总投资8至14亿美元的项目，被列为青岛市迎奥二号工程，计划2006年2月全面对外营业
	温州项目	占地3000～5000亩，建筑面积100万 m² 左右	计划投资八到十亿美元，建一个集购物、旅游、餐饮、住宿、休闲、娱乐等功能为一体的世界顶级摩尔
深圳：星河 MAL		占地面积11.9万 m²，规划建筑面积23万 m²。其中包括大型超市2.4万 m²、百货广场2.7万 m²、四星级酒店及酒店式公寓3.3万 m²、食街0.78万 m²、娱乐天地1.4万 m²，及家居广场、多功能影剧院、精品廊、专卖城、酒吧街、儿童大世界、风情步行街、综合办公楼、银行网点、文化广场等	
广州：天河正佳商业广场		占地面积5.7万 m²，总建筑面积42万 m²，包括一座30万 m² 的商业广场、一座48层的五星级酒店公寓和一座30层的甲级写字楼。其中13间电影院、超大型真冰溜冰场、梦幻世界、室内水族馆、儿童城等娱乐与康体场所	

（二）中国购物中心的基本特点

由于中国购物中心目前正处于萌芽阶段，所以在此只能参考国外购物中心的发展状况，根据中国国情及少数实例进行判断。又由于中国国情与发达国家不同，所以中国购物中心必然会有其自身的特点。在这里，我们主要讨论中国购物中心建筑与发达国家不同的特点。

1. 选址与发达国家大不相同

在西方国家，购物中心的兴起主要得益于郊区化和轿车普及化的发展，所以购物中心通常位于郊区，美国主要依托市郊高速公路建立封闭式大型购物中心，规模巨大、设计简洁，但对位置的要求不是很讲究，只要交通方便就可以了。

在中国，购物中心的选址却有很大不同。由于中国目前私车拥有量比较低，还没有出现真正意义上的城市人口郊区化现象，所以中国购物中心不可能较多地出现在郊区，大多数只能存在于人口众多的城区。目前，中国大型购物中心的选址，一般都在交通便利、停车方便、商圈内有相当数量的中高收入消费群体的地方。大型购物中心为了降低经营风险，干脆选址于成熟的商圈内，甚至在商业繁荣的中心商业区，如大连万达在各地建设的摩尔（表5-6）。香港、新加坡的私车拥有量也比较低，所以两地的摩尔大部分集中在邻近地铁出入口的市中心黄金商圈内，且往往多家摩尔较近地汇集在一起。如新加坡较大型的购物中心集中在新加坡市中心的乌节（Orchard）地区，著名有高岛屋购物中心、中心点购物中心和新格璞拉购物中心等。

由于目前中国大多数人出行主要依靠公共交通系统，所以可以判断：在相当一段时间内，中国购物中心基本上都会选址于人口聚集密度相对较大的、公共交通方便可达的地段。如果忽视了中国的这种国情，就会冒较大的商业风险，如上海正大虽然建筑上可以说是成功的，但选址于浦东陆家嘴，商业人气的不足，使其目前经营还不太成功。

当然，在北京、深圳等极少数城市中，由于私车拥有量比较高，开始出现城市人口郊区化现象，购物中心会有一部分出现在人口相对密集的郊区。

目前，在各地开发的摩尔中，北京和上海代表着两种不同的发展策略。由于北京的私车拥有量较高、城市可用土地面积较大，所以摩尔都选址在郊区的5环路上，规模较大（20～60万 m²），遵循的是美国摩尔的模式。由于上海私车拥有量较低，城市可用土地面积较小，居民又偏爱市区，所以上海的摩尔都选址与市区级商圈内,规模较小(10～20万 m² 左右),遵循的是香港和新加坡摩尔的模式。

2. 不同地段购物中心的基本特点

由于在相当一段时间内,中国购物中心基本上都会选址于人口聚集密度相对较大、公共交通方便可达的地段,所以中国未来大多数购物中心的容积率,一般会比欧美购物中心高。这种情况可能表现为三种主要形式:

(1) 城市中心区成熟商圈内功能全面的购物中心

由于选址于市中心成熟商圈内,地价较高,不得不采用多层甚至局部高层的建筑形式,丰富的功能、变化的空间主要在密闭的建筑空间中实现,建筑整体外观上可能与现有的大型商业建筑区别不大,大面积的休闲空间可能难以实现,见表5-6、图5-44。

图 5-44　成都熊猫城

这种商业建筑的出现,往往是一种巨无霸的形式,由于其中功能全面、环境舒适、空间较有魅力,一般消费者可以在其中完成几乎所有的消费,周边的一些功能单一的、缺乏魅力的商业形式,可能受到较大冲击。如菲律宾目前单独存在的百货商场等大卖场已极少见,几乎所有的大卖场都位于大型购物中心内。

(2) 城市中心区成熟商圈内功能不全面的购物中心

考虑到周围存在一些大型百货公司或富有魅力的大型服务设施,或者有其他经营考虑,在购物中心中,不追求功能的完备,只追求部分功能复合对消费者的吸引,如大连万达在各地建设的摩尔基本上都是这种形式。

(3) 与美国大型购物中心比较接近的购物中心

这种购物中心应该选址于地价相对低廉,但人口聚集密度较大、公共交通方便可达的地段。由于地价较低,就可能开发与美国优秀购物中心相近的、以低层建筑为主的、功能极其丰富的、空间丰富多彩的购物中心。这种购物中心由于与其他购物中心实现了差异化,所以有一定生存空间。

如果大运量快速交通系统发展到城市的近郊甚至远郊,中国真正的郊区化便会出现。那时,卫星城和新出现的城市边缘商圈,也会吸引这种购物中心在那里出现。

3. 功能复合逐步发展

多功能复合的趋势,指与商业经营不同的、多种的其他功能在商业建筑中综合存在的趋势。城市中的许多大众公共行为(如交通、步行、闲逛、购物、社交、参观、娱乐、旅游等等)具有相容性,成为商业建筑功能复合化的前提。功能复合化吸引来了多种不同人群,聚集了人气,促进了商业销售与其他营业性收入，促进了商业结构更新和城市更新；同时，由于多种消费功能聚集在一起，使得消费者可以方便地进行消费；而且，聚集带来的新的城市空间感觉，都使得消费者乐于接受（表5-6、彩图41）。

但是，由于中国购物中心大多将建设在城市中心区，而城市中心区商业服务设施比较完善，一些服务设施有着较长的经营历史、较厚实的人气聚集、较强的辐射力；同时由于中国购物中心的市场适应力有待进一步探索，中国购物中心的投资能力和管理能力有待逐渐加强。所以，中国购物中心的功能复合程度，在不同的地区，都会逐步发展。东南亚式的功能极大复合、规模巨大的情况，在中国目前阶段是要冒相当风险的。

三、购物中心设计理念

在这里，我们注重讨论购物中心比较普遍的设计理念及捷得事务所的设计理念。

（一）注重体验化设计

随着人们的生活水平的提高，消费需求逐渐从"物质享受"转向"精神享受"，体验经济逐渐成为继自然经济、商品经济和服务经济后的第四个经济发展阶段，越来越多的消费者渴望在消费过程中体验到某种与日常社会不同的东西。

体验包括主动与被动参与。被动参与是指消费者被动接受体验，如参加音乐会、看电影。主动参与是指消费者成为创造体验的主体，如参加节目的佳宾和现场观众是节目的参与者，同时也是气氛的制造者。大多数人是喜欢主动参与体验的，如足球电视转播比现场观看的更舒适，但人们仍然喜欢花钱去现场观看，体验现场气氛。俄亥俄州设计论坛（Design Forum, Ohio State, USA）建筑部副总裁 Lucinda Ludwig 认为，"娱乐是未来的商业空间设计中的一个整合的部分"，"所有的商业空间必须有令人兴奋的因素"。一个优秀的购物中心，必定会在某些方面给消费者以美好的体验，如空间、场所、活动等等。

美国艾伯塔的西埃德蒙顿购物中心不仅提供滑冰场，还有公园、鸟类饲养场、海豚池、人造湖，有世界上最大的室内水上公园，其中有人造海滩及海浪，有游览船、潜艇等游乐玩具。走进美国洛杉矶环球城步道商业街，就仿佛置身于"环球"电影公司的摄影棚和布景街（图5-45、5-46）。位于明尼苏达州明尼阿波里斯市外伯鲁明顿（Bloomington）的亚美利加购物中心（Mall of America）总建筑面积42万多平方米，于1992年建成。购物中心的建设者期望该中心能比迪斯尼乐园或大峡谷吸引更多的游客。亚美利加购物中心是一座极大的购物中心，其非同寻常的是，购物中心中央有一个占地7英亩（28328m²）的巨大的、带有玻璃顶的庭园，庭园中设有不少娱乐设施，夜间灯光闪烁，伴随着手风琴、游艺设施中的小孩发出兴奋的尖叫声，使人联想起乡村集市上狂欢节的气氛（图5-47）。购物中心开业后头三个月，据统计每周有100万人次前来。台湾美丽华购物中心注重空间体验设计，共享空间巨大、特形、穿插的空间形式给人以特殊空间体验（彩图22）；室内表演空间高大，且视觉向天空开敞，其间内外交融，星空相连（彩图21）。

图5-45 美国洛杉矶环球城步道商业街

图5-46 美国洛杉矶环球城步道商业街

图5-47 美国 Mall of American

娱乐设施成为购物中心中重要的项目。大型娱乐设施如溜冰场、摩天轮、过山车等甚至会改变现代购物中心的形象。日本的欢乐之门(Festival Gate)是一个运用大型娱乐设施成功吸引客源的购物中心，含游园设施、电影院、饮食店、购物店等，但其最大特点是把建筑与游乐设施构成一体，设置了大型过山车，另外在屋顶和室内还装置了大约20种正规游戏设备(实例44)。

(二) 表现地域文化

注重地域文化表现，是实现购物中心个性化和吸引消费者的重要手段。

在当代建筑设计中，现代建筑的设计方法、应用材料，构成世界化的建筑语言，也使得世界各地的建筑走向趋同化。由于各地的地域文化(包括地方建筑)之间有着一定的(甚至是明显的)区别，所以成为建筑差异化的重要设计源泉；另一方面，由于现代人对本地文化十分珍爱，对传统文化比较怀念，对异地文化非常好奇，所以，地域文化正在成为建筑文化发展、建筑设计创新的世界性潮流。由于购物中心建设一般规模巨大，吸引人数众多，所以表现地域文化正在成为许多购物中心重要的设计理念。

图 5-48 英国 Trafford 购物中心对历史建筑的保护与利用

英国 Trafford 购物中心表现出在历史保护地段对历史遗留建筑的保护、利用与尊重，尽量保护原有历史建筑，新建建筑尽量与原有建筑充分协调(图 5-48～图 5-50)。日本博多水城(实例 51)、上海新天地(实例 13)则以独特的方式表现了当地文化特征。

图 5-49 英国 Trafford 购物中心主入口

图 5-50 英国 Trafford 购物中心室内

(三) 注重生态与自然

注重生态是当代建筑的重要发展趋势，购物中心设计也不例外。注重生态的设计就是要处理好人、建筑、自然之间的关系，既要为人创造一个舒适的建筑小环境，又要尊重其赖以生存的自然环境。建筑的小环境包括宜人的温度湿度、清洁的空气、良好的声光环境等等。对自然环境的尊重包括减少对自然环境的索取、减少对自然环境的负面影响。节约资源、利用可再生资源、保持可持续发展，正成为当代建筑设计的重要研究课题。

在购物中心的设计中，越来越多的案例正在由室内封闭的步行街转向室外步行街，由更多地依靠人工采光转向更多地依靠自然采光，由依靠更多地人工空调转向更多地依靠自然气候调节。利用自然景观、引入自然因素，也成为购物中心设计的重要手段。

欧美许多购物中心，或选址于开阔的邻水环境之中，或将众多树木引入到建筑空间中，创造了宜人的空间环境。1999年3月建设的英国Blue Water购物中心，置身郊外，融于山水（图5-51）。美国Fashion Valley Center和Arizona Center，则开辟大面积的室外步行街，并采取了遮阳避热措施（彩图10、11、13、14）。建筑面积32万 m^2 的日本Namba购物中心，将建筑设计成一个带有自然地貌特点的人造峡谷式的公园式购物场所，将植物覆盖在2～8层的建筑上面，露天坡道从2层逐渐走到8层，坡道两边可以进入不同层上的各种商店、餐饮与娱乐场所，并有天桥连接峡谷两端（图5-52、彩图42）。

图5-51　英国Blue Water购物中心　　　　　　图5-52　日本Namba购物中心

（四）注重个性创造

购物中心建筑的个性成为实现空间差异化、吸引消费者的重要手段。确定设计主题是创造购物中心个性的先决条件。

购物中心的主题在概念策划阶段就基本确定下来，包括经营主题与空间主题两大方面。空间主题在设计阶段还需进一步深化，甚至扩展。没有主题的建筑，是没有灵魂的建筑；没有设计主题的购物中心，也是没有灵魂的购物中心。在购物中心发展的初步阶段，没有灵魂的购物中心可能暂时可以生存。但随着商业的发展，商业设施之间的竞争愈演愈烈，其生存空间将会越来越小。

在日本，目前商业设施之间的竞争已经非常激烈，但许多商业建筑千篇一律，新建的购物中心无不在设计主题上挖空心思，争取出彩，争取产生竞争性的优势。

Garden Walk是日本具有主题特色的最新购物中心之一，其特色是以花为主题。建筑师设计了花瓣形商店屋顶、郁金香形状的喷泉、向日葵形状的表演台、玫瑰院内4m长的玫瑰花丛、2m长的塑料"荆棘"、有设计成花形的人行道等等。购物中心的外部也有鲜明的花形绘图，鲜花遍布整个购物中心，开业数年来取得了很大成功。

位于东京附近的Venus Fort购物中心，拥有125万 m^2 的封闭式商业空间，宣传是"女士的主题公园"，有着欧洲式的室内步行街，设有云朵彩画的顶棚，设有人造"自然光"，每天可以产生几次"白天"到"夜晚"的时光。

日本博多水城（Canal City Hakata）购物中心的主题是水。中央庭院设有喷泉和水渠，看上去像邻近城市的著名运河；从标识到地板，以及行道的路面图案，都重复出现太阳、月亮和星星等的占星图形（实例50）。

中国香港的青衣城购物中心以"海洋"为主题。底层为设有以海洋为主题装修的豪华电影院，以潜艇为主题的西餐厅，以4层楼高帆船模型装修的中餐厅及其他一些餐饮机构；各层均设有以大自然海景为主题的餐厅。

美国拉斯韦加斯的 Fashion Show 购物中心，具有独一无二的特征。云彩般的巨型遮阳顶棚，在夜晚可以接收巨大的图像投影；遮阳顶棚下部的巨大的电视屏幕墙，可以变换播放多媒体图像（图5-53、实例28）。

Murphy 和 Jahn 设计的德国柏林 Sony Center，中心广场上空张拉膜结构的屋盖，如富士山般；局部红色的运用，使人想起樱花的灿烂（彩图43）。

图5-53　美国 Fashion Show 购物中心巨型遮阳顶棚

（五）捷得事务所的设计理念

美国捷得（Jerde）事务所是全球设计购物中心的著名公司，其设计的许多购物中心都成为个性鲜明的经典之作，如美国圣地亚哥的荷顿广场（Horton Plaza）、洛杉矶环球影城"城市步道"（Universal City walk）、南加州新港滩的时尚岛购物中心（Fashion Island）、明尼苏达州玻洛明顿的美国购物中心（Mall of America）、日本福冈的博多水城（Canal City Hakata）、中国台北的太平洋城（Pacific City）等。捷得的基本设计理念是，"社区性"和"体验性的场所塑造"。在其设计作品中，体验性设计、有特色的或地方性的构件、娱乐城、中枢与心脏区塑造构成其主要设计理念与方法。

体验性设计（experiential design）是捷得事务所最重要的设计理念与方法，它几乎包含了其设计理念与方法的全部。

在体验性设计的过程中，极其重视"场所"的体验设计，重视"所有建筑汇合在一起成为整体而具有的"震撼力，建筑物单体从未占据主导地位。在其设计作品中，场所和建筑单体相互关联，密切地结合在一起，建筑高低错落、相邻而立，空间变化丰富，令人目不暇接。

都市村、"乡村集市中心"（Village Center）和"娱乐城"（entertainment city）是实现其"社区性"和"体验性的场所塑造"思想的重要设计理念。他们认为，城市不仅是一个包罗万象的"容器"（container），而且更是人性展示与体现的一个大舞台（stage of humanity）。乡村集市中心是历史上人类商业与生活活动的重要场所，以这种理念创造的都市村，能够满足现代人内心被压抑的需求。这种中心，要以人类为尺度，要有相互交往、进餐、休息、谈话、观看演出、娱乐、闲逛、买卖等场所，和独处的空间等等。

创造有特色的或地方性的构件，就是把那些能起积极作用的建筑部件，赋予当地的"地方特色"，并与所处的场所环境相结合。"要找出每个城市独特而又有吸引力的特征，从当地的文化中吸取创作源泉，才能使设计具有生命力"。这是捷得获得成功的重要因素之一。

"娱乐城"也被称为都市娱乐区，即精神与环境之间、幻想与现实之间能相互渗透、相互影响，成为现代娱乐的一种独特体验的空间区域。其中娱乐项目特别是"参与性娱乐"项目极为重要，它们为购物中心增添了活力。

中枢与心脏区，即购物中心中最为重要的活动与空间场所，加强这种空间场所的重要性并注重其设计塑造，是购物中心设计成功的重要环节之一（实例26、30、50）。

四、购物中心的平面布局特征

（一）平面组织方式与典型平面形式

在购物中心发展过程中，形成了一些典型的平面形式，主要有如Y形、L形、S形、T形、哑铃形、风车形、十字形平面、自由形等。这些平面形式虽然不同，但其组织方法却是基本相同的。一般，购物中心平面组织方式是，以公共空间为内层核心空间，建筑对其进行围合或穿插，形成中层空间；在商业建筑外围，布置停车场，形成外层空间，如图5-54。

美国 West Gate 的总平面，显示了以公共空间为内层核心空间、外围布置停车场的平面布局特征（图 5-55）。美国 Guimaraes shopping 购物中心，以停车场为主形成其前广场，以中心圆形广场形成其重要休闲空间，并以此组织建筑空间（图 5-56）。美国 fevstrial park 购物中心则以广场与室外步行街作为组织空间的主要手段（图 5-57）。

（二）各类设施分布及设计要求

1. 商店

购物中心内的商店由主体商店和专业商店组成。主体商店指在购物中心中规模较大的独立经营的商店，一般是百货公司、超级市场等大型商店。专业商店指各类经营专门商品的商店。

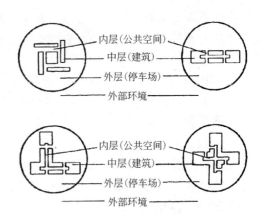

图 5-54 购物中心典型平面形式
（资料来源：刘念雄，购物中心开发设计与管理。中国建筑工业出版社）

主体商店一般被置于购物中心的尽端，需要较大的经营空间，并强调平面布局的灵活可变性，以适应商品布置的频繁变化。各类专业商店如服装店、鞋店、珠宝店等一般按分类布置成群，要求主要人流穿过其中，并尽量使得人流通畅均衡。东南亚的摩尔，一般让经营平稳的大型商店处于整个建筑体的两端，较新潮的商店布置在中间。购物中心主要入口处及停车场的入口处设有强烈的灯光。

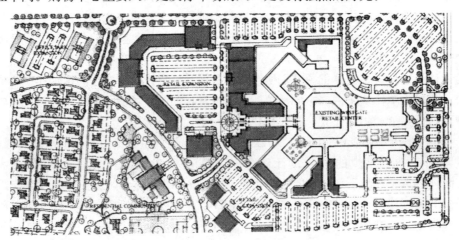

图 5-55 美国 West Gate 总平面

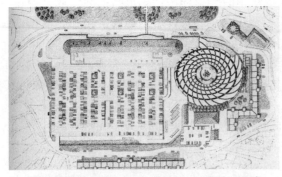

图 5-56 美国 Guimaraes shopping 总平面设计

图 5-57 美国 fevstrial park 模型鸟瞰

2. 步行街

购物中心分为全封闭的和开敞的。步行街也相应服务全封闭的和开敞的，前者称为室内步行街，后者主要是露天步行街（详见本章第三节）。步行街是购物中心最主要的空间组成部分，也是最吸引人空间，所以购物中心在许多场所被称为"Sopping Mall"。Mall 即是可供人逍逸行走的步行道。

室内步行街的优势在于，可以使步行活动不受外界气候的干扰，且用地节约。为了打破室内空间的单调感和封闭感，通常对室内步行街进行一些室外化的设计，如设置植物、街灯，采用室外墙地砖，模仿室外建筑立面进行店面设计，模仿天空进行室内顶棚设计等等。室内步行街往往与中庭空间结合，模仿街道与广场进行设计，使得室内空间显得更为开敞(图4-19、4-29)。

露天步行街的优势在于，空间开敞，空气极好，气氛自然，能耗较低，还可以在其中布置较多的树木、花草、水体、喷泉、雕塑、座椅等景观，环境更加宜人。如果用地允许，露天步行街是一个较好的选择。在发达国家，由于购物中心主要在地价相对便宜的郊区，所以露天步行街已经成为购物中心空间中的一种首要形式。如美国fevstrial park，是一个公园式的购物中心，露天步行街与露天广场组合在一起，为顾客提供了一个非常舒闲的购物场所(图5-58、5-59)。

图5-58 美国 fevstrial park 模型鸟瞰

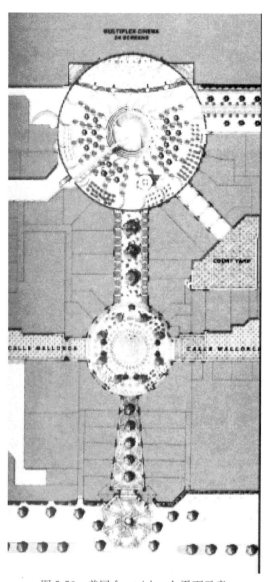

图5-59 美国 fevstrial park 平面示意

半室外天步行街则兼有室内步行街与露天步行街的优点，即避日晒，避风雨，又比较节能。如德国波茨坦广场的Arkaden商场，采用带有透光棚的、两端不封闭的步行街，其中通风较好。购物通道则采用骑楼形式，避免了日晒(彩图44)。

无论是何种形式的步行街，都应该设置在顾客较容易发现与达到的地方，且应该与广场、中庭等结合，成为购物中心的主要空间高潮。步行街空间应该变化丰富，不应只是单纯的线性空间，但也不应有过多的曲折变化；同时应该避免出入口之间流线过于直接、短促，保证最大人流能通过其中。

对步行街的详细分析参见本章第三节。

3. 其他经营设施

根据购物中心等级、规模、服务范围的不同，其他服务设施可能包含影剧院、会议中心、图书馆、展览馆、文化中心、饮食店、体育休闲设施、游乐设施、维修商店、办公空间等等之中的一些内容。

其中，餐厅、咖啡、酒吧等休闲设施应该处于醒目的位置，且应集中布置，如与步行街相连、布置在广场或中庭周围；影剧院、会议中心、图书馆、展览馆、文化中心等由于与商业环境要求有一定的区别，且有时人流量较大，宜设置相对独立的出入口，并与商业空间相互贯通；洗染店、修理铺、租赁商店等，由于服务对象不是太宽，可以设置在较次要的位置。

4. 停车场

停车场应与城市干道有直接的联系，具有交通的易识别性和易通达性，紧邻购物中心布置。地面停车场不应与主要出入口人流产生交叉干扰。多层车库的体量与造型不宜过于突出，而破坏购物中心整体形象。多层车库或地下车库应该与购物中心直接连通。对停车场的详细分析参见第三章第一节。

5. 非经营性的休闲设施

非经营性的休闲设施包括公园、步行道、广场、庭院、共享空间、绿化、地面铺装、座椅（常结合花台、绿化、水池等）、水体、雕塑、灯饰、展示设施等等，还包括部分体育休闲与游乐设施、儿童活动场所等，其目的在于使顾客感到舒适有趣，愿意在购物中心滞留更长时间。武汉广场主入口处的两个巨大的武士雕塑，表现出极"酷"的形象，持刀执弓，黑身肃穆，在开业之初，引起了许多人的争议，吸引了人气，时间一长，便成为市民喜爱的城市雕塑之一（彩图4）。赫尔辛基的Kauppakes Kus购物中心中庭的艺术装置，创造了空间的特殊性，吸引了顾客，成为顾客停留观赏的空间主要焦点（彩图45）。

非经营性的休闲设施有时是和经营性场所混合在一起的，如带有休闲座椅的较宽的步行街、休闲茶座庭院等。

附三：台北京华城介绍

2001年底开业的台北京华城，是目前台湾地区最具吸引力的购物中心，具有娱乐中心、购物中心、联合服务中心、媒体中心等功能，能够提供购物、教育、体育、文化、艺术、休闲、娱乐、展览、观光旅游等多方面服务。

京华城建有共享空间高大的室内广场，建筑外观概念来源于中国"双龙抱珠"的意念。"双龙"指的是一座"L"形主建筑；"珠"则为直径58m的球体建筑，是目前全世界最大的球体商业建筑（彩图46）。京华城包括地下7层到地上12层，总建筑面积205000m^2。位于大峡谷区的大球体共11层高。L形建筑体的地下4层到地下7层，设置了1505个汽车停车位与1289个摩托车停车位，

京华城购物中心每3层设计成一个主题单元：具有绿色景观及自然采光特色的"休憩广场"；具有弧形楼中楼挑空广场特色的"都会时尚广场"；强调典雅精致质感，展现贵族气息的"欧陆广场"；以美式风格、艺术为主的"悠闲广场"；以新潮饮食娱乐天堂为主的"主题商场"等5种各具不同街景的主题区。顾客搭乘跨峡谷区天梯（自动扶梯）的兴奋刺激感，提供了新的逛街乐趣。自动扶梯可以直接把顾客从一层送到四层、从四层送到七层、从七层送到十层，也使得四层、七层、十层的店家仍有一层店面的感觉（图5-60）。

京华城购物中心设置了许多观演场地，这些场地主题概念各不相同，给予顾客的感受也不一样：

（一）地下三层：地心引力广场

表演空间占地1700m^2，观赏人数达15000人，具备3CCD视讯设备与专业灯光、音响，另有调控室串联京华城内所有表演活动的视讯画面，用以提供录像、剪辑或对外传送使用。

（二）地下一层：喜满客广场

宽敞的空间，可以容纳电影首映会、歌手演唱会等活动，顶级音响设备置放其中，震撼逛街顾客的耳目。

（三）一层：户外市民广场

一层的户外表演空间——绿草如茵的广场，可举办适合全民参与的园游会、休闲运动，观看街头艺人表演、游艺表演等。

（四）四层：香榭广场

经常举办精品展、商品展，经常演奏轻快的爵士乐、古典音乐、新世纪交响乐等，以满足民众追求时尚的乐趣。

（五）七层、十层：风中舞台

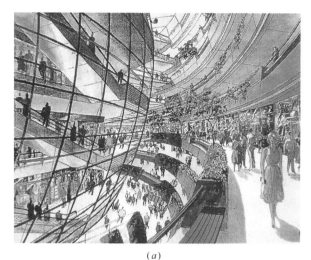

图 5-60 台北京华城关于球体的概念构思
(a)室内共享空间草图；(b)室内共享空间模拟；(c)球体外部空间

从七层、十层建筑主体延伸出去的专业的立体舞台和灯光音响，使站在各层的民众均可观赏到舞台上的表演节目。备有 300 寸大型电子屏幕，可做现场节目实况转播。

（六）十一层：文化会馆、会议中心

大型多功能文化广场，包含 1000m² 的文化会馆、300m² 的会议中心，适合举办各式展览、记者会、宴会、文艺活动，具备召开大型会议的功能。

（七）大峡谷高空区

位于球体与 L 形建筑体之间，是一个纵深 76m 的"气势磅礴"的大峡谷，作为一立体表演空间，观赏人数可达 30000 人，结合四、七、十层的开放式表演舞台举办大型跨楼层活动，诸如室内蹦极表演、空中飞人表演、艺术作品空中悬吊展示、高技巧高难度表演等等。有两部天梯供人上下，另有一座景观电梯，可鸟瞰全峡谷区波澜壮阔的景象。

（八）街道欢乐集市

总长度 7.5km 的欢乐街道，除可以配合各楼层的主题活动外，也可推出各式花车、特卖会、街头艺人走秀、特殊造型秀与现场顾客互动活动等。

京华城考虑到未来发展需要，要求建筑具有把当地居民的生活需求不断整合到商业空间中的功能，无论是建筑外部形式或内部空间，都具有许多可以永远调整的余地，随时可以根据需要进行调整。

第三节 步行商业街

一、步行商业街概论

（一）步行商业街的概念

步行商业街（Pedestrian Mall）一般指的是只允许或主要允许步行者通行的商业街区，它由步行通道和通道两旁林立的商店组成。按照步行化通行的程度，步行商业街基本可以分为两大类型：

1. 完全步行商业街（Full Mall；Pedestrian-only Mall）

在这种步行街中，除了紧急时刻消防与急救车辆可以通行外，营业时间完全禁止车辆进入。国内外大多数步行商业街属于前者，如武汉江汉路步行街（图5-61）、澳大利亚黄金海岸步行街（图5-62）。严格地说，完全步行商业街还可以分为地上步行街、室内地下步行街和地下步行街。

图 5-61　武汉江汉路步行街

图 5-62　澳大利亚黄金海岸步行街

2. 半步行商业街（Semi Mall）

这种步行街主要是分时段进行交通管制，根据不同情况，以时段限制机动车的进入。如日本东京银座大街被称为"星期天步行者天堂"，只在星期天不允许机动车通行（图5-63）。

3. 公交步行街（Transit Mall）

在这种步行街中，采取限制机动车通行、局部实行人车混行、只准公共汽车或商业街上专设的观光客运汽车行驶的方法，还采取尽量缩减机动车车道数量、限制行驶方向与行驶速度、扩大安全岛等方法，增加行人在车行道上的安全。如加拿大格兰威林 Trant Mall 步行街

图 5-63　日本银座大街

中有一条单向蛇形机动车车道，汽车只能缓缓地单向行驶，行人穿越比较安全，两侧的步行道上行人可以完全信步游逛（图5-64、5-65）。又如北京王府井商业街，只准公共汽车行驶，严禁其他车辆进入。

现代步行商业街勃兴于20世纪60～70年代。这时候的步行商业街，大多由传统商业街改造而来，既保留了传统商业街热闹、繁华和富有特色的历史建筑，又具备了现代城市的紧凑与简洁，重点在于创造安全舒适的购物环境。20世纪80年代以后的步行商业街则注重功能的综合化和城市景观的创造，更具时代感和现代性，不仅成为人们购物的场所，而且还成为人们休闲享乐、文化交流的生活化、社会化场所。

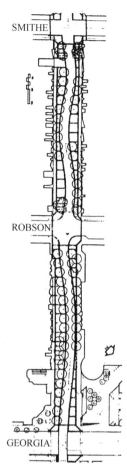

图 5-64 加拿大 Trant Mall 平面图

图 5-65 加拿大 Trant Mall 透视

（二）步行商业街对城市发展的影响

城市商业步行街对城市发展的影响主要有如下几点：

1. 影响城市形象、促进城市营销

城市商业步行街是城市公共空间的重要组成部分，城市形象的重要构成因素，一般都会吸引大量本地和外地游客的光顾，对城市形象的形成与传播有着重要影响。

2. 保持或增加城市与地区活力

在城市中心的城市大型步行商业街、其他富有特色的专业步行商业街，往往都会丰富城市商业空间与商业结构，提升城市生活品质，增加城市就业，成为相应地区的主要商业中心，吸引其他地区的顾客，对保持或振兴城市与地区活力，加强其凝聚力有着积极的影响。

3. 影响城市文化塑造

一方面，对步行商业街中一般存在的历史性建筑的保护和对新建筑的创造，影响着城市建筑文化的塑造；另一方面，富有活力的城市活动空间，真正成为城市文化、城市时尚的展示场所，成为人们休闲享乐、文化交流、人际交往的重要场所，影响着市民的思想与行为，影响着城市文化的塑造。成功的新型步行商业街，会对城市文化的提升与再造产生积极影响。

正因为城市商业步行街对城市发展有着重要影响，从市长到城市管理部门，一般都会对其策划、开发与经营投入极大关注。

（三）中国步行商业街一般存在的主要问题

由于诸多原因，国内步行商业街除了极少数外，一般都存在许多问题。归纳起来，主要有：

1. 定位不准

步行商业街是与城市经营相关的城市重要项目，所以其首要问题是定位问题。步行商业街的市场定位与设计定位紧密相连，共同完成其整体定位。在当今世界，城市竞争十分激烈，步行商业街一般都是城市形象与城市营销的重要一环，其市场定位，不仅与城市的发展目标紧密相连，还与城市经济、城市文化等紧密相连，如果定位不准，就无法发挥商业街潜在的竞争优势，实现差异化生存和长期繁荣的目标；设计定位与城市的发展目标、城市文化、区域建筑等紧密相关，对这些方面研究的欠缺，都必然导致设计定位不准，造成市场或城市营销目标的难以实现。任何优秀的市场或设计定位，如果没有优秀的设计或市场定位研究的配合，也只能是一种跛腿的定位。

在我国许多步行商业街的建设过程中，缺乏科学的决策机制，对市场定位一般都研究的不够，往往是谁占有支配地位谁主宰决策。我国许多步行商业街决策的主宰力量主要有：

（1）长官意志：主要表现在某些领导人喜欢发挥个人意志，直接"构思、策划、指导"项目建设，主要造成步行商业街盲目模仿，缺乏特色，超前超大；

（2）艺术与文化意志：主要表现在规划管理部门市场意识较弱，弱化市场研究，片面地将自己的设计理念和文化追求融入到设计中，造成步行商业街的经济与商业功能不到位或惨淡经营；

（3）资本意志：主要表现在资本为了追求短期最大利益，而造成步行商业街建筑密度较大、公共利益受损、城市文化与城市形象目标难以实现。

我国绝大多数步行商业街设计定位，仍然缺乏深邃的、高屋建瓴的、发展的眼光，使得真正具有特色、能够在世界商业街中别具魅力的极为少见，就是著名的北京王府井大街，其历史与文化底蕴的表现还远远不够，还不足以代表现代中国与北京。不仅如此，中国许多步行街出现了盲目现代化、或浅薄定位地方文化的现象，如许多步行街经过彻底改造，丢掉原有的历史和文化传统；许多步行街热衷于盲目地建设仿古一条街，制造假古董；许多步行街简单地进行模仿，政府部门创造了政绩，设计部门完成了利润，业务关系得到了照顾，大家都避免了麻烦，皆大欢喜，唯独给城市留下了遗憾。

2. 设计水平欠佳

产生设计水平欠佳的原因主要有两个。一是不进行真正的设计招标，真正优秀的设计单位不能进行设计；二是进行了设计招标，由于缺乏正确的设计定位，选择了并不合适的、或并不优秀的设计单位。这种现象不仅反映在现代中国步行街建设上，还广泛反映在各类建筑中，造成现代中国建筑垃圾遍地皆是。

作为设计者，应该了解我国许多步行商业街建设决策与设计过程中的这些特点，争取在设计中予以应对、调节。

（四）世界一流步行商业街成功的主要因素

世界一流步行商业街成功的因素有许多。在此，我们对其中关键因素进行简单介绍，并阐述对中国相关设计的可借鉴之处，以期对相关设计工作有所帮助。

1. 良好的交通条件

一流的步行商业街一般都具有区位优势，具有良好的交通可达性、足够的停车空间，人流车流通畅无碍。

2. 多种功能混合

一流的步行商业街一般都混合了多种功能的设施，如购物、休闲、文化、娱乐、餐饮、旅游等。

3. 一流的、令人愉悦的硬件设施

市政设施完备、环境品质高尚、商业空间流光溢彩、休闲场地与设施富有魅力等等，使人心情愉悦、流连忘返。

4. 深厚的历史沉淀

深厚的历史沉淀，不仅包括众多的、历史悠久的、迷人的历史建筑，还包括商业街区的经营历史、国家或地区的文化背景等等。后者是一种人气、声誉与文化的深厚积累。

5. 独特的建筑

一般聚集了历史悠久的传统建筑，有的将传统与现代有机地融为一体，使得人在其中，既能够体验到悠久的历史与文化，又能感受到现代文化的气息。

6. 商品丰富，有著名的商业与服务品牌加盟

著名的商业与服务品牌的加入，吸引了大量的消费者，同时吸引了各种商店的加入，保证了精品、名品、时尚，且品种齐全的商品在商业街的聚集，能够保证长期吸引大量的顾客。

7. 一流的管理水平

具有统一的商业街管理机构，商业经营组织完善，在商业与物业管理水平、整体营销宣传、公共服务与商业服务等方面也都是一流的。

8. 牢固的政企关系

商业街管理机构一般与政府管理部门有着密切的关系。

了解世界一流的步行商业街成功的关键因素，并不意味着要一味模仿。世界一流商业街成功的背后有着巨大的经济、历史、文化背景，绝大多数商业街是模仿不了的。而且，不同商业街有着不同的市场定位、不同的特色，也没有必要模仿其他商业街。不过，这些因素对中国商业街及相关设计或策划有着积极的借鉴意义，值得我们认真思考。

良好的交通条件，是商业街成功的基本因素。成功的选址和良好的规划，完全可以达到相应的要求。在建筑密度比较高的步行商业街中，采用的立体化交通设计方法，也完全可以保证地面交通的通畅，人流、车流的基本分离。

在商业街中设置功能齐全的各类服务设施，可以满足现代人将购物、休闲、娱乐等活动融为一体的购物休闲方式的要求，是城市中心步行商业街的普遍形式。但是，并不是所有的步行商业街都需要"麻雀虽小，五脏俱全"的多种功能混合。在不同定位的商业街中，应该根据市场情况，安排不同的功能组合。

深厚的历史沉淀，则不是后起的商业街能够在短期时间内模仿和达到的。

在20世纪90年代以前，我国商业街开发，十分重视现代化的体现，一般不重视保护历史建筑，许多历史建筑都遭到了无法挽回的破坏。近些年，这种状况得到了根本改变，许多地方在建设或改造商业街时，都十分重视保护历史建筑，发掘历史文脉，突出文化底蕴，这是可喜的进步。但是一味地模仿传统文化，也会使商业街失去应有的活力，在整体环境设计上，应该注重传统文化与现代文化的结合，创造吸引人的现代的商业空间，如纽约第五大道的摩天大楼和现代雕塑使得商业街的气势非凡，活力倍增。

中国步行商业街在这些方面与其相比，还存在较大差距。

中国步行商业街一般也与政府相关部门有着特殊的、密切的关系，但这种特殊关系又经常使得政府相关部门对步行街经营过多地进行干预。

二、步行商业街规划与设计要点

（一）空间组织方法

1. 主要空间结构与形态

现代步行街的空间结构一般特征是，以一个或几个大型商业设施为空间核心，其他商业、服务业设施按一定的规律布置。其空间布局形态主要有：线型、网络型、复合型。

（1）线型或网络型均质无核空间结构

均质型传统空间结构的特征是，步行街中没有核心的大型商店，全部由中小型商店构成，形成相互关系相对均衡的均质无核结构。

中国传统商业街主要是由传统店铺聚集形成的线型空间。这种线型的、"均质无核"的显示了东方传统商业街空间形态的特征（图5-66）。在中国近代商业的发展过程中，由多条街道相互交叉，逐渐形成网络型均质无核结构。

(2) 线型或放射型单核空间结构

单核结构即步行街的线型空间中,有一个或多个位置相邻的大型商业设施构成空间核心,其他商业、服务业设施依此核心向一侧、两侧或多个方向延伸分布(图5-67)。

图 5-66　浙江南浔老街

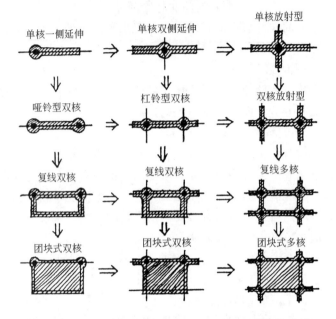

图 5-67　单核结构和双核结构发生转换的可能性与关系
(资料来源:吴明伟、孔令龙、陈联. 城市中心区规划. 东南大学出版)

(3)"哑铃"形或"杠铃"形空间布局形态

"哑铃"形和"杠铃"形空间布局形态,即步行街的线型空间中,有两个位置不相邻的大型商业设施构成空间双核心。当核心空间位置或者位于步行街两端时,形成"哑铃"形双核空间布局形态;位于步行街之中时,形成"杠铃"形双核空间布局形态(图5-67)。

(4) 多核空间结构

多核空间结构,即步行街中有三个以上的大型商业设施,分别处于不同位置,以合理组织顾客人流(如图5-67)。

多核空间结构可以在较短的距离内集中大量商业、饮食服务业和文化娱乐设施,提高土地利用率,缩短购物者的步行距离,是超大型步行商业街的主要空间形式。但是,这种空间结构,使得步行街中的商业面积极大,空间形态也向巨型化发展,不利于步行者舒适购物。

(5) 网络型空间形态

网络型空间形态,即步行街空间中,多条线型街道空间相互交叉,形成网络状空间形态(图5-67)。在不同的空间结构中,线型街道可以是直线或曲线形式,也可以在不同的角度进行交叉,形成多变的空间形态(图5-68)。

(6) 复合型空间形态

复合型空间形态,即:线型、网络型、均质型、核型、大型广场或公园等各种空间形态,部分或全部使用在步行街商业空间中,形成复合复杂的商业空间。这种空间形态,需要较大的空间容量,一般适合在大型步行街中采用(图5-68)。

2. 采用空间序列的组织方法

在步行商业街中,空间序列的意义,虽然没有一些纪念性、文化性建筑对空间艺术的要求那么强,但对消费者的空间体验仍然有着极大作用。

步行商业街的空间序列,一般也可以采用开始→过渡→高潮→结束的组织方法,在主要入口处,以

图 5-68 德国慕尼黑步行街总平面

广场、立柱、门楼等形式，明显与城市其他空间区分开来，作为空间序列的开始，强烈吸引人们进入；进入之后，街道引导人们前行，各类小品可以点缀其中，作为空间过渡；在比较中心的位置，设置最具吸引力的休闲活动广场，作为空间高潮；在高潮空间与出口之间，步行街与其他辅助空间作为过渡，出口应设有明显的标志，如立柱、门楼等作为空间序列结束。如果步行街较长，还可以在过渡空间中设置次高潮空间。

与一般建筑序列不同的是，步行商业街的主要出口，也是主要入口；次要出入口也具有同样特征；从不同入口进入会有不同的感受，这就要求步行街空间序列设计综合考虑，不能教条化地追求一成不变的空间序列。如果说严格的空间序列像古典音乐，那么不严格的空间序列则更像现代音乐，明快、节奏感强、富于变化。如沈阳中街的出入口进行了重点设计，成为步行街与一般城市空间区分的显著标志（彩图47）。

（二）空间尺度

1. 长度

步行商业街应该有适当的长度，太长了会使购物者疲惫；太短了一般又难以产生聚集效应，人气不足。

不同人种对步行商业街的长度要求是不一样的。据有关研究，日本步行商业街的平均长度为450m，美国为670m，欧洲为820m。据中国有关学者研究，中国步行商业街长度应该是：在空间基本开敞的自然环境中为400～500m；在完全空调的人工环境中为1500m左右。

北京王府井大街长度超过1000m，上海南京路已建成步行街1400m（规划2000m），一些学者经过调查，证明许多购物者在其中不胜其累。据袁家方教授1996年研究，一些长度超过600m的商业街，600m之内远比600m之外繁荣。

步行商业街的长短，与其功能密切相关。有的专业步行街只有100～200m长。设置在一些居住区中的社区步行商业街，则可能更短，如万科居住区中的步行商业街。

2. 宽度

步行街的宽度，指街道两边相对建筑之间的距离。

步行街的宽度与客流量密切相关，窄了过于拥挤，宽了显得不热闹。在商业街中，每人有4m²左右的面积，才不会觉得拥挤。有的专家认为，一般步行商业街的宽度以20～30m较为适宜，特殊步行商业街10m左右也是合适的。大多数步行街宽度小于30m，其中10～20m的特色步行街也比较多。中国大多数步行街也在此范围内，如北京王府大街（半步行）宽38m，上海南京路宽30m左右，哈尔滨中央大街宽21m。

日本东京20余条全步行商业街，平均宽度为10.26m，最小的仅5m，最大的20m。100余条半步行商业街，平均宽度为19.04m，最小的12m，最大的26m。银座大街宽27m，为周末步行街。

3. 高宽比

步行街的高度，指街两边建筑向地上延伸的高度。步行街的高宽比，指步行街的高度与宽度之比。

一般认为，步行街的高宽比以1∶1较为合适。小于1∶2时感觉较为开敞，但热闹的气氛开始减弱；大于2∶1时感觉较为压抑。上海南京路步行商业街、哈尔滨中央大街步行街（图5-69）、沈阳中街小东路步行街（彩图48）、苏州观前街步行街等的高宽比，大约都是1∶1。由于一般顾客在生理或心理上难以接受3层以上店铺，所以步行商业街一般以多层建筑为主；一些半步行商业街，由于车辆的可达性相对较好，往往会有一些较高的建筑，较高部分一般为办公、住宿等。

图5-69　哈尔滨中央大街步行街

东西方传统商业街具有不同的高宽比，欧美传统商业街的高宽比一般小于1∶1，显得较为开敞（图5-70），亚洲一般则为2∶1左右，显得较为热闹（图5-71）。现代步行街一般尺度较大，显得更为开敞（彩图49）。在现代步行街设计中，不同的高宽比也显示出不同的地域特征。不过，高宽比在现代商业空间中，已经不能作为衡量街道空间尺度的惟一依据了。由于现代建筑尺度较大，同样的高宽比，以多层建筑为主的街道和以高层建筑为主的街道产生的空间感受完全不同。如重庆解放碑步行街局部空间，在高层建筑林立的环境中，由于街道的间距比传统街道宽阔的多，压抑感并不明显，而宏大感明显产生（图5-72）。

图5-70　威尼斯某街道

图5-71　江西安义老街

4. 店面宽度

店面宽度指的是商店门面开间的宽度。在传统街道中，店面宽度一般较窄，尺度宜人。由于结构体系的不同，亚洲商店店面的宽度一般比欧美的更窄一些（图5-71、5-72、5-73）。

图5-72 重庆解放碑步行街局部空间

图5-73 欧洲某步行街

在现代步行商业街中，为了追求商业利益，一些营业面积、店面宽度较大的巨大商场开始落户于步行商业街，其现代建筑流行的大面积冷漠表情往往会对步行商业街宜人气氛产生破坏。如北京王府井新东安市场就是一个例子，其改造前后的尺度与气氛发生了很大的变化，至今对它的批评之声仍不绝于耳（图5-74、5-75）。对于这种建筑，沿街立面应该进一步细化处理。

图5-74 王府井新东安市场

图5-75 北京王府井改造前街景

5. 面积

步行街的面积由商业设施面积、景观设施面积与行人使用面积组成。

在步行商业街中，商业设施面积主要由商业策划、建筑策划研究提供；景观设施面积与行人使用面积，如果没有商业策划、建筑策划的研究结果，则主要由步行街设计者确定。景观设施面积，可以根据场地情况与设计理念来确定。行人使用面积，则应该根据行人在步行环境中的人群聚集感受确定。在步行商业街中，如果人均占有步行场地面积太少，会显得过于拥挤，产生人流的阻滞与混乱。如果人均占有场地面积太多，又会显得过于冷清，不利于保持良好的商业气氛。

根据国外相关研究，在一般步行环境中，当人均占有场地面积 $0.2\sim1.5m^2$ 时，会产生人流的阻滞与混乱；当人均占有场地面积 $1.5\sim3.7m^2$ 时，许多人会产生受到他人明显空间干扰的约束感。所以，在一般步行商业街环境中，可以采取在平均人流高峰时期，人均占有步行场地面积 $1.5\sim3.7m^2$ 的参数做为参考;同时还要掌握一定的空间节奏,考虑人流的密与疏,合理安排行人密度不同的步行空间,使得行人可以在步行空间中产生不同的空间感受。

此外,还可以注意结合广场、道路、绿化等休闲场地,设置发展用地,以备步行街发展变化的需要。

(三) 空间形式

空间形式在这里指的是步行街建筑实体之外的空间形态。它决定了步行街道基本空间特征,是步行街设计的基本因素。步行街空间的主要内容是街道与广场。

1. 街道

(1) 露天步行街

露天步行街包括全露天步行街和半露天连廊步行街。全露天步行街指的是,街道上空基本全部向天空开敞的步行街,如美国明尼苏达州 Nicoliet Mall(图 5-76)。半露天连廊步行街指的是,街道两边建筑沿街一面带有连续的、用以遮雨遮阳的挑出的雨篷或廊道的、其他空间基本完全露天的步行街,如美国威基—贝里步行街(图 5-77)。我国南方的一些街道沿街的连续的骑楼,就是一种连廊,如果改造为步行街,就是一种适宜于当地气候的、半露天连廊步行街。

图 5-76 美国明尼苏达州 Nicoliet Mall

图 5-77 美国威基—贝里步行街

(2) 全天候步行街

全天候步行街指的是,街道上空基本全部覆盖有遮雨或遮阳屋盖的步行街。这些步行街的屋盖基本上都是透明的。全天候步行街既有街道的尺度,又有室内的氛围,还能够遮雨遮阳、隔风避寒,如德国 Olivandenhof Gallery(图 5-78)。

最早的全天候步行商业街起源于欧洲,如英国巴林顿拱廊步行街、意大利米兰的十字型拱廊商业街等。由于技术的原因,早期全天候步行商业街的屋盖是拱形的,而现代技术可以提供多种多样的屋盖形式。

在多雨或寒冷地区,虽然有屋顶的步行商业街十分适用,但如果屋顶天窗太少或透明度不够,同时又太深太长,则会使得步行街气流不畅或过于灰暗,外国有些地方因此拆去了已经建好了的拱廊,如日本横滨的伊势崎购物广场等。而且,如果全天候步行商业街太长或屋盖太矮,也会显得单调,不生动,开敞与自由的气氛比

图 5-78 德国 Olivandenhof Gallery

露天步行街较弱。

(3) 立体化步行街

立体化步行街指的是，将步行商业街做成双层或多层，即除了地面以外，两旁的建筑还可以依靠街道上空和地下通道相连。立体化步行街不仅可以增加土地利用率，还可以创造新型的商业空间。如美国 Fashion Valley Center 和 Arizona Center，都利用二层空间设置了立体化步行街，并且利用空中走廊将不同的"街"联系起来(彩图 10、11、14)。

立体化步行街还有一种情况是，在底层街道有机动车辆通行。如福建省长汀县的一个双层商业街，位于其主要城市道路两侧，一层排满了类似骑楼式的商店；二层商店后退，即增加了步行通道宽度，又可以使一层商店得到充足的采光。在五六百米的街面上设三个天桥，天桥与地面相通。二层步行道的宽度、天桥的间距经过了精心的设计，使得行人可以进行自然的互相观看；而且人们在二层步道行走时，视点与在平地商业空间完全不同，获得了全新的商业空间感受。

(4) 道路的直与曲

"直"的道路是步行街采用最为广泛的街道形式，道路有直、折、宽度变化等形式。"曲"的道路，有几何的曲与自由的曲，其中曲度有的也可能不同。

商业街中弯曲的道路可以增加街道的长度，增大沿街铺面的总长度，而且可以带来街道景观有趣味的变化，舒缓人的疲惫，缩短距离感。但是，如果道路"曲"的变化太多，也会弱化空间引导作用，导致空间序列紊乱，引起行人的厌烦。

2. 广场

步行街中的广场，是人们休息、交流、交往、展销、进行小型观演或聚会活动的场所，一般不需要太大。除了大型商业设施门前的疏散广场外，一般休闲广场的边长以不超过 50m 为宜，且矩形广场的长宽比不宜大于 3/1。当广场的边长在 20~25m 时，是一种"面对面"的尺度，过小则显得拥挤不适。

另外，广场的宽度(D)应该参照周围建筑物的高度(H)，以 $1<D/H<2$ 比较合适。

当 $D/H<1$ 时，内聚感强，但比较压抑；

当 $D/H=1$ 时，有比较强的安定感、内聚感；

当 $D/H=2$ 时，有一定内聚感，空间离散感不明显；

当 $D/H>2$ 时，空间内聚感减少，离散感明显加强。

上海城隍庙中心广场 $D/H≈1$，显示出较强的安定感、内聚感(图 5-79)。武汉江汉路步行街西北段广场 $D/H≈2~3$，从相应角度观察，空间内聚感明显减少，显得较为开敞(图 5-80)。

图 5-79 上海城隍庙中心广场

图 5-80 武汉江汉路步行街西北段广场

(四) 空间界面

步行街的空间界面，主要包括建筑立面、街道与广场地面。它直接影响着步行街的环境特征，是步行街设计最主要的因素。

1. 建筑立面

在步行商业街中最能吸引人的建筑，是具有当地地域特色的，和反映当地历史特征的建筑。优秀的步行商业街，一般聚集了历史悠久的传统建筑，将传统与现代有机地融为一体，使人既能够体验到地方文化与历史，又能感受到现代文化的气息。

当然，如果在商业街中存在历史建筑，就有了建筑设计的主要参照。但是，许多现代商业街是完全新建的，建筑风格的整体把握就应重新定位。

在某些地方，地域传统建筑很有特色，完全可以进行具象地模仿设计，即采用古典主义、新古典主义、乡土主义的设计方法。如北京明清皇城风格的大气与奢华、岭南传统建筑的精细与活泼、皖南传统建筑的清新与秀丽等等，都可以保证步行商业街的独特魅力。但是，在同一地域范围内，如果所有的商业街都采用同样方法进行具象地模仿设计，那么，绝大多数商业街必定是"无特色"的。我们可以看到，在全国各地，那种一味采用的黄色琉璃瓦的各类"一条街"，几乎千篇一律，难以显现地方特征。如宁波城隍庙步行街，虽然可以说是民俗文化的产物，但也难辨所处(彩图50)。日本东京浅草商业街，对传统建筑略带夸张的模仿，成功地创造了具有地方特色的步行街空间，吸引了大量购物者与游客(彩图51)。

2. 街道与广场地面

步行街街道与广场地面的构成、材质、色彩、图案等都影响着空间氛围。步行街地面构成的有硬质材料如花岗石、地砖、鹅卵石，软质材料如水面、草地。街道与广场上一般还附有台阶、台地、台凳、座椅、灯具、花木等，既有功能作用，又丰富空间界面，调节空间气氛。

如新加坡的新加坡街，街道地面进行了不同色调、不同材质的区分设计，显得比较精致(彩图52)。上海新天地为了保持空间的协调，铺地材料选择了青石板(图5-81)。美国环球城步行道地面局部设置了喷泉，给游人带来了有趣的体验(图5-82)。

图 5-81 上海新天地

(a) (b)

图 5-82 美国环球城步行道地面喷泉
(a)喷泉状况1；(b)喷泉状况2

(五)辅助设施安排与空间气氛调节

在商业街的空间形态与基本构成实体确定以后，雕塑、广告、标牌、座椅、灯具、花木等等就成为空间调节的辅助手段。这些物品可以称为步行街的"第二层次轮廓线"、步行街的"辅助设施"。它们对步行街的空间品质也有着重要影响，建筑师应对其空间位置、形状、尺寸、材料、色彩都应提出详细要求或进行设计。否则，它们将破坏步行街的空间秩序，降低步行街的整体品质。如美国加里福尼亚某市第三街，广告、标牌、座椅、灯具、花木等构成步行街丰富的第二层次轮廓线，使得步行街的气氛轻松、亲切(图5-83，彩图53)。

图5-83 美国加里福尼亚某市第三街

对于休息设施，如座椅、板凳等要根据人的体力分配来充分地合理配置。有的可以结合一些建筑小品，如花坛、水池、阶梯等进行布置。有人认为，休息设施应该按20~25m的间距布置。在确定休息设施空间位置的时候，应该分清不同行人目的、路线与步行节奏，尽量避免与行人流线的交叉，减少行人对休息场地的影响。

对于空间气氛的调节，设计者应该明白，让人感到舒适与快乐才是步行商业街设计应该追求的根本目的。充满人情味的、令人愉快的步行街，才能够吸引更多的购物者与游客前往，并延长他们的滞留时间，聚集人气，促进销售。

第六章 实 例

1. 上海虹桥友谊商城

所 在 地：上海虹桥开发区　　　　　　　建筑占地面积：3670m²
主要用途：商店　　　　　　　　　　　　总建筑面积：1.92万 m²
规　　模：地下1层　地上4层　　　　　设计时间：1992年

虹桥友谊商城位于虹桥开发区内。根据基地的现状及商业建筑的特性，采用长方形的布局形式，在中部设计了一个4层高的退台式中庭，改善了建筑内部的空间比例，同时在整个建筑中起到核心作用，既是分流顾客的交通空间，又是供顾客驻足、休息、交流的场所。沿折线形的中庭布置了6台自动扶梯，相对交叉行驶，如行云流水，活泼流畅，使中庭获得了流动的活力，是商城空间的点睛之笔。顾客在扶梯上可以欣赏层层叠叠、琳琅满目的商场美景。白天阳光透过天窗和网架射进中庭，在中庭内产生奇妙的落影，加上潺潺流水，片片绿荫，美不胜收。夜晚华灯初上，人流涌动，此时在中庭举办的时装表演、音乐会能够吸引人群，并给顾客留下美好的印象。（彩图54）

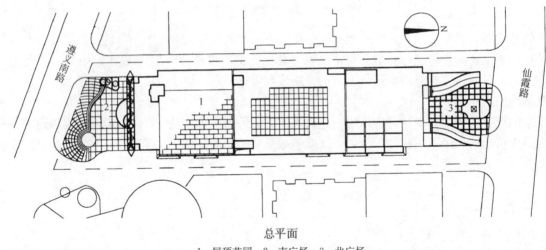

总平面
1—屋顶花园；2—南广场；3—北广场

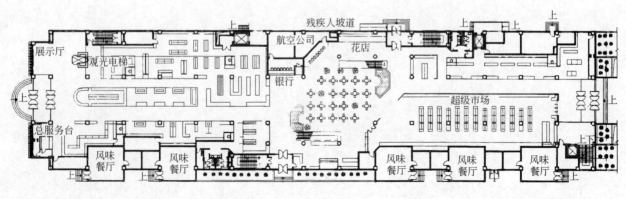

一层平面

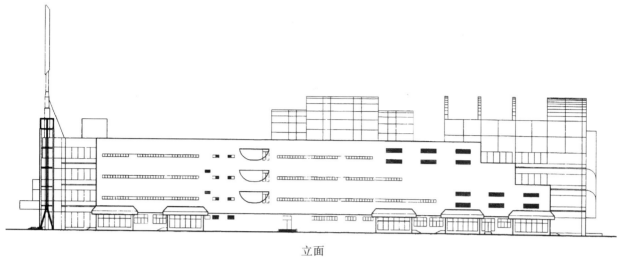

立面

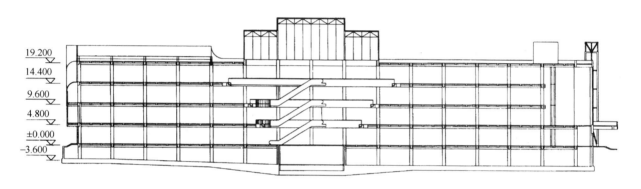

剖面

中庭透视

2. 上海新世纪商厦

设计单位：日本清水建设株式会社，上海建筑设计研究院
位　　置：上海浦东陆家嘴张杨路口
建筑面积：144000m²
竣工时间：1995年

新世纪商厦又称第一八佰伴，是上海第一百货公司与日本八佰伴株式会社联合开发的大型商厦。大厦高99.9m，21层。

该建筑由一座11层百货店及一幢21层办公楼组成，设计融合中日两国建筑艺术特点。商店外设置了高耸的、气势恢弘的弧形石壁，壁上开12个富有韵律的拱洞，构成面积达3000m²的半室外广场空间，供游客休憩以及商场举办庆典活动，富有时代气息。（彩图55、56）

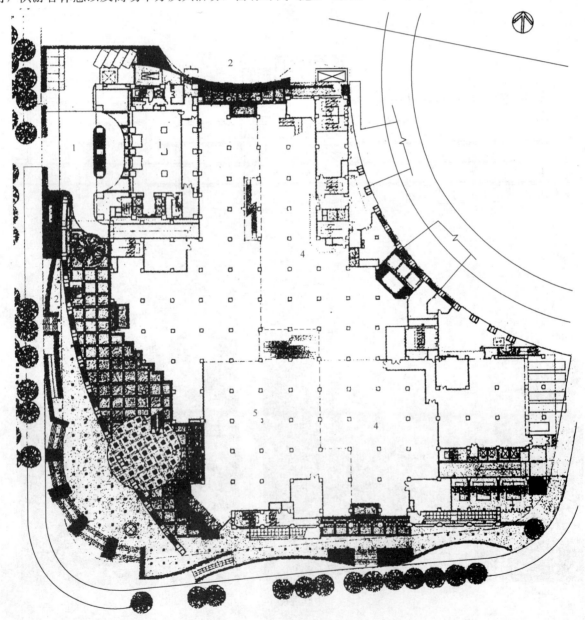

一层平面
1—办公楼入口大厅；2—商场入口；3—弧形石壁；4—快餐厅；5—商场

四层平面

门廊半室外广场空间内景

门廊半室外广场鸟瞰

3. 上海九百城市广场

设计单位：美国捷得国际建筑师事务所、华东建筑设计院有限公司
主要功能：购物中心
基地面积：17288m²
建筑面积：地上，81230m²，13560m²
层　　数：地上9层，地下1层
开业时间：2004.4

上海九百城市广场位于上海静安寺商圈，南临南京西路，与静安公园、静安广场隔街相望，东连城市航站楼，西临静安寺。

商业对利益的天生追求，要求九百城市广场的体量尽量高大，但是城市航站楼与静安寺之间有着近40m的高差，如果将九百城市广场保持与城航楼基本相当的高度，必将对静安寺产生强烈的压迫感。建筑师通过建筑体量的化解，使新建筑在静安寺地段产生了新的、相容的城市关系。

九百城市广场南立面东侧与城市航站楼高度相当，形成连续的城市轮廓线。同时，在西侧保持与静安寺接近的高度；再采取退台与曲线的手法，并且，对退台也进行了立面划分。退台手法自然地将大体量空间安排在北侧，建筑师还对其涂以近似天空的蓝色，以弱化其体量感。与此同时，随着九百城市广场南立面弧线的北退，静安寺出现在入口广场的视线之中，成为广场的重要角色。这种设计为静安寺创造了一个较为宽松的环境。

在处理与城市环境的关系方面，建筑师用心多多。在主要沿街的南面，采用了波浪式流动的不同半径的曲线，逐层退台，将客流引入入口处宽阔的大阶梯与广场。广场通过宽敞的大阶梯，与二层露天平台相连通，并与对面的静安公园及下沉式广场相互呼应。入口的大台阶为广场带来了丰富的空间感受。在这里可以在观看临近的静安寺、下沉的静安广场、宽阔的静安公园。建筑建成后，经常有许多人在此相约或观望，反映了人们对广场的认可。中庭朝向外部的空间形状、倾斜的顶棚，透过玻璃幕墙，也与公园产生呼应，使得购物气氛更加轻松愉快，室外参照物也避免了顾客在大型的购物中心里可能产生的空间迷失感。

沿着南面的弧线墙面，通过转角广场，人流被导入静安寺与九百城市广场之间的步行街。在步行街方向立面的处理上，九百城市广场通过体量的划分来创造与静安寺合适的尺度——将二层的沿街空间进行架空，结合肌理变化（下层为更具质感石材饰面），同时，对商店入口的进行了精细的设计。步行街考静安寺一边是经营古玩礼品的商店，与九百城市广场的现代时尚空间，实现了对比、沟通与共存，形成了步行街的特点。

鸟瞰

主面外观

中庭空间

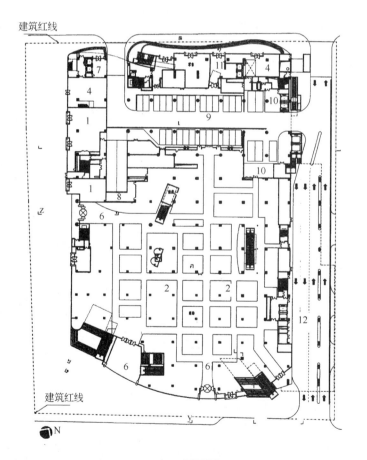

一层平面

1—零售；2—商场；3—餐饮；4—咖啡、饮料；5—准备间；6—商场入口；7—办公入口；8—储藏；9—停车场；10—卸货；11—电梯厅；12—候车道

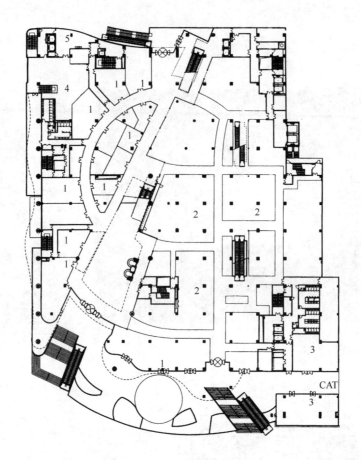

二层平面

4. 杭州解百商城

解百商城位于闻名遐尔的杭州西子湖畔，距火车新客站仅 1500m，是一座集商场、宾馆、停车场等为一体的多功能、智能化购物中心。商场营业面积 3.1 万 m^2，由解放路百货商店和新世纪商厦两部分组成，既面向大众消费，又面向中高档收入的消费群体。新世纪大酒店拥有各档客房 218 间，餐位 1000 个，并拥有各类娱乐配套设施和大型停车场，全方位、富有特色的服务吸引众多的中外游客，成为购物、旅游结合的典型。（彩图 57）

1—商场入口；2—商场；3—中庭；4—宾馆入口；5—宾馆大堂；6—卸货；
7—自行车库；8—客房；9—健身房；10—桌球；11—桑拿浴室

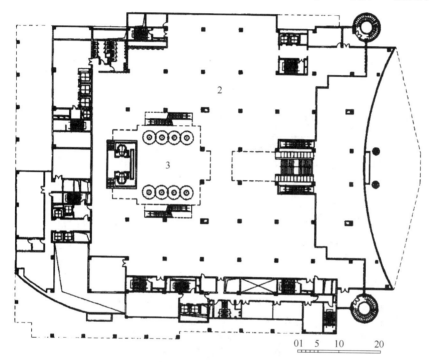

首层平面

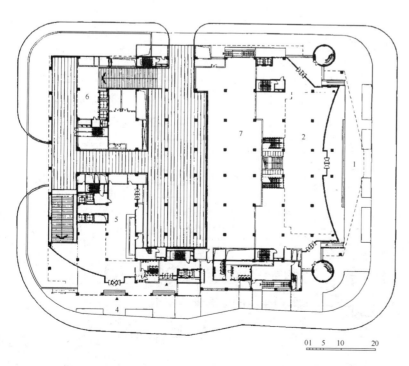

夹层平面

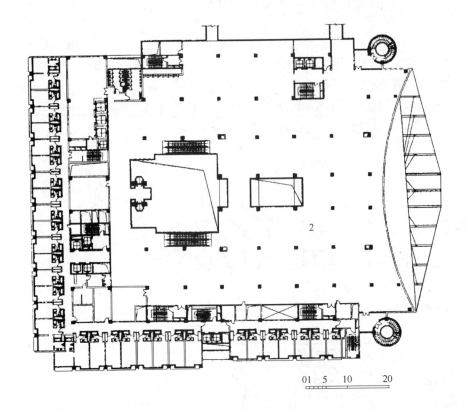

三层平面

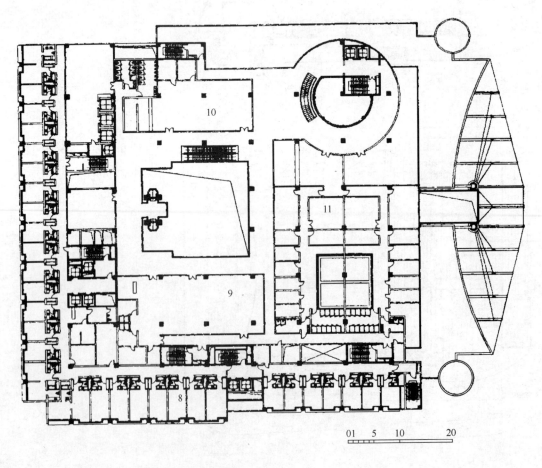

六层平面

鸟瞰效果图

入口效果图

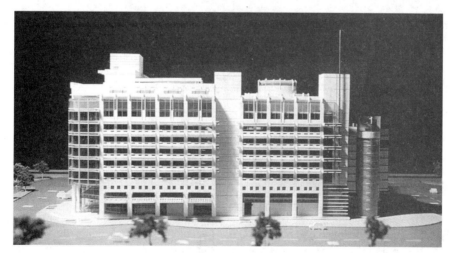
模型

5. 杭州元华广场

元华广场占地 2.8hm²，建筑面积 12 万 m²，是杭州西湖湖滨规模最大的建筑，对西湖景观影响极大，因此除了要满足规划、交通、环保等部门的规定以及业主的要求外，其建筑格调和文化定位也十分重要。

元华广场的建筑风格有鲜明的时代感，现代与传统交融，反映了西湖的变迁。建筑朝向西湖的立面采用了传统建筑中的漏窗，入口的设计也吸收了传统商业建筑的某些形式特征。建筑造型遵循了整体中求分解、分解中求整体的原则，对沿湖立面进行了块面分割，具有亲切宜人的尺度，同时采用漏窗、构架、弧形墙面，以柔和而通透的界面与湖滨连接。建筑整体基本上按照规划要求，以西北低东南高的台阶式造型完成西湖景区与城市之间的过渡。（彩图 58）

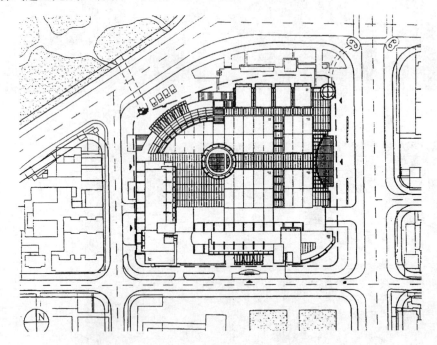

总平面

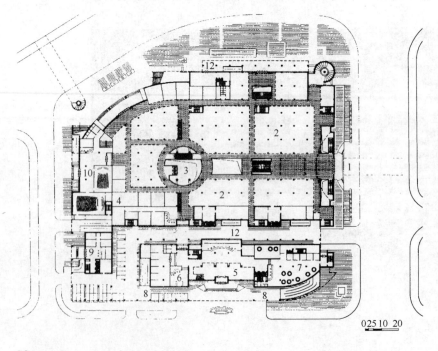

一层平面
1—商场入口；2—商场；3—中庭；4—专卖店；5—宾馆大堂；6—酒吧；7—中餐厅；8—汽车入口；9—写字楼门厅；10—娱乐中心门厅；11—微型电影院；12—自行车坡道

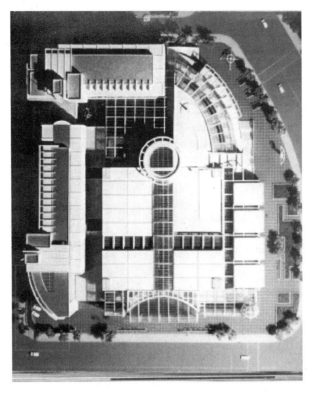

屋顶平面

入口效果图

6. 北京新东安市场

东安市场地处北京市最繁华的王府井大街上，建筑面积 20 万 m^2，主要由零售商场、餐馆娱乐及写字楼等组成，采用典型的竖向布局方案。根据规划的高度限制要求：一般 30m，局部不超过 45m。该建筑地面以上设有 6 层裙房，其上为 5 层的写字楼，1~4 层为商场，五、六两层分别为餐饮娱乐部分，3~5 层设有 6 个 150 座、2 个 400 座（共 8 个）大小不同的影院。首层、二层及地下一层作为主要的商业空间，四层也有适当的零售空间。地下共 3 层。地下一层为零售场所，其余两层分别布置机械设备用房、内部附属用房、装卸货区、自行车停车场及汽车停车场。停车场以电梯及自动扶梯与上层相联。

从城市景观总体方面考虑，新东安市场体量相对高大，因此写字楼顶部及轮廓线的设计考虑了中国古典建筑的特点。而在尺度较为近人的裙房以下部分，特别是主要入口及沿街"小门脸"的设计中，则着重表现旧京城商业建筑中西合璧的建筑形式，尤其是老东安市场所特有的某些形式。建筑设计基本符合东安市场著名百年老店的身分，但建筑的高度与体量控制、与老东安市场空间的文脉联系等方面存在明显不足，饱受各界批评；建筑立面的尺度设计过大，与王府井步行街的尺度关系也存在问题。

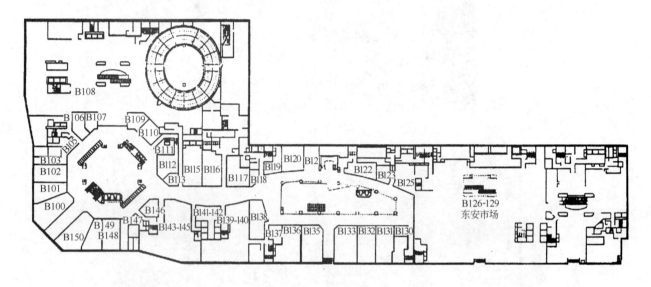

地下一层平面

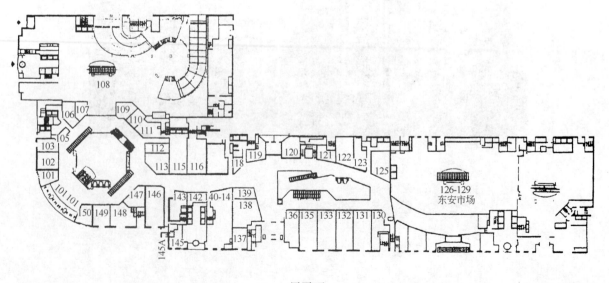

一层平面

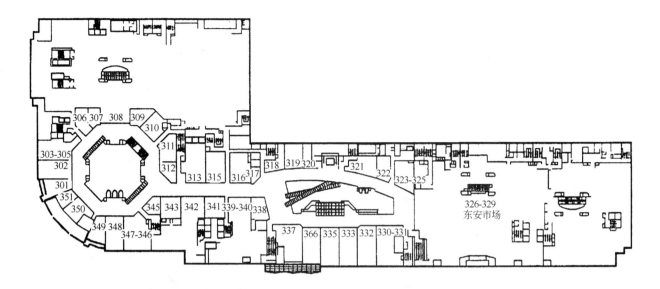

三层平面

沿王府井步行街透视

室内透视1　　　　　　　　　　室内透视2

7. 重庆东方商业城

建筑师：戴志中

东方商业城是由重庆市规划部门和投资者共同组织的设计竞赛的一等奖方案。基地面积为 18800m²，设计任务要求为重庆朝天门地区创造一个标志性建筑。建筑群由一座56层写字楼和3座高层公寓组成，公寓要求每户可以观赏江景。该方案从中华文化寻求整体创作构思，首先用"双喜临门——重庆"的构思塑造了超高层建筑的形象，再根据"双喜临门、红烛高照、金杯庆贺、扬帆远航"的创意对其他3栋高层建筑和裙房的形象进行处理，建筑造型个性鲜明，易于识别，新鲜醒目。（彩图59）

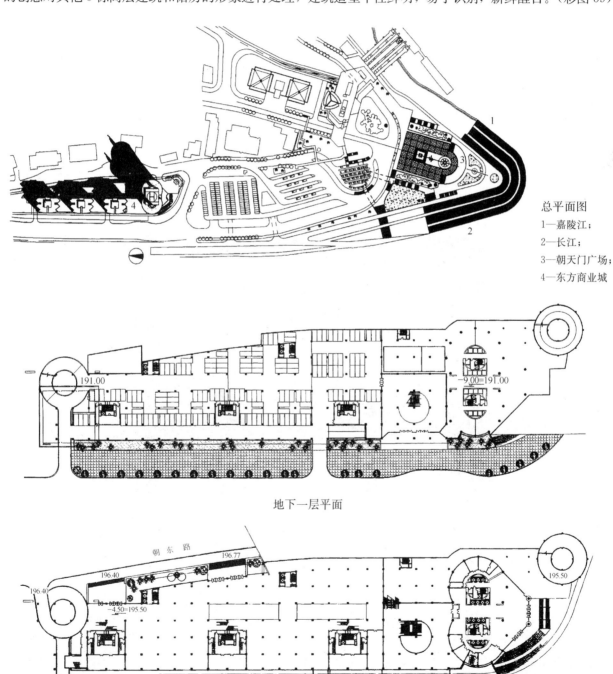

总平面图
1—嘉陵江；
2—长江；
3—朝天门广场；
4—东方商业城

地下一层平面

地下二层平面

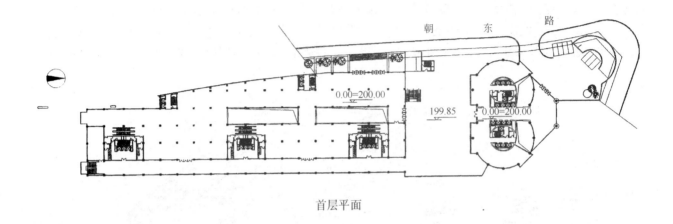

首层平面

立面

8. 天津图书大厦

建筑占地面积：57600m²
总建筑面积：26487.2m²

建筑高度：96.6m，塔尖高度为115.8m
楼　　层：地下1层，地上20层

天津图书大厦位于天津市CBD中心区，由图书销售及出租办公两大部分组成，地下一层为停车场及设备用房，地上1～6层为图书营业大厅，七层为餐饮服务中心，八、九层为经营管理中心，十层及十层以上为花园式智能高级写字楼。商场主入口设在南京路上，次入口设在苏州道上，办公入口设在苏州道靠西侧，货物入口设在基地西北侧，沿基地西侧、北侧形成环形消防车道。这样既合理使用外部空间，又自然形成人车分流。

为充分体现书城建筑丰富的文化内涵，利用沿南京路的25m建筑退线，在主入口前形成了近1000m²的文化广场。广场以清晰有序的纹理铺装强调其整体感，并在其间跳跃几块地面浮雕，以平面语汇向人们展示其场所与空间的内涵。在道路转角处简洁的几何形体构成动态连续的画面，加深人们对环境的感知和对城市文脉的理解。广场的右侧是文化长廊及市民休闲广场，增加建筑与城市的亲和性，成为城市空间的一部分。目的是塑造出良好的室外文化环境和商业氛围，起到吸引人流增强艺术气氛的空间效果。

主入口处设四层高的共享中庭，正前方设有两部剪刀式自动扶梯，右侧为电梯，使垂直疏散达到最合理的服务半径。右侧为收银台及商务服务区，方便顾客结账、邮寄、包装等服务，并为大批量购书的顾客设置室外坡道，便于推车运输。在入口上方3～5层出挑部位设置网吧、咖啡屋、纸艺廊、阅览室等，为顾客提供休息、读书、上网等休闲空间，充分体现人性化的空间设计。

图书营业厅为1～6层，每层营业面积约为3000m²。七层为美食天地，以快餐、小吃为主营，方便顾客的需要。八层、九层为400人报告厅、各种中小型会议厅，及楼宇自控机房等。十层以上为出租办公用房，考虑办公空间采光的要求，从十层起内部做350m²的室内光庭，以改善办公环境。北侧的十八层半圆形空间为多功能厅，满足一些特殊功能的使用要求。

建筑造型力求新颖脱俗、文雅大方，以独特的文化气质和艺术魅力体现其丰富的文化内涵。在沿南京路主立面右侧设计一片18层弧墙，像一本打开的"书"传播着文化知识，并对来往行人起着强烈的吸引作用。南京路与苏州道转角处是一座用钢和玻璃构成的灯塔，象征"知识的灯塔"。灯塔的一端设两部景观电梯。灯塔白天晶莹剔透，夜晚流光溢彩，为整个大厦起到画龙点睛的作用，成为大厦的标志。大厦十五层处架设一道空中联廊，象征"知识的桥梁"，使弧墙和灯塔有机地结合起来。在南京路与苏州道转角处首层打开一条通道，使建筑转角处的空间显得自然流畅。沿苏州道是两层架空的柱廊，柱廊下的灰空间增加了建筑底层的层次感，同时也减弱对道路的压抑感。整幢建筑形体流畅，用玻璃与铝板的对比，加上精致的金属构件等细部设计，是一个丰富而精致的现代建筑作品。

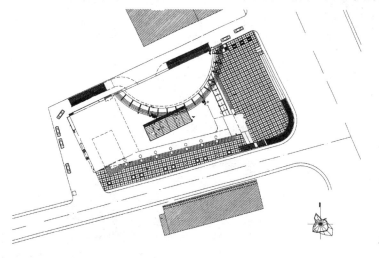

总平面

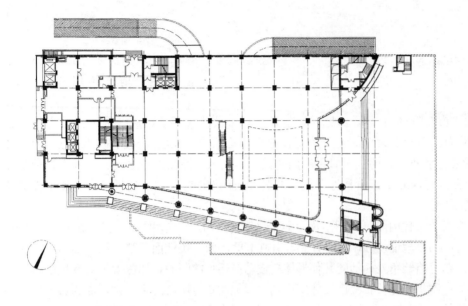

首层平面

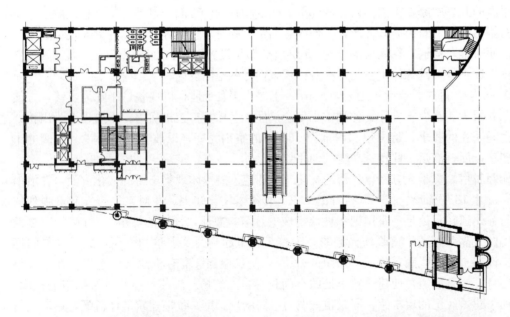

三层平面

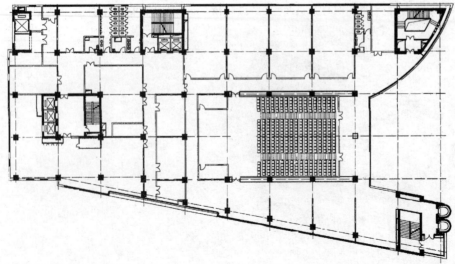

八层平面

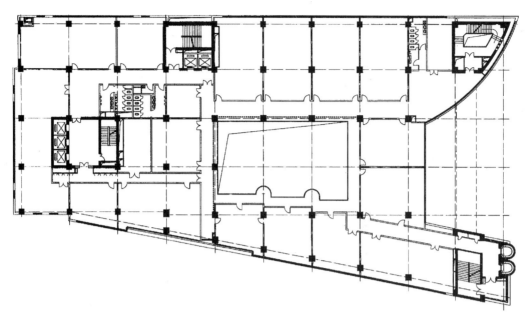

十一层平面

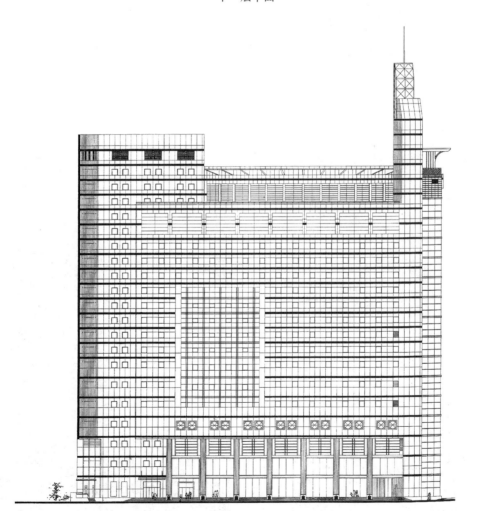

南立面

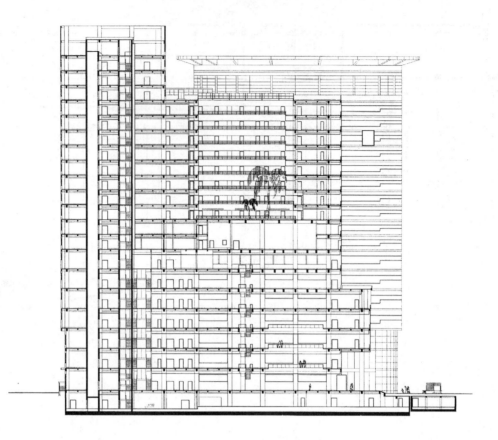

剖面

方案设计效果图

底层沿街透

图书大厦外观

四层通高中庭

室内

9. 武汉中南商业广场

设计单位：中南建筑设计院
主要功能：百货商场、商店、办公
占地面积：7452m²

总建筑面积：112114m²
层　　数：地上45层，地下3层
停车数量：177辆

中南商业广场位于武昌中南路，是集大型购物中心、商务公寓式写字间、景观写字间及地下停车场为一体的大型综合楼宇。设计构思是将本大厦与贴邻的中南商业大楼组成一超大商业群体。主楼平面呈"L"形，坐西面东，并与裙楼组合成一个整体，构成一个"返聚天下客、紫气东方来"的商业建筑氛围。大厦地下室共3层。地下一、二层为车库，地下三层为设备用房，地上一层为购物中心主入口和主楼出入口，2～9层为商场，10～22层为商务套房及办公层，24～45层为办公及公寓层，其中第十层、二十三层、三十六层为避难层。

大厦的主入口面对中南路，中间为商场部分的出入口，南侧为主楼的出入口，商业部分的出入口设计了一个高达10.6m的柱廊门楼，并建于一高台上，宽大的台阶与高耸的立柱，无框的玻璃帷幕，以及商场内的中庭尽显超大型购物中心的气质。大厦外装饰面以浅米黄墙面和灰绿色玻璃辅以砂石红的线条，在简洁、无华的风格中透出挺拔、舒展和气度不凡的风采。

外观

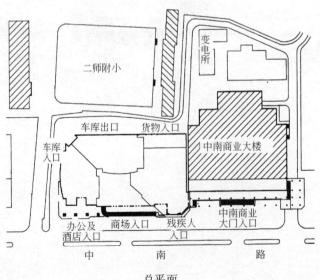

总平面

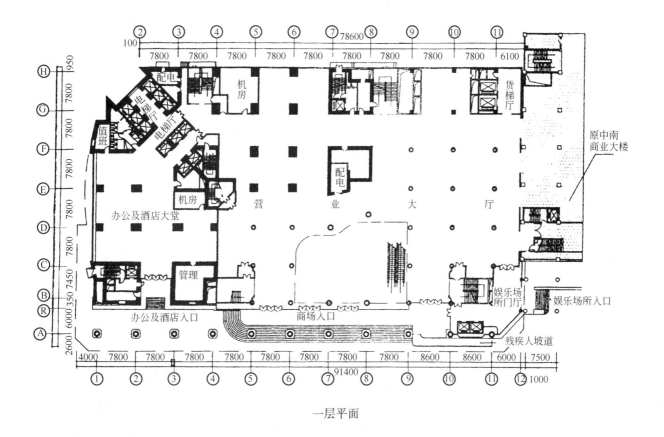

一层平面

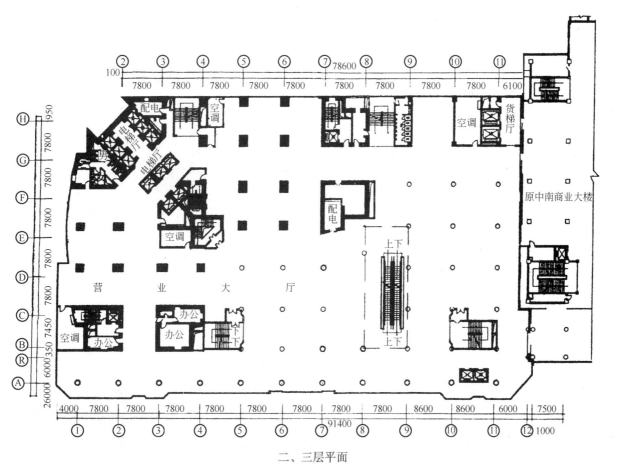

二、三层平面

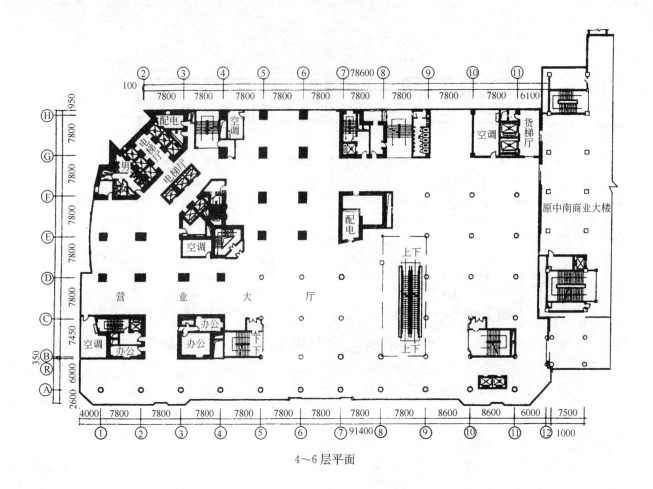

4~6层平面

10. 武汉佳丽广场

设计单位：中南建筑设计院、香港云麦郭杨事务所

基地面积：30000m²

总建筑面积：273000m²（规划），191500m²（一期以建）

层　　数：地上57层，地下2层

设计日期：1993年2月～1995年底

佳丽广场坐落于历史悠久的汉口商贸区——中山大道江汉路西侧，是一座集购物、金融、办公、餐饮、娱乐于一体的特大型综合大厦。其裙房每层建筑面积达1.5万m²，地下2层为停车库，地下1层至地上8层为商场、餐饮，九层为屋顶花园及部分设备用房，从10～57层为写字楼。第一期工程已于1998年初交付使用。

中山大道、江汉路地段旧城区内街道狭小，里弄纵横交错，人车混杂，交通拥挤不堪，在大型综合性商业大厦的设计中，必须立足现在放眼未来。本项目为适应现代交通和大量人流集散之需要，将建筑物在中山大道一侧后退道路红线12m以上，在主入口处后退37m之多，并在交通路和花楼街一侧，分别后退8～12m，在大厦西侧还规划了15m宽的消防车通道，同时在第一期工程中就设置有15000m²的地下停车库及大量的非机动车停放处。

本建筑地处汉口旧城区，周围遗留至今的殖民地时期的老式建筑甚多，西洋古典建筑无处不见。作为具有现代技术、现代材料、现代功能、现代文化和现代生活方式的现代化大厦，如何能与这些旧建筑协调，是摆在建筑师面前的课题。为此，该建筑在采用现代技术、现代材料的同时，采用传统的轴线对称的建筑布局，加上在裙房的外墙上采用天然石材做的拱圈、挑檐、台基、柱廊，以及在高层主楼外墙设有厚实内凹洞窗，顶部设置四方亭似的尖顶等在西洋古典建筑中常见的语言符号，与该地区建筑环境呼应。

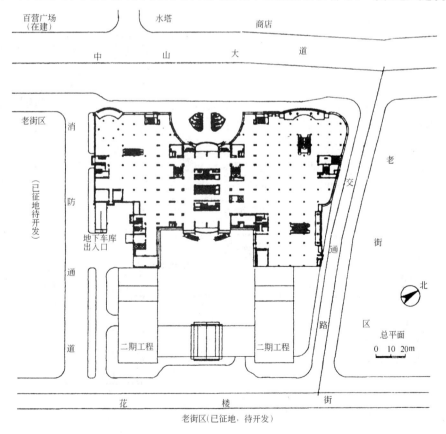

总平面

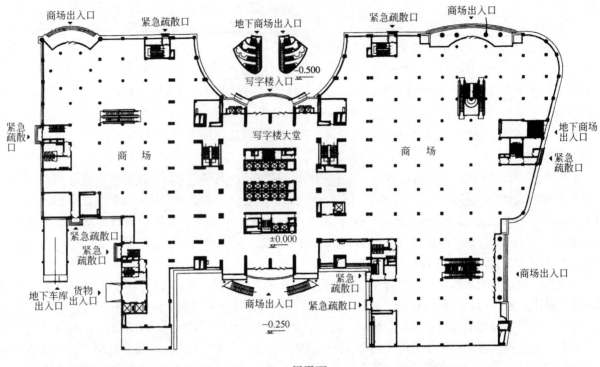

一层平面

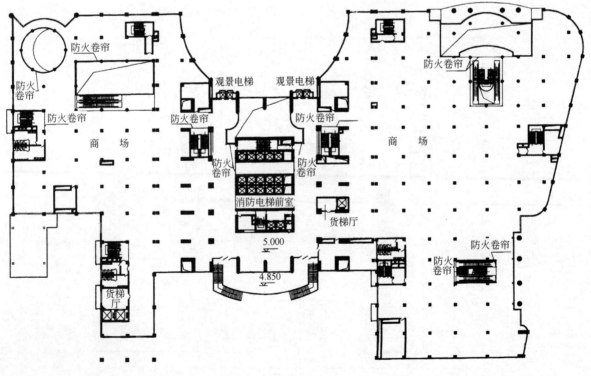

二层平面

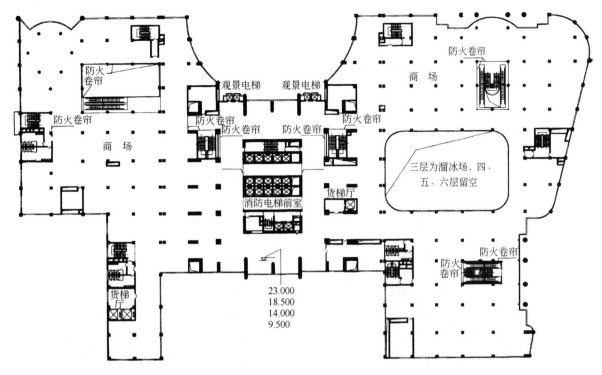

3～6层平面

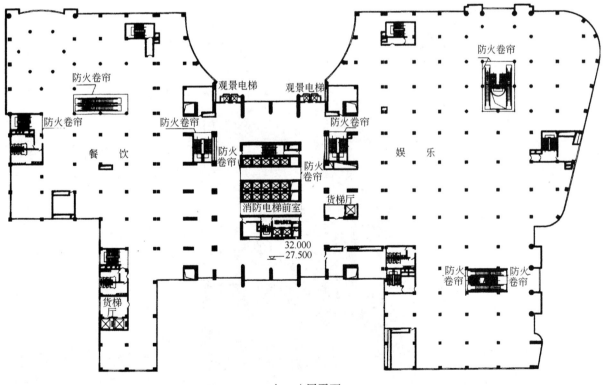

七、八层平面

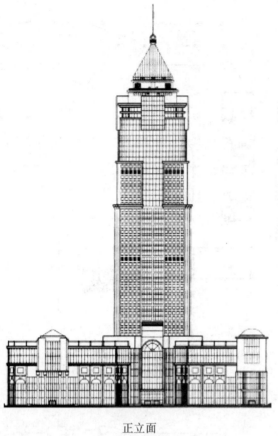

正立面

外观

主入口

11. 深圳龙岗商业中心

项目地点：深圳龙岗龙城大道　　　　　　　　建筑面积：114300m²
占地面积：56000m²　　　　　　　　　　　　设计时间：2003年7月（方案）

龙岗商业中心位于深圳最大的龙城广场东侧，是集购物、餐饮、休闲、健身、商务会所、银行金融等为一体的综合建筑群。该建筑群具有鲜明的标识性，同时适应现代商业运作模式。

1. 建筑布局与生态节能

交通组织采用以中心广场为核心（椭圆形充气空间结构下部），两个休闲广场为辅，环通街区式立体商业步行街的空间模式，充分满足了复杂的建筑功能要求，创造了丰富多彩、有机生动的城市建筑空间。

整体布局充分考虑深圳气候特点，广场院落设计四面通透，有效组织通风走廊，水岸凉风贯穿街区利于通风降温。建筑布局紧凑，周边保留宽敞的绿化空间广场。沿龙岗河一侧，建筑红线主动后退30m，形成水岸休闲绿化带，成为城市中心绿廊的有机体。建筑单体方整以及大面积屋顶绿化、立面遮阳、自然通风系统的设置有利节能。水面、喷泉、水渠的设置，有利于调节小气候，创造宜人的购物环境。

2. 区域标志与城市舞台

主入口飞艇式造型的椭圆形充氦气空间膜结构，具有鲜明的个性与标志性，同时也为中心广场提供了遮阳避雨的功能。飞艇式结构下部设有观景天梯和蹦极设施，还悬有多组安装有灯光音响设备的小型飞碟，可以自动升降，为下部广场上水面露台、舞台上的音乐表演提供专业水准的舞台灯光音响服务。广场周围环绕的多层围廊和在空间上穿插交错的自动扶梯、观景电梯、玻璃天桥，形成绝好的观赏空间和丰富多彩的城市文化广场。

3. 建筑智能化与广告智能化控制

通过智能化手段提供舒适宜人的环境并节约建筑能耗，保障安全。商业广告采用大屏幕液晶显示器，与中屏幕电动翻转动态显示屏以及超长效内隐式LCD光源玻璃幕墙广告的组合配置，通过电脑中心控制可达到精美优雅的广告艺术效果。（彩图60）

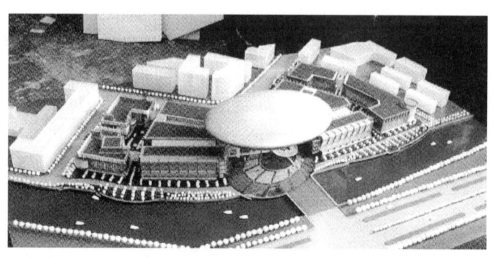

模型

夜景效果图

12. 上海正大商业广场

设计单位：美国捷得国际建筑事务，华东建筑设计研究院
建筑面积：230000m²
层　　数：地上9层，地下3层
高　　度：57m

正大商业广场位于浦东陆家嘴，北临陆家嘴路，南面是香格里拉大酒店，西与黄浦江边的滨江大道紧紧相邻，与浦西外滩隔岸相望，地理位置显著。其功能包括百货公司、零售店、餐厅、超市、连锁电影院、游乐场等商业娱乐活动，还有一个能停放540辆小汽车和上千辆自动车的停车场。

考虑人流主要来自西面的轮渡码头与公交总站、东面的东方明珠电视塔，总平面主入口设在东北和西北转角处，沿陆家嘴路亦设有入口。交通还考虑了远期与地铁、人行道路、高架人行天桥的接口，使人们可以很方便地从四面八方、地上地下，进入建筑内部。

该设计打破了一般大型商业建筑的布局模式(中庭加自动扶梯)，设置了国外流行的室内商业步行街。平面设计中有一条15m宽的曲线型大坡道，一头连接滨江大道，从三层标高缓缓向上走到四层。大坡道上设计了不同的景观绿化，两侧布置了不同标高的零售店，当人们走上大坡道时，会感到像逛马路，不时被两旁琳琅满目的商品、绿化环境及头顶天桥上攒动的人群吸引，步移景异，不知不觉到达四层。再经过一个宽阔的大楼梯或自动扶梯直上五层大厅。五层设计了电脑控制的喷泉，周围宽阔的场地可提供表演或展览用，是该建筑的中心。还设置了美食广场，以吸引更多的顾客驻足观望和休息。

6~8层主要是以不断变化的街道、斜天桥及自动扶梯连接，最后直至屋面圆形观景平台，在那儿可以全方位远眺黄浦江、外滩及浦东新建筑。

大坡道将9层楼高的竖向空间分成三大段：底层至二层为第一段，3~5层为第二段，6~8层为第三段(八、九层自成系统，为娱乐厅和连锁电影院)。在平面空间上，大坡道又将东西两个中庭联系起来，融合成一个既分又合的大空间。整个建筑内布置了3台观光电梯，4台客梯，48台自动扶梯及开敞楼梯、天桥等，交通组织合理，流线非常明确。因此，顾客可以非常方便地到达任何一个楼面和营业场所。货物及职工活动流线则在营业场所背面，互不干扰。东北角入口处的大广场是商场的主要入口。在此布置了音乐动感喷泉、花台、宽大台阶、两层高的门廊、橱窗及退后的玻璃幕墙等，以吸引顾客进入大堂。

建筑立面主要以暖色调为主，不同材质和色彩的石材构成横向水平带，间隔设置大片玻璃幕墙，以减轻建筑的重实感。夜晚透过玻璃可将商场内部五彩缤纷灯光显现出来。立面上设计了一条以GRC板制作的花饰，别具匠心，不仅打破了呆板的横线条，使立面更加丰富，并具有中国传统风格。两个转角入口是立面设计的重点。西北面向黄浦江是一个层层外挑的鼓形圆筒阳台，给人们提供了室外活动场所。7根直径3m、高25m的灯光装饰柱高高耸立，以及巨大的电子广告屏幕，烘托出浓厚的商业氛围。

屋面也经过精心的设计。三个中庭的玻璃顶棚采用了三种不同形式、不同标高、不同方向，但又是相互关联、相互呼应、缺一不可。屋面大面积铺设各种彩色地砖，并以双层钢结构围绕中庭，由高至低组成一个曲线屋面。(彩图61)

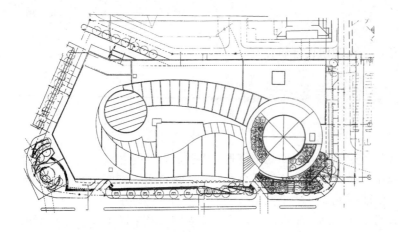
总平面

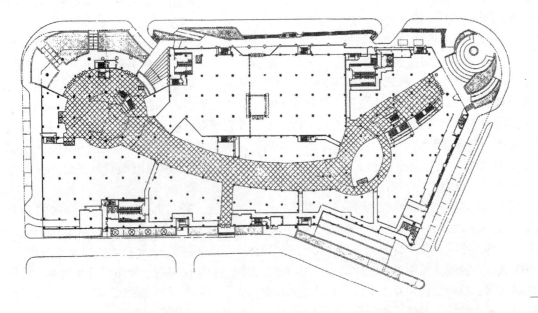
一层平面

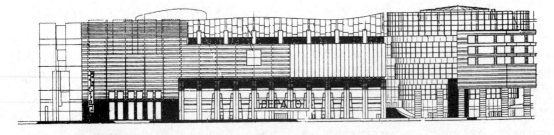
北立面

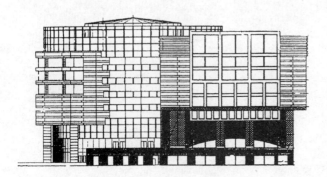
西立面

13. 上海新天地

项目定位：

上海新天地是由石库门近代历史街区改造而来的，占地面积 3 万 m²，总建筑面积 6 万 m²。它注入了诸多时尚元素，成为一个集餐饮、购物、娱乐等功能于一身的国际化休闲、文化、娱乐中心；最终成为全国时尚消费的"桥头堡"，成为一个具有国际知名度的聚会场所，不仅吸引了上海和国内其他城市的时尚消费群，还吸引了居住上海的外籍人士及大批国内外旅游者。

上海新天地的成功，首先得益于其定位的成功。上海新天地定位是：国际知名的、以时尚文化为主题的社区性购物中心，目标群体是上海的小资一族、居住在上海的外籍人士以及到达上海的中外游客。在研究策划的不同阶段，新天地的定位进行了三次深化。

第一个阶段强调综合性。当时，上海没有一个地方能够将餐饮、娱乐、购物和旅游、文化等等全部集中在一起的时尚场所；比较有特色的衡山路是很多不同的个体组成，没有一个整体的投资者和管理者，新天地在此方面应该有一个明确的吸引力。

进展到一定时候，形成了第二阶段的定位：希望新天地能够成为上海市中心具有历史文化特色的都市旅游景点，希望来到上海的人，将新天地视为来上海的必到之地。

最后阶段的定位是：希望新天地能够成为一个国际交流和聚会的地点，里面会有很多的活动，很多人在上海新天地聚会。

通过层层深化的定位，使得上海新天地成功地穿上了时尚文化眩目的外衣，牢牢地吸引住了大批追求时尚的人们，不仅成为一个商业设施投资成果的典范，而且成为房地产综合开发的成果也是巨大的。由于"新天地"的品牌效应，带动了周边新开发的住宅房地产，从开始的每平方米 8000～10000 元，涨到 2003 年底的每平方米 2 万元。上海新天地开发商在附近投资的"翠湖天地"，自 2002 年 6 月开盘，售价每平方米就高达 17000～25000 元；而且，一分钱广告都没有投，就引起排队预购，销售一空。

建筑特征：

上海新天地在石库门历史街区的基础上，保留了部分建筑，用拆除的旧建筑的材料与部件建设了部分建筑，其中许多建筑的室内外空间也按照现代人的想法进行了塑造。国内外许多游客到这里体验旧上海的建筑文化，认为这里是旧上海建筑文化的重要地标。但是，他们不知道，这里已经是经过改造的"伪的旧文化"了。其实，这不值得奇怪，因为这里本来就是为现代人与现代商业服务的、具有地域文化特色的现代商业建筑。

在新天地的南街区，干脆直接建设了一些现代建筑，与改建的历史街区分区混合在一个大的街区中，并强调了休闲的特征，更进一步体现了其引领现代时尚的经营理念。（彩图 62、62、64、65）

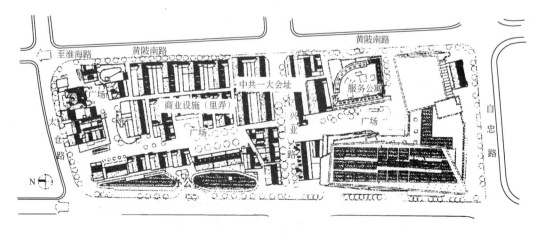

总平面图

外部之一

外部之二

入口之一

内部景观之一

14. 宁波天一广场

宁波天一广场占地面积 22 万 m^2，总建筑面积 20 万 m^2 左右，以多层建筑为主，是一个开放式大型购物中心。天一广场由精品区、百货区、超市区、美食区、酒店区、娱乐区、男装区、女装区、儿童区和数码区组成，商户 250 多家，以银泰百货、苏宁电器、吉盛伟帮家私为主力商店。

天一广场在其场地中斜划出一条室外主要通道，将宁波城隍庙步行街与另一端的城市干道联系起来，将城市集中人流自然地引入到广场中来，还开设了若干个辅助入口，增加了商业空间与城市的自然联系，增加了商业空间的活力。为了消费者停车的方便，天一广场采用了多种停车方式：中心广场下设置了大型地下停车库，通过垂直交通与广场相连；在超市的三层和屋顶设置了上部停车场；在两个入口广场地下，设置了自行车停车库。

天一广场的建筑空间与外形丰富多彩、富于变化，成为该购物中心商业成功的重要因素。

虽然天一广场的商业地理位置优越，但并没有以商用设施将场地塞满，在其中建有一个占地 3.5 万 m^2 的大型中心广场，和一个大水面的室外空间，与室外步行街及其他空间相连。中心广场除了大面积的空敞铺地外，还设有树木花草、休息座椅、供人漫步的水池及"水幕电影"等等，以满足顾客的休闲需要。天一广场的建筑空间与外部形式丰富多彩、变化多端，直与曲、高与低、大与小、收与放、钢与木、橙与灰等等，聚合在较为广阔的场地中，使人步移景异，体验丰富，感受到谐和的多元变化，感受道宁波港口城市的博大与开放。天一广场还保留了场地中原有的历史建筑，使得购物中心有了深厚的历史沉淀。

据悉，天一广场仅中心广场平均每天高峰时就汇集了 6 万人流，赢得了宁波"城市客厅"的美名，成为商业和旅游结合的购物中心的典范。宁波 2001 年前的总商业面积总计在 20 万 m^2 左右。天一广场建成后，将宁波市的商业总面积提升了一倍左右，但仍然取得了巨大的商业成功。（彩图 66、67）

天一广场模型鸟瞰

临中山路主力商店

主入口之一

主入口之一，开始进入广场

主入口之一，进入大水面的室外空间，走向中心广场

中心广场

中心广场"水幕电影"夜景

中心广场及原有近代教堂

由中心广场通向"城隍庙步行街"的步行街

由"城隍庙步行街"方向进入的入口,由外向内看

弧形的步行街

天一广场主入口之二,由外向内看

次入口之一

保留的历史建筑

15. 杭州湖滨步行街

杭州湖滨步行街位于西湖边，融商业休闲于一体，于 2004 年春建成开业，成为杭州的又一标志性建筑。虽然名为步行街，其实它是一个类似于上海新天地的 Open Mall。其中只有沿街的单边商业街和内部的一条不长的、有透明屋顶覆盖的"街"可以称为步行街，其他室外空间，或为通道，或为绿地水景，或为休息场地。杭州湖滨步行街最为引人瞩目的是其创造杭州地域特征建筑的意象：众多的青砖坡顶的房屋、明净的玻璃与钢的现代材料与现代形体的融入、有节奏地点缀其中的棕色木百叶、具有地方特色的园林及小品等等。虽然有人认为其对上海新天地的模仿痕迹太重，但它仍然不失为一个对地域主义建筑创新进行探索的优秀商业建筑设计作品。（彩图 68、69、70、71）

次入口之一

现代材料与现代形体与园林的结合

水帘与禅院般的内庭

有节奏地点缀空间的棕色木百叶

16. 新疆国际大巴扎

设计单位：新疆建筑设计研究院　　　　　　　　竣工时间：2003年8月
建筑面积：90000m²

新疆国际大巴扎的设计是在乌鲁木齐市"民族风情一条街"的整体规划下进行的。乌鲁木齐市总体规划，要求民族风情一条街的规划与建筑要有民族特色，使其成为乌鲁木齐在民族传统方面最有代表性的地方。而国际大巴扎又是"一条街"的重中之重。因此大巴扎的设计定位就是"创造新疆民族建筑的精品，使其成为乌鲁木齐标志性建筑群"。

大巴扎建筑面积共计约90000m²。其中一号商业楼为3层，20879.13m²，二号商业楼为3层，11538.40m²，二层半露天巴扎为6312.42m²，连廊2336.15m²，步行街2000m²，地下车库为5002m²，三号楼为4层（局部五层），19052.82m²。其中商业楼主要为巴扎的摊位式商铺，大部分沿街商铺面向人行道开门。这是从功能布局上反映建筑的民族特色，而不仅仅在"装饰"上做文章。除上述功能空间外，还有一座拆迁返还的2312.18m²的清真寺，一座塔高70余米的观景塔。地面、地下停车库可停车150辆以上。除必要的消防通道、步行室外空间外还有一个能容纳上千人的广场供文艺演出。广场中还设有雕塑、喷水池、草地、花池。屋顶上也布置了绿化。三号楼的四五层则是6200m²的餐饮娱乐中心，同时可供1500客人就餐，并观看丰富多彩的民族歌舞。

伊斯兰和维吾尔建筑一个很重要的优秀传统就是根据功能布局的空间，自由而灵活，不拘泥于形式，不追求刻板的对称。功能空间该大就大，该小就小，该高就高，该低就低，这一点和现代的建筑创作方法很吻合。伊斯兰和新疆维吾尔建筑还有一个很大的特点就是建筑空间多变，简单的几何体形组合后变化多端，光影、虚实、形体错落有致。建筑外墙的色彩与材质，经过多少次反复考虑，使用了土红色的耐火砖。因为在新疆砖是人们最熟悉、对其性能发挥得最好的外墙材料。大巴扎对砖的质地、色彩进行改进之后，具有非常好的效果。（彩图72、73）

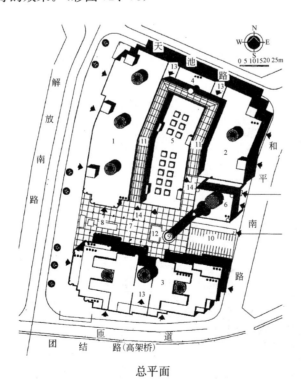

总平面

1、2、3—商业楼；4—连廊；5—露天巴扎；6—清真寺；
7—广场；8—喷水池；9—观景塔；10—停车场；11—四季步行街；
12—演出舞台；13—一层消防车通道；14—地下超市出入口

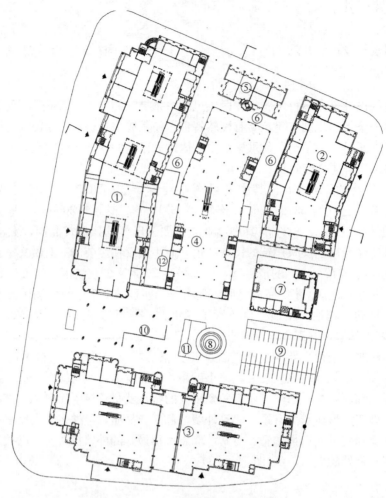

一层平面

1、2、3—商业楼；4—露天巴扎；5—连廊；6—四季步行街；
7—清真寺；8—观景塔；9—停车场；10—广场；11—演出台；
12—地下超市扶梯出入口

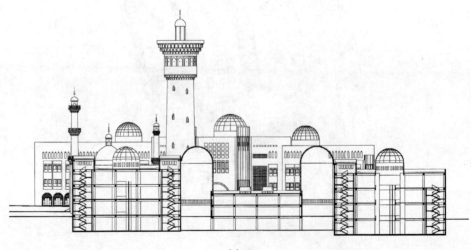

剖面

观景塔与广场

步行街入口

局部外观

步行街

17. 嘉兴市华庭街

建筑师：上海思纳·史密斯建筑设计咨询有限公司

嘉兴市华庭街是一个开敞式的购物中心(Open Mall)，由商业零售、娱乐、酒店、办公及室外广场构成。其中零售、娱乐和酒店建筑面积 10 万 m^2。为了联系城市的过去与未来，华庭街的设计没有简单地模仿周围的历史建筑，也没有以华丽、艳俗的外表来吸引人，而是注重建筑的可达性与标志性。空间布局简明，融入城市环境，注意体验与多样化设计及对顾客的吸引。它被中国城市商业网点建设管理联合会会长苟培路誉为"全国中型城市商业步行街建设的典范"。

1. 项目定位

嘉兴市距上海在 100km 以内，为迎合繁荣的经济和旅游的需要，该项目定位为一项具有名片效应的、成为旅游焦点的商业中心。

2. 基地情况与设计理念

基地北面为历史遗留的环形运河，南为城市中心商业区，东临建国路。建筑师的设计理念是：商业街要实现与城市空间融和，吸取地方文化特征，实现多样化，增加商业价值。

3. 场地与空间设计

商业布局：一层沿街设置零售商店，内部南端设置一家主力百货商店；二楼设置环形零售街（楼梯和电梯可达）；三楼设置餐饮与酒店。

建国路与该项目基地相对的部分，有四条横街穿越。与之相对应，华庭街的场地设计也设置了较多的横街。其中部分横街与对面横街相对，将新建商业街融于现有传统的街道布局中，且在每个交叉口设置了独特的街景。这样的设计，在实现与城市空间融和的同时，又对较长的沿街外立面进行了分割，保留了与原有街道空间相应的尺度。为了存在邻里空间的亲切感，建筑师参照当地传统邻里空间，将商业街划分为若干个邻里空间；参照临街阳台与过街楼，设置了一些阳台、平台和空中连桥。

在内部商业街西南端，呈扇形展开的空间，带来空间的变化，并形成另一个主入口。这里的空间趣味是一个位于二层的空中花园。在商业街南端与东南角，有两座办公楼通过一个空中连桥连接。临近处设有百货商店、娱乐中心和剧场。

货物、购物等各类机动车都必须进入地下停车场。通过三个出入口将各种车辆引入地下停车场。自动扶梯、楼梯和电梯设置于各个入口和交叉口，使得顾客能够轻松地穿行于各楼层之间。

结合商业策划与运营，为了满足购买者的要求，增加商业价值，设计师对商铺采取了较统一的开间和进深，并尽量与城市原有街道自然连接。

在内部商业街北端设置了一座椭圆形的塔，成为项目重要的标志物，同时为饭店与酒店提供了欣赏公园和运河的空中平台。

在建国路的中心位置设置了一个主入口，直接通向中心广场。该椭圆形的中心广场是该项目的中心空间，由一张高达 60m 的巨大索膜覆盖，形成 35m×100m 的巨大空间。巨大的索膜起到遮阳避雨的作用，在夜间从内部被照亮，为城市的夜景增添了动人的景象。中心广场中的电梯、自动扶梯、空中联桥、三层商业空间及广场中的商业活动，呈现多样化的热闹景象，也为市民一般聚会、音乐会和餐饮活动提供了具有吸引力的场所。（彩图 74）

建筑师还考虑了"风水"因素，严格控制贯穿内部空间的道路，在主要入口设有大门以留住的人气与运气。此外，水景和树木为华庭街增添了活力。

4. 立面处理

立面外立面采用规整的网格构成，主要材料为棕色面砖、陶瓦、玻璃和金属板。

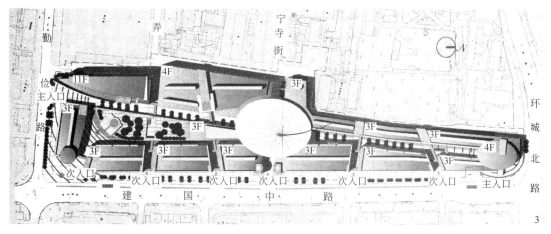

总平面

南部入口空间

内部商业街景1

内部商业街景 2

从中心广场望内部商业街效果图

18. 台湾崇光百货大楼

建筑师：曾宪修建筑师事务所
基地面积：5735m²
占地面积：3974m²

总建筑面积：89660m²
层数高度：地下4层，地上21层，总高99.2m

崇光百货大楼主入口处设计了一个长83m、宽17m的公共广场，使大楼与临街道路之间的交通压力得到舒缓，并为顾客提供了多样的活动空间，也扩大了原有地下通道出入口的场地。该百货大楼为了使每层有足够的售货面积，根据不同要求摆设商品，在售货区采用了开放空间的方式。

该百货大楼针对的顾客群以中上阶层为主，亲和力十分重要，因此外观应该以清新、明亮、柔和为主。为了使建筑具有独立、明确的形象，外墙采用了米白色彩，使大楼在其所在道路的大楼群中十分醒目。百货大楼对夜间照明也进行了精心的设计，如广场灯光、外墙的灯饰配有直接与间接光，再配合音响效果，使大楼的气氛更加热闹，成为附近高楼群中的一盏明灯。（彩图75）

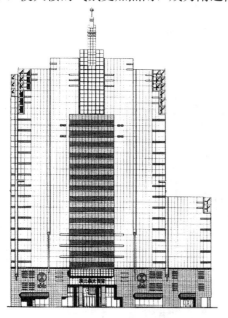

北立面

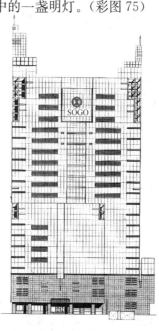

西立面

1—商场；2—空调室；3—管道间；4—员工入口；5—卸货停车场；6—垃圾处理；7—储藏室；8—货梯；9—办公室

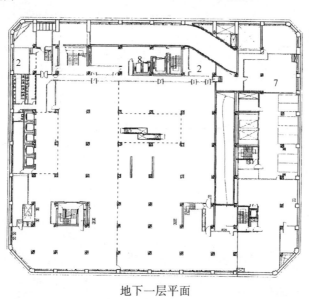

地下一层平面

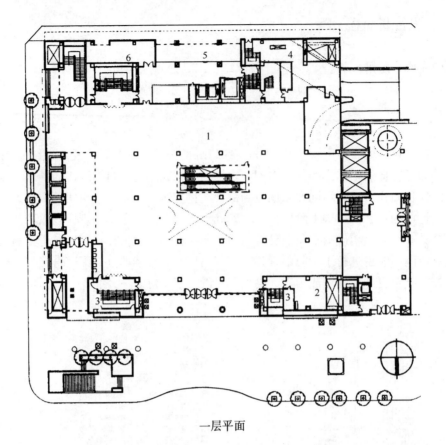

一层平面

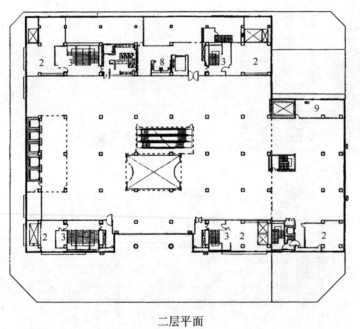

二层平面

夜景　　　　　　　　　　　　　　　楼前广场

19. 台湾新光三越百货大楼

基地面积：4456m²
建筑占地面积：2842.07m²
总建筑面积：43105.74m²
层　　数：地下4层，地上10层

　　基地北临南京西路，东侧为6m宽道路，西邻力霸百货，占地约1350m²，拥有双进双出的行车流线，以方便来自各方向进入百货大楼停车场的车辆。同时考虑与捷运系统南京站的连接，以提供一个便捷的消费场所。出入口独立设置，以适应各卖场（如超市、百货、文化会馆）不同营业时间的特点。利用一、二楼主入口处挑高及三、五层，四、六层交错挑高的多样性空间变化，塑造具休闲性、舒适性与亲切性的购物环境。建筑造型简洁，趋柔性设计，表现业主稳重、内敛的企业形象，兼具视觉美感，赋予建筑物一种气派、温馨、亲切的印象，提升公司的竞争格调及地位。（彩图76、77）

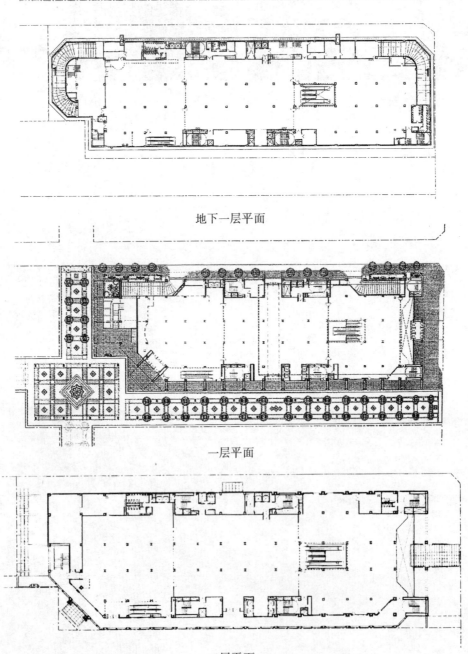

地下一层平面

一层平面

二层平面

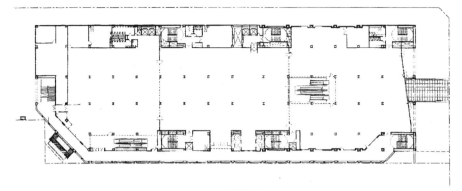

三层平面

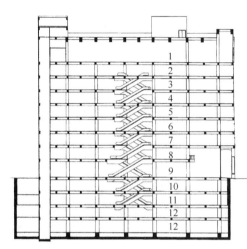

横剖面
1—文化馆；2—趣味馆；3—生活馆；
4—儿童馆；5—休闲馆；6—绅士馆；
7—仕女馆；8—淑女馆；9—名品馆；
10—青少年；11—食品馆；12—停车场

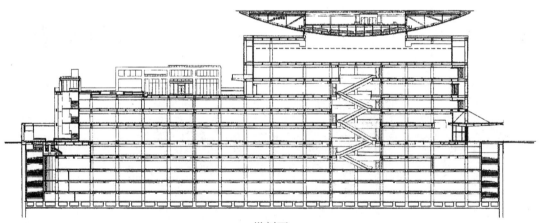

纵剖面

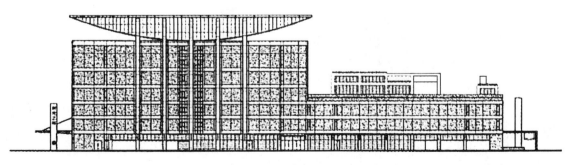

东立面

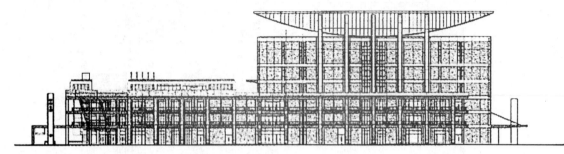
西立面

3层架空骑楼与室外广场

中庭

20. 台湾星钻敦南大厦

建筑师：薛昭信、翁祖模建筑师事务所
基地面积：3101.72m²
建筑占地面积：1848.96m²
总建筑面积：24025.07m²

层　　数：地下4层、地上7层
高　　度：32.1m
设计时间：1996年5月至1997年5月

台湾星钻敦南大厦位于台北繁华的商圈，地下三、四层为停车场，地下一、二层以及地上一层为一般零售业，地上2～7层为日用品零售业。为满足大型商场的功能需求，采用四方形简单造型，把公共楼梯、电梯、厕所等配置于西侧，在靠人流量较大的敦化南路形成一个完整的方形卖场。建筑立面采用石材、玻璃砖，构成一个较封闭的盒子，以符合商场使用功能，仅在东北角设计透明的玻璃幕墙，作为室内外商业的空间交流及忠孝东路商业人潮的视觉焦点。

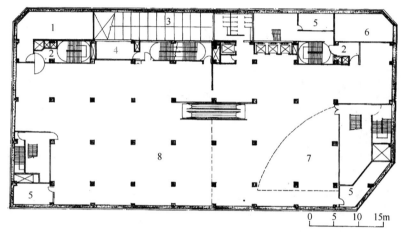

地下一层平面
1—配电室；2—排烟室；3—车道；4—空调室；
5—储藏室；6—空调机房；7—厨房；8—零售空间

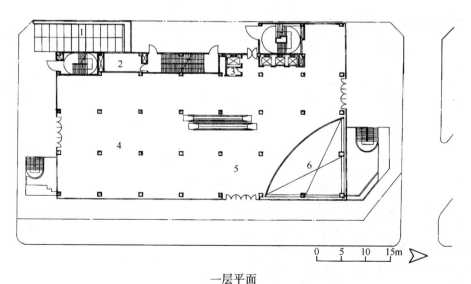

一层平面
1—车道；2—空调室；3—储藏室；4—零售空间；5—门厅；6—挑空

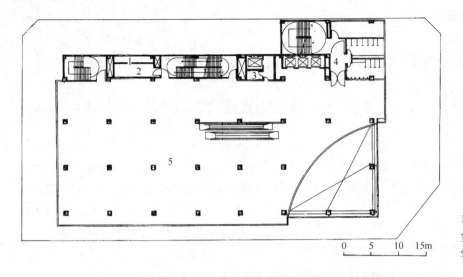

二层平面
1—阳台；2—空调室；3—储藏室；4—排烟室；5—日常用品零售空间

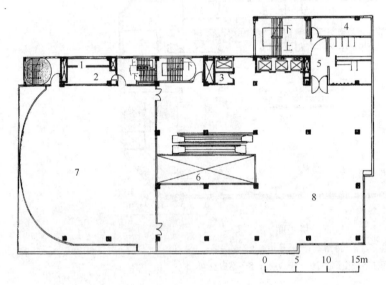

六层平面
1—阳台；2—办公室；3—空调室；4—储藏室；5—排烟室；6—中庭；7—展示；8—日常用品零售空间

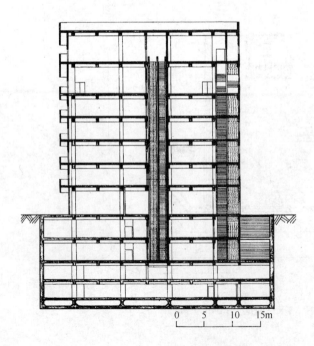

纵向剖面图

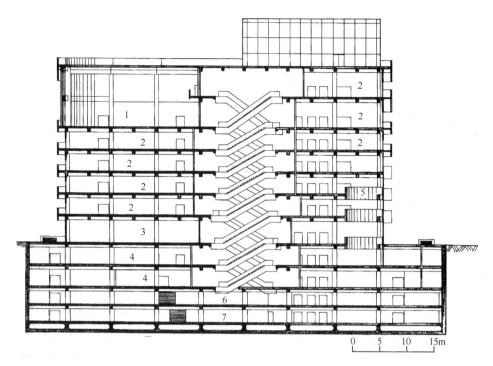

横向剖面图
1—展示；2—日常用品零售空间；3——般零售业；4—餐厅；5—中庭；6—防空避难室兼停车场；7—停车场

大厦外观

地下一楼入口

入口处外墙

地下一层休闲空间

21. 台湾中和羊毛大楼

设　　计：沈祖海建筑师事务所　　　　　　　　高　　度：33.8m
建筑面积：8420m²　　　　　　　　　　　　　　竣工时间：2000年8月
层　　数：地下4层，地上8层；

中和羊毛大楼是一座以精品店为主的商场大楼，位于台北敦化南路，临近忠孝东路，背面为8m宽的道路。基地较小且略为偏离忠孝东路，故采用新古典主义形式设计，配以透明电梯及钟塔（整点时发出钟声），以吸引忠孝东路上的人流。同时主体建筑南面设计了一个小广场和步行道，并通至敦化南路。除敦化南路主入口外，广场还设有次入口。建筑建成后，成为忠孝商圈的明确地标。

为使商场空间保持完整，所有垂直交通实施及服务空间集中在建筑两侧。地下三四层为立体停车场，地下2层至地上7层为商场，八层为文化广场。

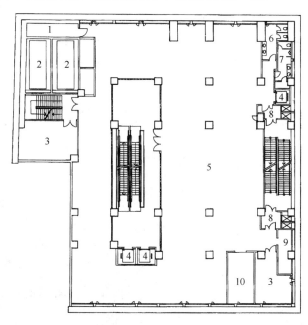

地下一层平面
1—储藏室；2—汽车升降机；3—空调机房；4—电梯；5—商场；6—女厕；7—男厕；8—排烟室；9—电气室；10—配电室

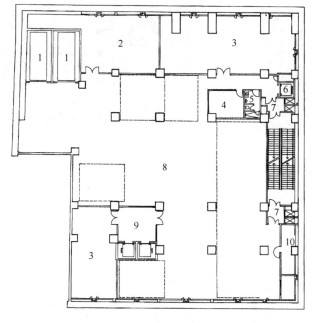

地下二层平面
1—汽车升降机；2—空调主机房；3—电气室；4—警卫室；5—厕所；6—电梯；7—排烟室；8—停车场；9—电梯间；10—电气室

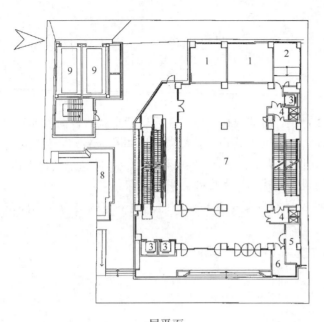
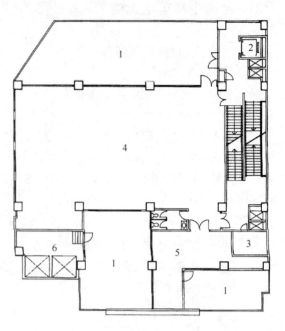

一层平面

1—店铺；2—卸货区；3—电梯；4—排烟室；5—电气室；6—空调机房；7—商场；8—花台；9—汽车升降机

6～7层平面

1—女厕；2—电梯；3—排烟室；4—电气室；5—空调机房；6—商场；

外观1　　　　　　　　　　外观2

22. 台湾丰业中山广场

建筑师：黄永沃建筑师事务所
基地面积：2110m²
占地面积：1407m²

总建筑面积：15544m²
层　　数：地下2层，地上8层
设计时间：1995年6月～1996年7月

该建筑处于台北南京路和淡水地铁站出口交汇点，地理位置十分醒目，加上周围商业繁华，有较多青年人喜爱在此活动，因此要求建筑造型具有现代、前卫感。建筑主体除东侧布置主要的垂直交通空间外，其余为商业空间，自东向西延伸，具有分割灵活、方整与开放的特点。建筑的基本体为盒状，外墙南侧用弧形玻璃作包裹，一个巨大的墙面从南北向切入，镶嵌在盒状基本体中。墙的两侧东高西低形成西侧的大露台，墙顶上的圆形空洞穿插出斜支撑结构，形成戏剧化的雕塑效果。当从对街的地下地铁站拾级而上时，建筑看起来更具有震撼的商业效果。受服装流行的影响，建筑材料基本都选用中间色调。（彩图78、79）

外观1

外观2

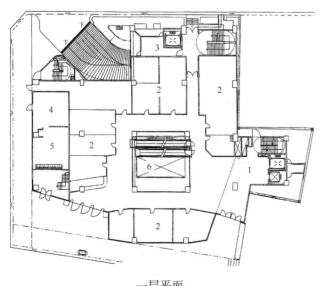
一层平面

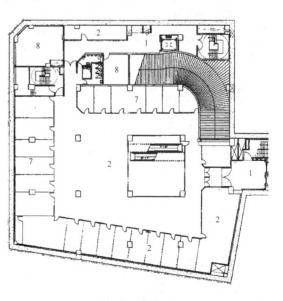
地下一层平面

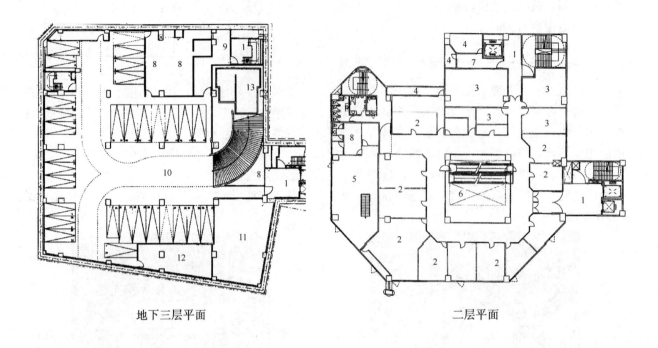

地下三层平面 二层平面

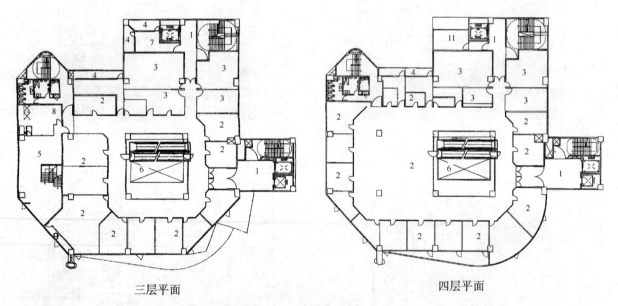

三层平面 四层平面

1~4层平面：1—梯厅；2—零售空间；3—中央监控室；4—厨房；5—餐饮空间；6—中庭；
7—小吃；8—机房；9—排烟室；10—防空避难兼停车场；11—变电室；12—储藏室；13—蓄水池

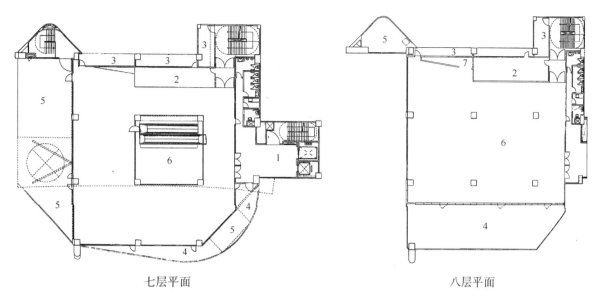

七层平面　　　　　　　　　　　　　八层平面

七~八层平面：1—梯厅；2—事务所；3—阳台；4—露台；5—屋顶避难平台；6—娱乐服务业；7—空调管道间

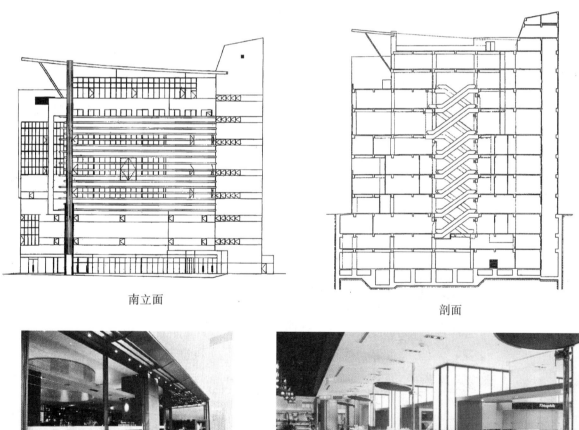

南立面　　　　　　　　　　　　　剖面

入口一角　　　　　　　　　　　　营业空间

23. 台湾台中老虎城

建筑师：邵栋纲建筑师事务所
基地面积：11511.69m²
建筑占地面积：4604.51m²
总建筑面积：48966.38m²

层　　数：地上9层、地下3层
高　　度：43.39m
竣工时间：2001年6月

基地位于台中市政中心区内，垂直于新市政中心公园绿地的主轴线，周围为低密度开发区。该方案主要考虑在低密度区域中如何从城市设计的角度平衡体量尺度，以及建筑形态、体量和光线材质等。

建筑1～3层为商场，4～6层为八厅规模的华纳影院，七、八层为俱乐部等。除影院考虑光的控制外，其余部分尽量通透，使购物活动及商品展示可自内部延伸至外部空间。在选材上，考虑到商业建筑生命周期及置换特性，尽量淡化立面的材料色系，以灰白色面砖及铝饰条搭配银灰色玻璃幕墙，仅在出挑阳台处用深色铁件来平衡建筑色彩明暗，也可以突显商品和广告。

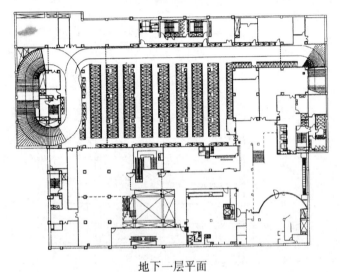

地下一层平面

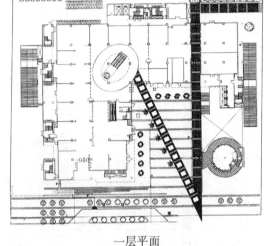

一层平面

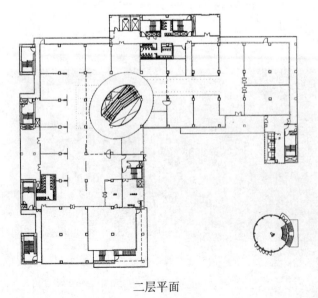

二层平面

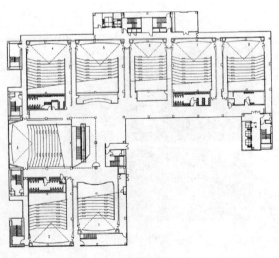

四层平面

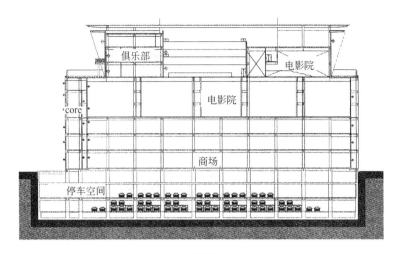

剖面

外观

下沉广场

233

通透的玻璃外墙

室外透视

自动扶梯

24. 台湾台糖楠梓量贩店

建筑师：华业建筑师事务所
基地面积：14950m²
总建筑面积：50967m²

层　　数：地下2层、地上4层
高　　度：18m
设计时间：1999年3月至10月

该量贩店的设计主要考虑了量贩店本身的功能需求以及与周边城市的关系。量贩店是一种功能性极强的建筑，流线组织与商场效益是建筑设计的主要考虑因素。同时，量贩店开张后将对周边环境产生明显影响，如何有效地降低对环境的冲击，也是设计要考虑的主要课题。

该建筑紧临城市主要干道，退后道路一定距离，设置了主题广场，以吸引人流。广场还延伸到地下一层商场。为降低庞大单调的外观对周边环境的冲击，将建筑大体量分割成有变化的小块，并配合颜色与材质的变化。建筑物的色彩以台糖公司企业标志的红白两色作为主色。在材料使用方面，考虑到气候及成本维修，墙面以面砖为主，仅在主立面使用了金属板及玻璃幕墙，以传达创新活泼的企业形象。

交通流线可分为室外及室内流线，根据使用也可分为人、车及卸货三种流线。室外流线主要考虑顾客车辆及卸货。由于量贩店的营业将使周边道路车流量增加，为避免购物高峰时间的交通阻塞，必须规划适当的交通流线，并留有足够的车辆等候距离。室内流线主要考虑购物者流线，做到流线清晰流畅，提高顾客购物效率及舒适性。

商场为大跨度矩形空间，为增加场地使用效率，将基地中较完整的、最大的场地布置为量贩商场。附属的商店街及美食区设在商场出入口位置，以增加商机。并以复古怀旧为主题，塑造集市的效果，商场内各分区也有不同的室内设计主题。

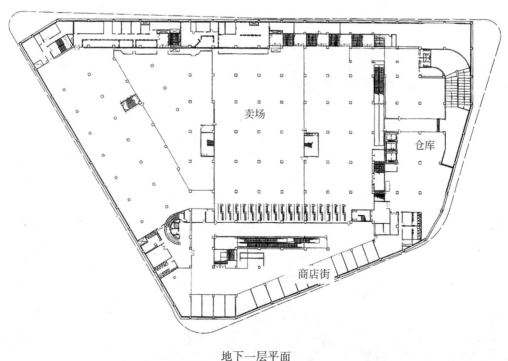

地下一层平面

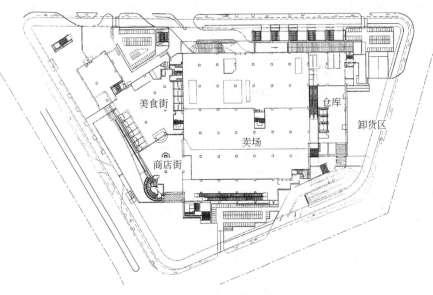

一层平面

外观

卸货区

广场

25. 台湾新竹风城购物中心

建筑师：黄永沃建筑师事务所
基地面积：29271m²
建筑占地面积：22184m²
总建筑面积：275484m²
层　　数：地下5层，地上12层
设计时间：1997～2003年

新竹风城购物中心位于新竹市中心，四面环路。南临中央路，西临民权路，东、北侧各为8m宽的道路。按照城市规划，东、北侧设置立体停车场和大部分车流入口，中央路和民权路旁为公园广场用地。除东北角独立设置一栋办公楼外，其余均为环形连体建筑物。建筑的材料主要为花岗石、金属和大量的印花玻璃。

在平面规划上，环形连体建筑的东南角地下1层至地上6层为松屋百货，西北角地下1层至地上12层为观光饭店。环形的北侧为分层分类的商店街，中间用蛋形的垂直交通空间连接。南侧为入口广场，东西侧设有名店，并与百货店、饭店相连。中庭有电梯直通戏院和小吃街。地下共5层，除地下一层和部分地下二层为量贩店和超级市场外，其余均为停车空间。

建筑采用北非卡萨布兰卡与太空的趣味性作为设计主题。主题由印有中东八角星纹的印花玻璃与星纹回廊揭开序幕，进而进入星际广场，从三楼悬垂而下的玻璃半球隐喻为地球，四周环以金星、火星、土星等星系；在蔚蓝色的入口空间中产生强烈的视觉效果。还在夜间的每个整点，由电脑控制的报时钟声、音乐、色灯等声光特效骤起，提升主题购物的乐趣。

碗形中庭是主题设计最精彩的部分。与入口遥遥相对是由金色反光玻璃建成的蛋形金塔（太阳广场），主宰了整个碗形中庭的气势。碗形中庭为一层层退缩露台所构成，与每一层商业行为紧密相扣。北侧有高23m的挡风墙，构成一个非常怡人的户外空间。露台上可休憩、闲坐、餐饮或观看中庭举行的活动。

金塔西侧外墙是高技派的金属细部和弧形玻璃结构，直达四楼戏院的半室外电扶梯，上接蓝色的飞碟造型，在精心设计的灯光照耀下光彩夺目。松屋百货的一角用方尖碑形的灯塔做为标志，塔座装有大型电视屏幕墙。碗形中庭广场四周布置有喷泉水雾、花木与露天咖啡座，是城市中舒适的休闲购物场所。（彩图80～彩图85）

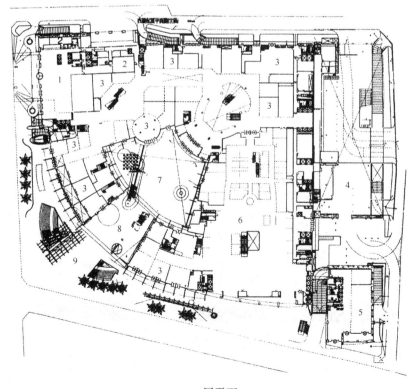

1—旅馆门厅；2—办公室；3—商场；4—停车场；5—金融服务；6—百货公司；7—中庭；8—入口门厅；9—公园广场；10—夜总会；11—电子游戏场；12—商场；13—饮食街；14—百货公司；15—电影院

一层平面

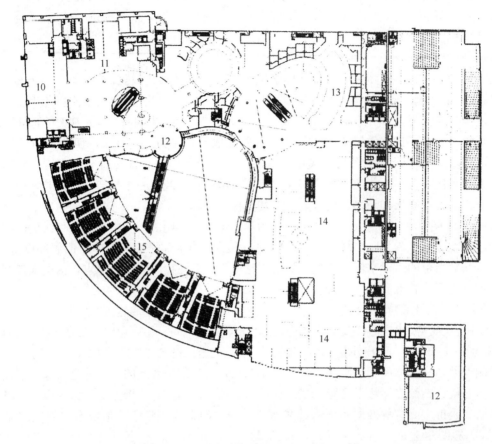

四层平面

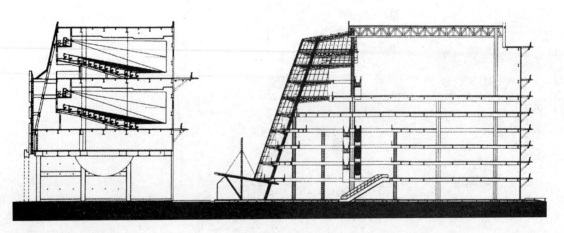

沿中庭轴线剖面

238

中庭空间

人行道夜景

室内购物空间

26. 霍顿广场(美国)

该广场位于美国著名的旅游城市圣地牙哥。该城市人口郊区化问题严重。霍顿广场是振兴市区的一个重要项目,包括 15 个街区,设计重点是:要考虑保护有价值的历史艺术品和建筑物,提供足够的公共空间与停车场地。购物中心占地面积 4.6 公顷,融合了购物与休闲娱乐功能。停车总位达 2350 个,占了基地总面积的 26%,提供了充分的停车场地。

规划将原有棋盘式的街区模式打破,改成大型整体性街区,以及大型结构的建筑物。建筑物强调与城市的肌理融合,为了吸引人口密度较大的哥伦比亚区与 Gaslamp 区的人流,规划了一条对角贯穿广场的步行街,创造了一条与此二区联系便捷的通道,从而很自然地带来了更多的人潮。同时这条步行街设计得十分丰富,吸取了人们熟悉的历史建筑物的元素,并用 28 种丰富的色彩来装饰沿街的建筑物。丰富的空间与耀眼的色彩,使霍顿腾广场宛若一个奇幻世界(尤其是在夜晚的灯光照耀之下)。整个广场高低、曲直变化,提供了宽敞的活动空间,并安排了艺人在户外表演,成为都市的一个舞台,深受人们的喜爱。同时为了加强整体性,广场的十个分区都各自有一套风格明确的店面、室内装修准则,丰富而不散乱。

位在霍顿广场东侧入口处重建的巴洛剧院,发挥了地缘的效益,给广场增添了浓厚的文化气息。通过公众艺术品、街头演艺、剧院与美术馆,霍顿广场不单是一个商业中心,也成为圣地牙哥文化的中心区。(彩图 86~彩图 89)

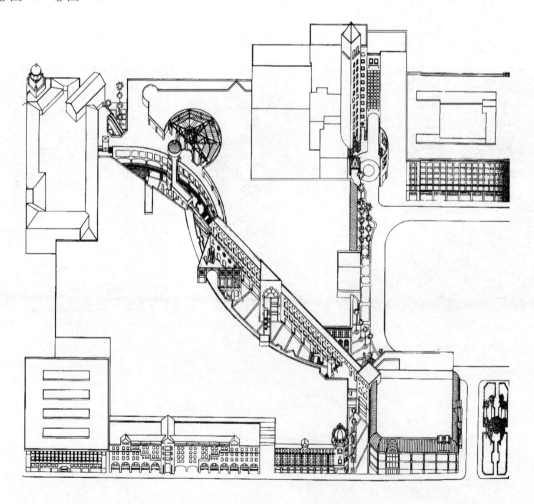

轴测图

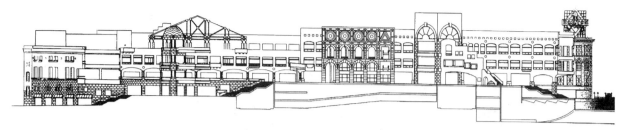

内步行街立面图

梦幻般的场景

缤纷热闹的世界

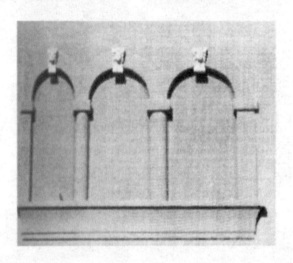

风格多样的细部设计

夜景之一

27. 弗雷蒙街（美国）

弗雷蒙街位于美国拉斯韦加斯市旧城中心区，于1995年12月开业。它是在市政府部分资助下、投资7000万美元、复兴旧城中心计划的一个重要组成部分。它的标新立异的设计为拉斯韦加斯市增加了一个人人都想一睹为快的景观，也为旧城带来了巨大的活力。其夜间效果惊人，但与拉斯韦加斯市的景观却极为协调。在两边的四个大酒店华丽的霓虹灯相伴下，伴随着美妙的音乐，人们时常可以感受到一种不可思议的惊奇和震撼：从覆盖在弗雷蒙街上空30m高的拱顶上安装的电子广告板上，喷射出各种运动变幻的彩色图案。这个电子广告板是世界最长的（500m），跨越4个街区，由计算机控制的210万只四色灯泡镶嵌在其中。（彩图90、91）

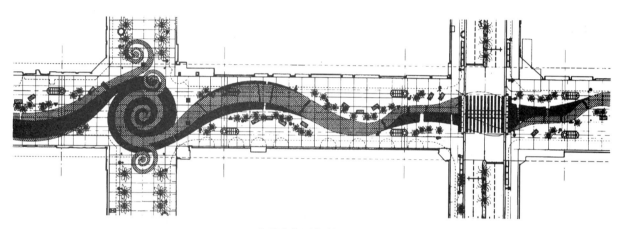

弗雷蒙街局部铺地图案

鸟瞰

步行街内部

28. Fashion Show 购物中心（美国）

Fashion Show 购物中心总建筑面积 5302m²，位于拉斯韦加斯林阴大道上。拉斯韦加斯是世界零售业最赚钱的地方之一，所以 Rouse 公司决定在该市建造一个媒体概念的商业空间。Fashion Show 是一个实验性的商业建筑，如今已经成了拉斯韦加斯的一个独特风景。建筑师在这里将建筑作为对社会时尚现象的表达，反映最时尚的流行文化，将建筑与多媒体技术结合起来。这个图解式的方舟提供了一个可供附近 36000 居民活动的城市空间。

这个典型的拉斯韦加斯建筑既塑造了一个梦幻般的建筑形象，也成为一种雕塑性的象征，富有现代美感，与周围的环境相互呼应。建筑还设有一个新月形的广场。林阴大道上第一次展现了以媒体技术为特点的城市空间。巨大的"云状"顶棚，有 155m 之长，闪亮的金属铝外皮包裹住翼形的结构，高于街道平面 50m，在白天可以遮阳，晚上则有星空闪烁般的效果。当华灯初上，巨大的彩色图形可以投射到"云状"顶棚的底部。曲线多媒体墙可以播放各种广告和多媒体图像，使建筑成为一个重要的时尚之地。（彩图 92、93）

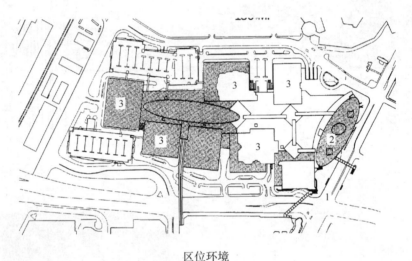

区位环境

1—城市道路；2—云状结构；3—百货商场

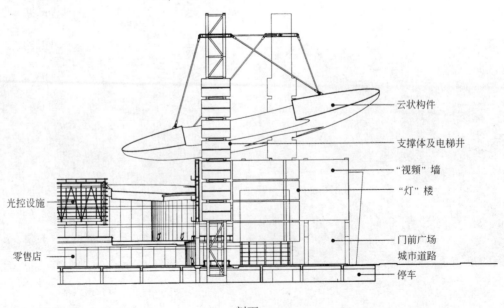

剖面

夜景

室内

施工时的情景

29. Fashion Valley 购物中心（美国）

Fashion Valley 购物中心在原有购物中心的基础上进行了扩建，新建了一个 2 层的新型娱乐建筑，一个剧院、一个名为 Cafe Terrace 的餐饮空间和一个有着 75 个座位的露天吧。新建项目还包括 5 个新的停车场。该项目因此显得较为复杂。

Fashion Valley Center 购物中心位于一个狭长的翠绿山谷中，与南加州柔和的气候、壮丽的地貌相呼应，建筑空间开敞、空灵。为了将现有商场的第二层与新增加的部分连接起来，建筑师设计了一系列的楼梯和通道。结果在这个较长的建筑联合体中，这些高差的变化，使得建筑空间更加丰富，不时给顾客带来惊喜。为使空间更具活力，设计者还把长凳和一些廊架漆上天蓝绿色，并设置了一系列夸张的灯光。

购物中心所处的山谷从 San Diego 的东部山区延伸至海边，海水上涨时，常常会给购物中心带来倒灌的洪水。由于没有合适的停车场地点，将停车场设置在地下，并与防洪堤结合在一起。

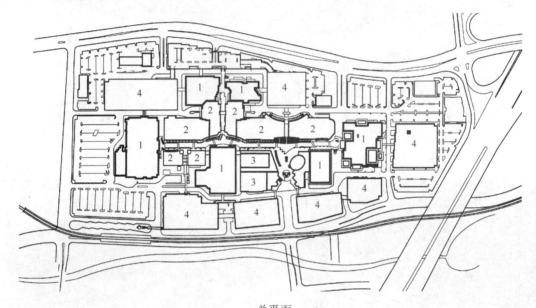

总平面
1—百货商店；2—零售商店；3—电影院；4—车库

步行街　　　　　　　　　　　步行街夜景

二层步行街　　　　　　　　　　　Cafe Terrace 饮食空间

30. Metreon 购物中心（美国）

Metreon 购物中心面积达 3.25 万 m²，是由两个机构（旧金山发展代理公司与索尼美国公司）联合开发的。Metreon 建设街区中原有一个剧场（James Polshek 设计）、一个画廊（Fumihiko Maki 设计）和一个商业中心（Adèle Naudè Santos 设计）。另外，附近的著名建筑还有一个珠宝展览馆、一个墨西哥展览馆和一个现代艺术展览馆（Mario Batta 设计）。

Metreon 是一个由专卖店、商场、餐馆、剧场、电影院、旅馆等组成的购物中心。开发商围绕"作为音乐与电子游戏的生产者与传播者"的理念与"技术及其在日常生活中的影响"的主题来进行项目策划的。因此索尼风格的商店与电子游戏场所得以产生，同时每个具有吸引力的场所都保留了相对的独立性。Metreon 面对街道的立面表现出一种较"硬"的形象，而朝向内部庭院的面则表现出一种较"软"的、较透明的形象：选择了大面积的透明玻璃，在面向花园的一个 4 层楼高的、有着大面积玻璃的室内空间，布置了一些室内广场与平台，使得室内外空间通透、开敞、互动。（彩图 97、98）

面向中心庭院的景象

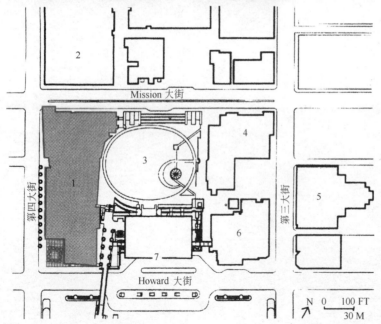

总平面

1—Metreon 购物中心；2—Marriott 旅馆；3—中心庭院；4—Maki 设计画廊；5—Batta 设计现代艺术展览馆；6—James Polshek 设计的剧场；7—Mscone 商业中心

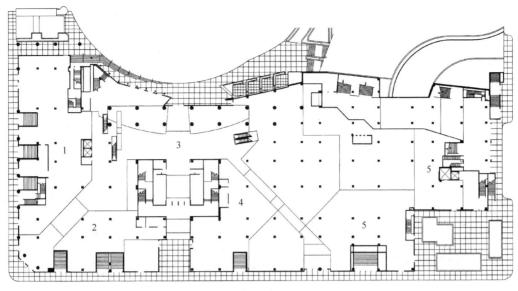

底层平面

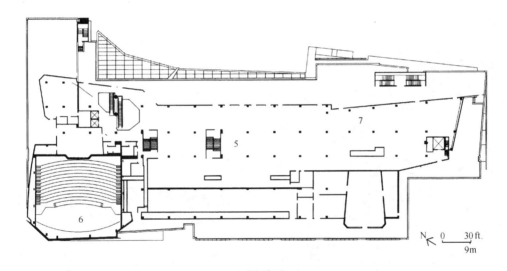

四层平面

底层、四层平面：1—商店；2—商店；3—门厅；4—商店；5—餐馆；6—IMAX剧场；7—主题空间

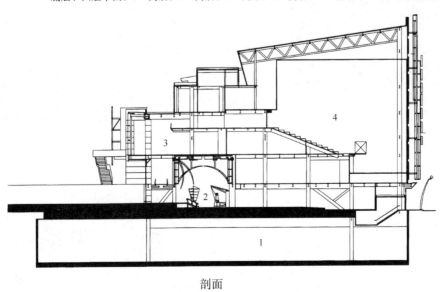

剖面

1—Marriott 旅馆的舞厅；
2—门厅；3—电影院过厅；
4—IMAX剧场

从室内望庭院

庭院中的建筑

室内空间之一

门厅

31. 圆形广场中心（美国）

地　　点：印第安纳州，印第安纳波利斯　　　总建筑面积：7.4万m²
开业时间：1995年　　　　　　　　　　　　层　　数：4层
主要用途：零售商、饮食、休闲娱乐、办公　　停车位：2780（地下停车场）
基地面积：37000m²

圆形广场中心是为了复兴印第安纳波利斯市中心逐渐衰退的商业而兴建的，包括2个百货商场、11间专卖店，还包括电影院、游戏厅、夜总会和餐厅。它的最大特色是用新式建筑将多栋历史建筑跨街地联系在一起，成为历史街区商业建筑开发的有趣实例。周围建筑通过十字路口的空中艺术花园、联系桥及地下停车场连接起来。

圆形广场中心（艺术花园东北方向）由两个独立的、跨街的商业空间构成，二层以上通过过街空中走廊联系起来。巴黎人百货商店、诺德斯特姆等商业场所位于1~3层，第四层为餐饮娱乐部分。

建筑与历史建筑较好地融合在一起。古老的德斯特姆咖啡厅等历史建筑都被保护性地与新建筑结合起来。在相邻大街十字路口的空中设置的艺术花园（1163m²），甚至成为城市的标志性场所之一。

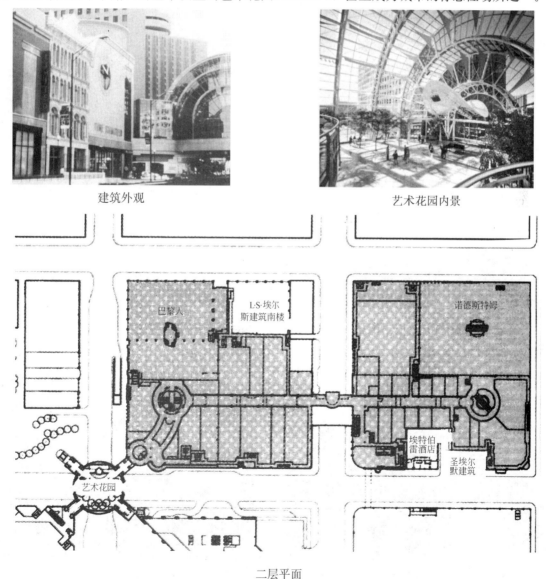

建筑外观　　　　　　　艺术花园内景

二层平面

32. Beursplein 步行街（荷兰）

建筑师：美国捷得设计事务所

　　Beursplein 商业街长 300m，位于荷兰鹿特丹商业中心区。商业街所在地区一直是城市繁华的商业区，一条城市干道穿越后，割裂了该商业区，破坏了商业气氛，使该地区商业营业额明显下降。城市管理当局要求 Beursplein 商业街能够为重振该地商业做出贡献。捷得设计事务所与当地的合作者一起，采用了下沉式商业街的方式，从下面穿越城市机动车道路，从而将被割裂的商业区连接起来。商业街还与地铁车站相连起来，增加了人流量。

　　为了表现城市的新旧交替，步行街两边的建筑，一边采用石材作为建筑立面的主要材料，另一边采用钢与玻璃作为建筑立面的主要材料。在采用石材的商店上面，设置了一条弧线的长廊，地下层与地面层的沿街空间因被遮住，长廊采用了钢与玻璃材料，与另一边的建筑相呼应。（彩图 94、95、96）

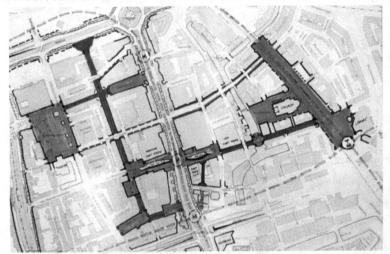

总平面图

步行街景观1　　步行街景观2

33. Brink 商业中心（荷兰）

1996~1999 年建设的 Brink 商业中心，建筑面积 15000m²，是 Hengelo 城市建设计划中的一个重要项目。购物中心设置了地下停车场，其柱网为 7.8m。地面上建筑的平面形体与地下层是一致的。

在该建筑设计中，最大的问题是如何解决城市空间、交通路线与建筑的关系。商场与 Brink 广场在规划中已确定好了：一个新建的百货商店、一个广场、一个钟楼、一组现存的 20 世纪 60 年代所建的办公楼构成了 Brink 商业中心的基本空间结构。现有办公楼的底层被作为商业空间重新改造，面向广场的道路改造成一个小型的步行街。

百货商场的不规则四边形银色坡屋顶，使人回忆起其所在场地原有建筑的传统特性。商场内部空间由巨大的金属网架覆盖。44m 高的电子钟楼是三段式的，具有浅色的底部与发光的顶部，中间是白色饰面板，四个突出的广告信息窗口面朝不同方向。混凝土在此也是信息的载体，购物中心的名字"Brink"浇筑到表面，被自然侵蚀以后，文字消溶到了混凝土结构里，使建筑留有了明显的时间的痕迹。（彩图 99）

一层平面
1—百货商场；2—商店；3—步行街；4—办公楼；5—钟楼；周围其他建筑

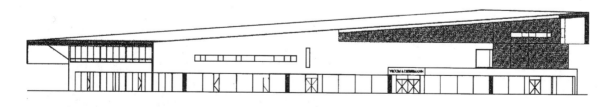

百货商店立面图

塔楼、广场与百货商场

百货商店与广场

百货商店与办公楼

34. Praga-Zlaty Angel 购物中心（匈牙利）

建筑师：金·奴佛

Angel 购物中心位于布拉格 Vltava 河右岸，其下面有地铁站，一侧有电车经过。其主要功能为商业与办公，并考虑了将来将办公部分改造为住宅使用的可能性。该建筑三面紧靠城市道路，在面临主要街道的方向提供了较大的公共空间及空中活动场地。

建筑的立面设计根植于当地文化，并使用金属来表达强烈的工业化特点。"天使"的设计主题来自于该地区的名称，玻璃上巨大的云状印花图案使这个鼓状的建筑十分显眼。该建筑室内的许多顶棚使用了丰富的色彩。（彩图 100、101）

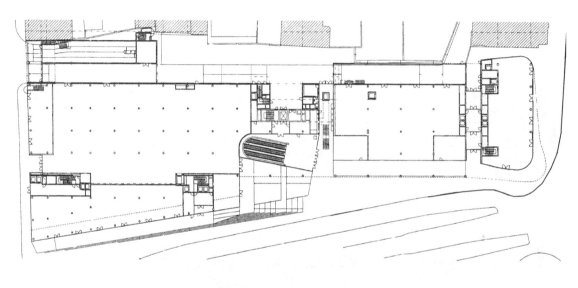

一层平面

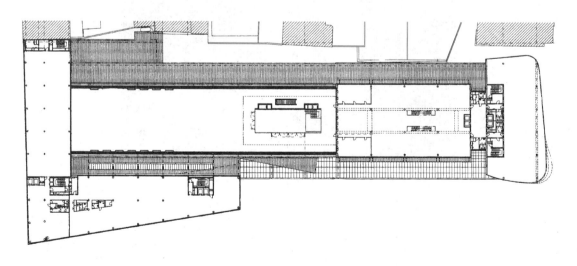

二层平面

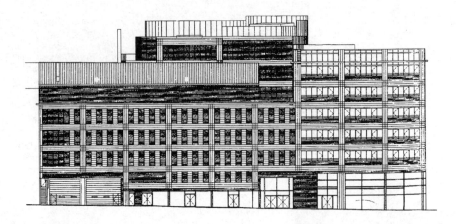

南立面

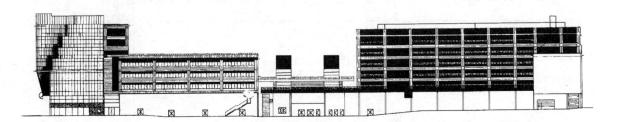

西立面

模型

主入口处外观

街景1

街景2

背面外观

35. Selfridges 伯明翰商店（英国）

建筑师：Future System 事务所

  Selfridges 是一个百货商店，正对车站，商业气氛浓厚，到处是熙熙攘攘的购物人群。该建筑像一个巨大的晶体，又像一个变形的蚕壳。建筑物外表面覆盖着 15000 块经过氧化处理圆形铝板，每个直径约 60cm，银光闪闪。这座 25000m^2 的建筑由伦敦的未来系统（Future System）事务所设计。其古怪的造型与附近的圣马丁教堂形成鲜明的对比，也成为这片历史街区的新的标志物。该商店如同有机体一般具有活力，吸引了大批顾客。

  设计者以流线型来设计这栋具有未来风格的建筑。其设计灵感来自于 Paco Rabanne 20 世纪 60 年代的一件锁甲式服装，设计者莱贝特说："当时，Selfridges 的总负责人雷迪斯要求我们建造一座世界上最美的、像剧场一样的百货公司，而且不需要窗户"。莱贝特最初想建造一座类似雕塑的建筑，但为了减少建筑物没有窗户带来的沉重感，他突发奇想，决定将建筑物的表面像鱼鳞那样分割开来，最终得到了具有服装布料皱纹般的流动感。

  在建筑的上层，天桥将商店与邻近的多层停车场连接起来，对应建筑曲线的外表，这座天桥也呈曲线型。由于建筑物建在一个斜坡上，室内每一层都有通向街道的出入口，尽可能的使每层楼都可以从街面直接通达。室内弯曲的空间将百货公司的各个部门有效地组织起来，而没有隔断。室内楼面高低错落，层次丰富，根据售货内容的不同装修的风格各异，使顾客在商场里可以充分享受购物的乐趣。（彩图 102、103、104）

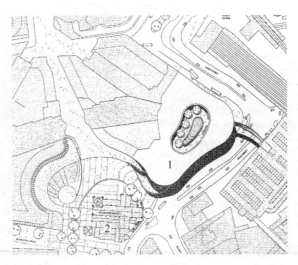

总平面

1—selfridges 商店；2—圣马丁教堂

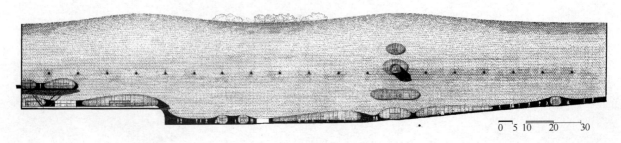

立面

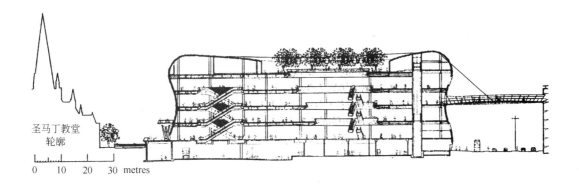

圣马丁教堂轮廓

剖面

内部中庭

259

36. 柏西购物中心（法国）

1989年落成的法国巴黎柏西购物中心（Shopping Center Bercy）集现代科技、人性化、社会性于一体，是高科技建筑（High Tech Architecture）领域的大师——伦佐·皮亚诺（Renzo Piano）的杰作。

1. 基地条件与设计构思

柏西购物中心位于巴黎的东隅的柏西——查伦顿区，临近赛纳河及高速公路的立体交叉道旁，为了使快速往来于高速公路的车辆容易辨识此购物中心，并化解围绕于其四周的立体交叉道的错综复杂空间形势，故以明快简洁的巨大弧形建筑物——如同飞船似的外观来回应周围复杂的环境。

2. 建筑外观与构造

弧形的外观在施工中产生了许多困难，最大的困难在于其外表嵌板的精确组装上。外部结构由三个不同半径的圆筒面叠加而成。圆筒弧面是由精细的不锈钢嵌板组成，表面的弧度变化则通过嵌板接合点来控制。嵌板固定宽度为30cm，为了配合造型的需要，长度从80～2cm不等，犹如鱼的鳞片般。这些屋顶嵌板经过精心处理及设计，可利用雨水的冲刷达到自我清洗的功能及对抗严酷的气候环境。不锈钢的嵌板下面有一层防水薄膜，薄膜下面为空气夹层。这种构造使这个弧形建筑亮丽而实用。

3. 内部空间构成

该建筑物总建筑面积为100000m²，其中32000m²为商店区。通过地下停车场，顾客可以很方便地进入5层高的中庭大厅（约100m长，10m宽）。

由透明电梯及自动扶梯向四周眺望，视野良好且极易辨识方向。沿平行长廊的两侧，每层均设有超级商场、餐厅、咖啡座、各类专卖店及其他服务设施。由中庭可以仰视裸露的45°斜梁，加上屋顶自然采光、室内照明的烘托以及室内植栽、喷泉的点缀，营造出了一个宜人的休闲购物场所。（图4-52、4-53，彩图105）

剖面

鸟瞰

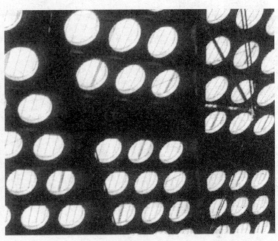

屋顶自然采光

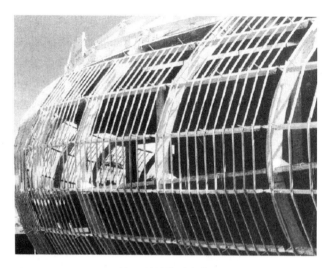
施工时的构造细部

中庭的自动扶梯

局部外观

37. Euralille 购物中心（法国）

里尔高速列车站的建设，为新的终点站与现存的里尔——弗朗德站之间的广阔区域注入了生机。根据雷姆·库哈斯与 OMA 事务所对这片地区做出的名为"站台三角"的总体规划，该区域包括一个巨大的购物中心，五座塔楼，一个公寓与旅馆。Euralille 购物中心是其中一个宏大的工程。

这个建筑证明在城市的尺度上，光与材料正越来越成为建筑至关重要的元素，而不再是传统观念上的形体。建筑师金·奴佛探求一种视觉上统一的异质感觉。从西边的公寓与旅馆，南面的五座塔楼都可以远眺购物中心巨大倾斜的金属网架屋顶。

Euralille 购物中心并没有理会许多建筑师对商业符号与广告的质疑。商业符号与广告除了具有提供信息与标志的价值之外，还产生了一种强有力的充满生命力的美感。因此，在购物中心的正立面与周围的建筑上，建筑师采用了中性的灰色作为一系列图像的背景，窗户上巨大的海报也强调、突出了该购物中心的标志。为了保证整体的统一与个体的区别，建筑采用一种镀膜铝材作为统一的基本材料。塔楼的屋顶为曲线形，在购物中心与塔楼的正面，以及购物中心由上而下的屋顶闪烁的信号灯与墙上变化的数字图像，使人仿佛置身于机场。这种手法在购物中心的室内也一再重现。沿长街布置的住宅也采用了镶嵌拼贴的彩色墙面，与法国北部变幻多彩的天空相互辉映。（彩图 106、107、108）

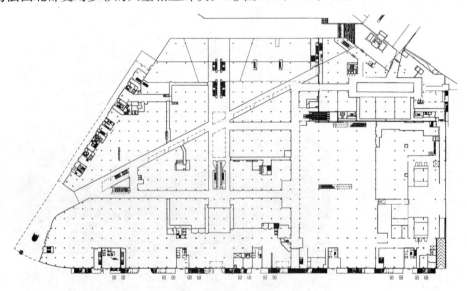

一层平面

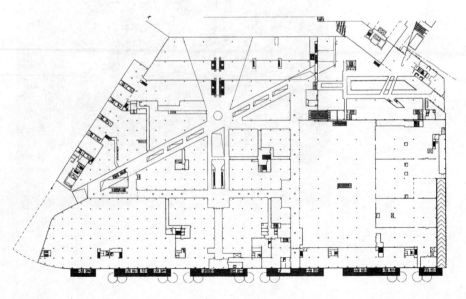

二层平面

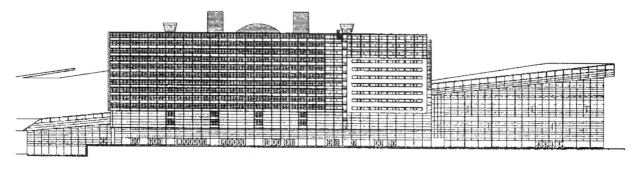

北立面

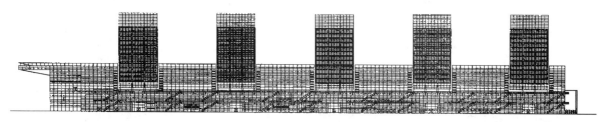

西立面

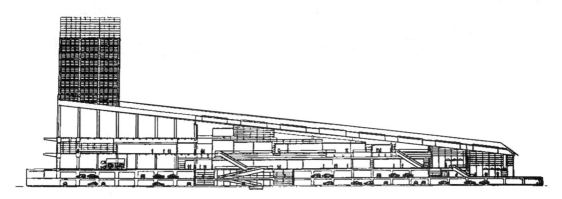

剖面

外观(a)

外观(b)

263

室内(a)

室内(b)

38. 拉法叶购物中心（德国）

建筑师：金·奴佛

拉法叶购物中心位于德国柏林市中心密特区两条主要街道的交叉口，建筑面积的75％为百货公司，15％为办公场所。底层沿街空间十分开敞，由街道可以很方便地进入大万的中心有一个玻璃圆锥体，它在绚丽的光线下闪动。这个极具标识性的中心锥体使人们可以很容易判断在建筑中所处的位置，具有显著的交通指引作用。

在玻璃圆锥体虚幻的表面上，丰富的视觉信息逐层而下地显现。通过控制，不同的多媒体影像可以投射在两个巨大的、分别处于两条街道上的荧幕上。立面上的镜面花纹产生光晕，这花纹在圆锥体内是三角形，在荧幕上是四方形。白天，建筑会呈现光线穿越的效果，而晚上效果更佳。建筑事实上创造了不同的几何形状及光线，并与气候、时间及影像传送息息相关。（彩图109、110、111）

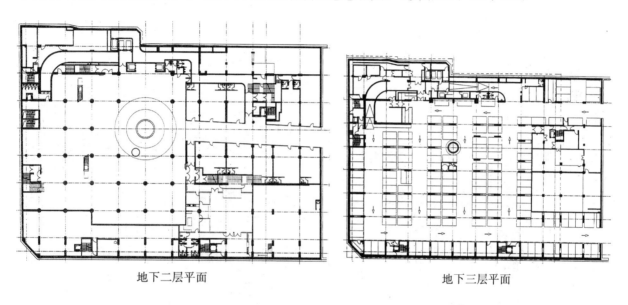

地下二层平面　　　　　　　　　　地下三层平面

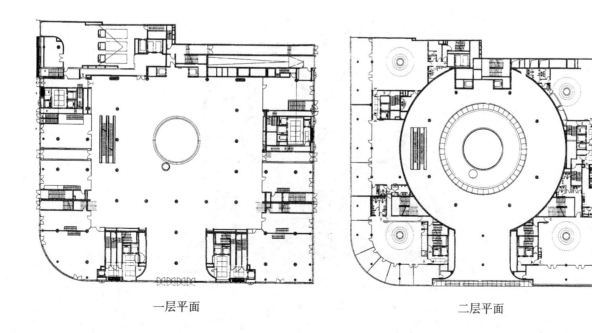

一层平面　　　　　　　　　　二层平面

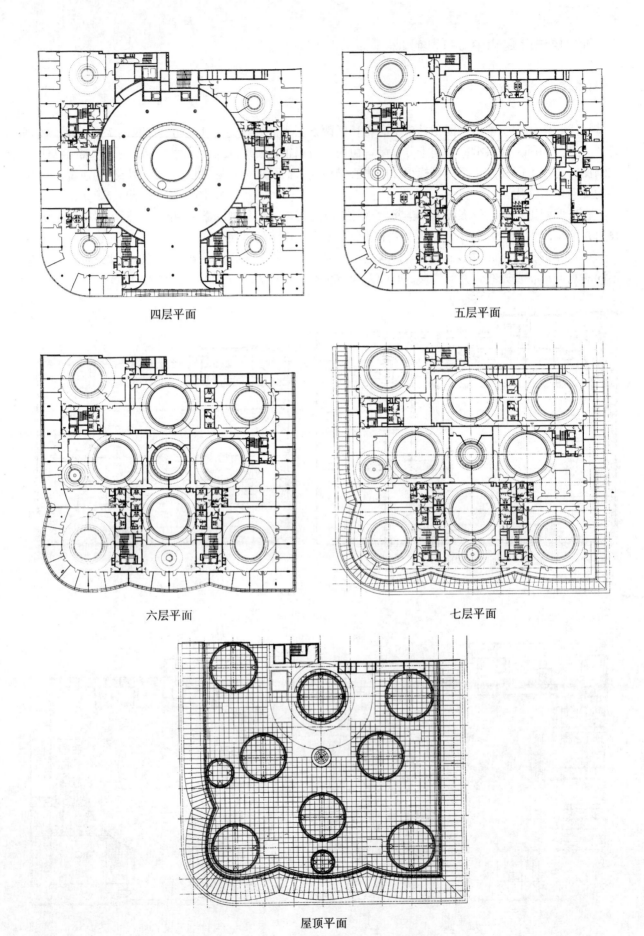

四层平面　　　五层平面

六层平面　　　七层平面

屋顶平面

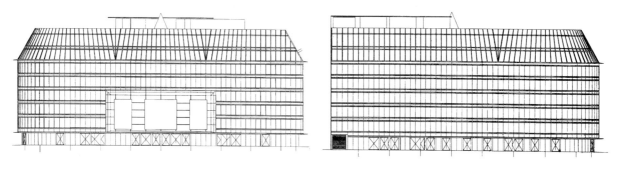

西立面　　　　　　　　　　　　　北立面

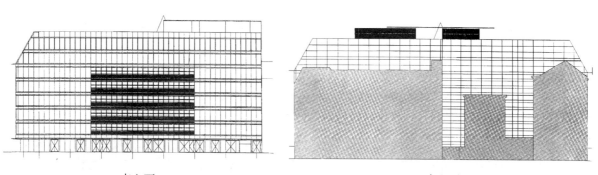

南立面　　　　　　　　　　　　　东立面

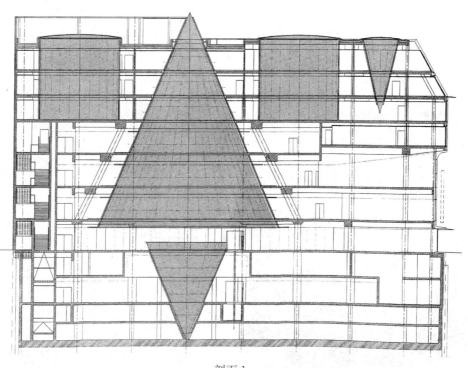

剖面1

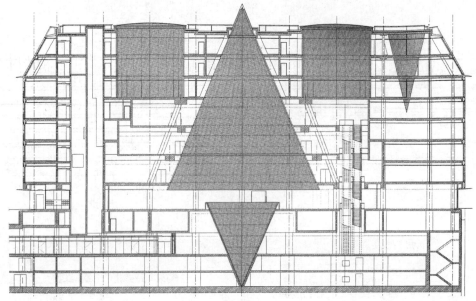

剖面 2

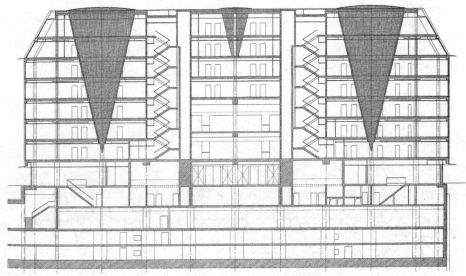

剖面 3

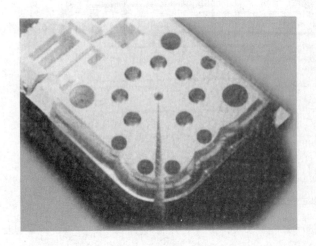

模型鸟瞰

锥形空间概念示意 1

锥形空间概念示意 2

锥形空间概念示意 3

模型夜景模拟

外观

39. 东京银座百货大楼(日本)

基地面积：125.6m²
建筑面积：668.5m²

层　　数：地下1层，地上7层
建成时间：1993年

　　东京银座百货大楼基地狭窄，紧邻建筑密集的街道。在对建筑高度的严格限制下，为了尽量扩大营业面积，建筑层高不足3m。为了避开邻接的停车场，沿主要道路一侧，建筑一层设置了3个入口。

　　在正立面，除了中央部位采用透明玻璃形成一条竖向透明缝隙外，其他玻璃都采用磨砂玻璃，以避开附近建筑的视线干扰。由于周边地形狭窄，建筑密集，为了减轻压迫的感觉，在正立面，对建筑顶部进行了后退与虚化；设置了较高的门，在大厅上部引入较多的自然光；立面处理注重变化与细部设计。在建筑的侧立面，采用了集成电路块作为构思理念，用1.2m×1.2m规格的铝板对墙面进行基本分格；在上部，铝板逐渐脱开墙体，形成镂空的格子构成。

正立面

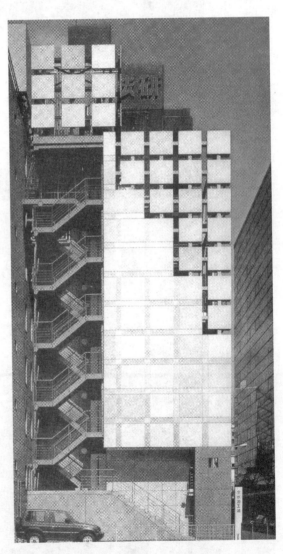

侧立面

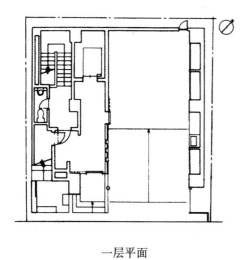
一层平面

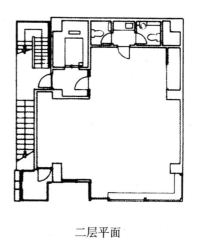
二层平面

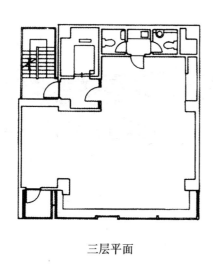
三层平面

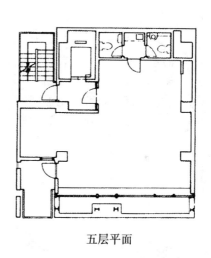
五层平面

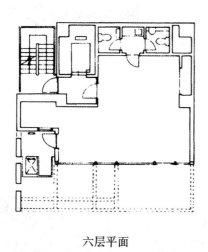
六层平面

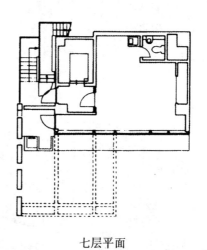
七层平面

40. 时代广场（日本）

时代广场位于日本东京新宿车站边。该广场地下层为一个整体，地上被分为新宿高岛店（大型复合商业设施）和纪伊国屋书店新宿南分店，二者在2～5层跨街相连。在场地中，时代广场还设置了一定面积的公园。

为了增加商业吸引力，建筑师设计了大约 $9000m^2$ 休闲步行街。其中包括：（1）新宿高岛店底层西部沿街处，可供人自由出入、散步的大型骑楼式步行街；（2）在二层将新宿高岛店与纪伊国屋书店新宿南分店用开放式步行连廊连接起来。在未来建设计划中，还将设置一条空中通道，将时代广场与铁路另一边的JR建筑综合体连接起来。这些步行空间中，人工装饰极少，但风吹树动、小鸟婉鸣的声音，时常清晰可闻，常常打动其中的行人。

建筑外立面使用了抛光花岗石作为主要装饰材料，梁柱之间经过特殊处理，而凹入墙面的玻璃构成格栅式的立面特点，在白天的光影变化及夜间的灯光照射中，因位置和时间的不同而产生不同的光影效果。在建筑内部，人们随处可以看到外部事物，从而可以减轻在大规模建筑中可能产生的压抑感。餐馆立面设置了大面积的玻璃，使人可以最大限度地看到室外风景。在13层的室外平台上，布置了开敞式的庭园，使人在其中感觉不到都市的人山人海，而沉浸在气氛爽朗的特殊商业空间中。（彩图112、113）

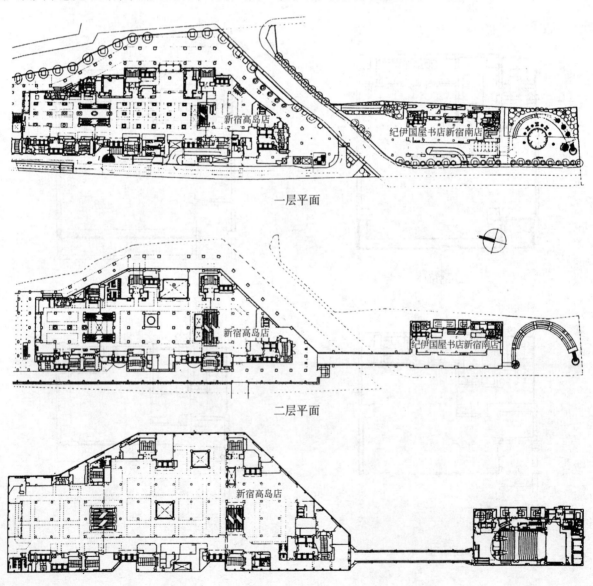

一层平面

二层平面

五层平面

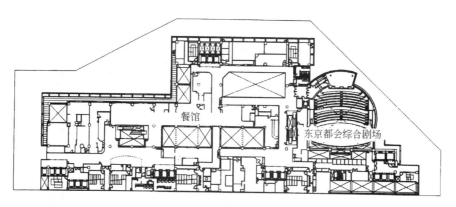

14层平面

面向铁路的建筑外观

立面细部

街景

空中连廊

花园

顶层室外商业空间

41. 中三弘前店（日本）

设　　计：毛纲毅旷事务所　　　　　　　总建筑面积：26487.2m²
基地面积：4927.26m²　　　　　　　　　楼　　层：地下10层，地上8层，塔楼1层
建筑占地面积：4402.10m²　　　　　　　工　　期：1993年7月～1995年4月

中三弘前店是一个改建项目，要求不单只考虑建筑本身的活力及业主的愿望，而且要求为促进城市活力做出贡献。

建筑的主要入口面向蓬来桥广场公园，建筑师试图将该店室内空间与公园融为一体，成为城市休闲空间的一部分。因此，建筑的主体空间设计成由钢结构和玻璃幕墙构成的、高达4层的共享空间。以此空间为起点，赋予建筑物以轴线和方向性：一个是连接室内外空间的水平方向的轴线，另一个是使用观光电梯可以抵达最高层多功能大厅的垂直轴线。室内轻快的圆形楼梯和明快的暖色调，使室内空间更加柔和而温暖。

建筑物顶部倒圆锥形的巨大构架，以作为城市主要象征的岩木山为背景，好似一个巨大的水壶或花朵，构成中三弘前店独特的形象，成为城市划时代的象征。岩木山拥有力量和柔美两种特点，生活在这片土地上的人们，其性格气质也有着同样的特征。设计者希望建筑拥有这两面性，能够使更多人感到亲切与认同。（彩图114、115、116）

街景

屋顶细部

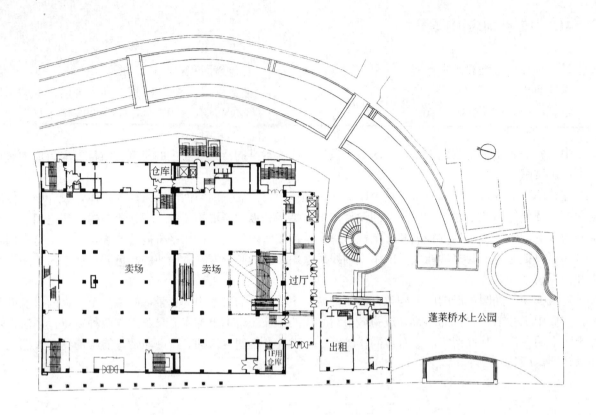

一层平面

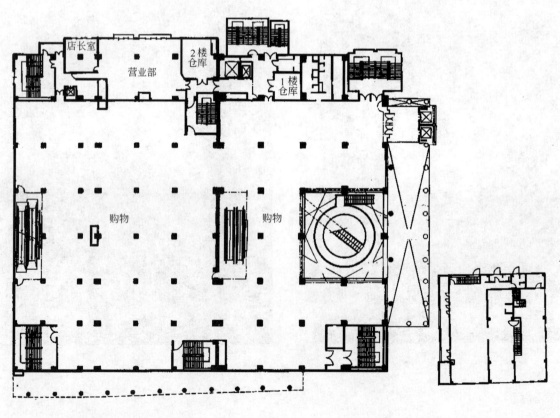

二层平面

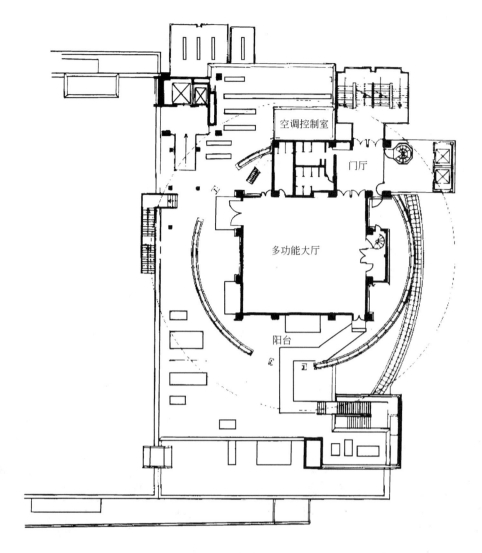

八层平面

室内楼梯

室内楼梯细部

42. HOOP 购物中心（日本）

日本大阪 HOOP 购物中心位于某铁路车站附近。周围百货商店、音像店、便利店、电脑店等营业场所密集。

为了满足建筑容积率要求和增加建筑魅力，尤其是增加商业建筑的集客能力和吸引力，在城市道路狭窄的情况下，在购物中心门前开设了露天广场，并在建筑之中开设了向南穿行的公共通道。5~6 层两层高的圆筒形的建筑形体，外墙闪亮，极具个性，降低了周边广告牌等杂乱都市景象的影响，达到了吸引人的集客目的。由于 5~6 层建筑的遮蔽作用，面向露天广场的建筑外立面能够避开太阳光的直射，全部安装了透明玻璃，通秀率极高，使得建筑室内外视野更加宽广，在建筑外部可以看到室内商品的陈设、人的活动与电梯的升降。半地下、半开敞的"三郡公园"，使地上与地下空间融为一体，并使整个建筑充满欢乐的气氛。开敞的空间与静静流下的水声，赋予该空间以平静与舒适之感。宽敞的台阶在大型集会之时也可当作观众席使用，垂直电梯和自动扶梯在建筑的中心空间交汇，使得垂直交通路线一目了然，也使得建筑空间更加丰富、富于动感，并有利于聚集人气。

废旧材料利用是一种保护环境的行动。由于靠近铁路，所以将旧的铁路枕木进行处理，作为局部外墙材料使用；在露天广场的一些绘画、雕塑作品，也利用钢轨进行表达。废旧材料在建筑与艺术中的运用，不仅提高了建筑的魅力；而且在开业时，成为当地的一种新闻，进一步提供了建筑的魅力。（彩图 117、118、119、120）

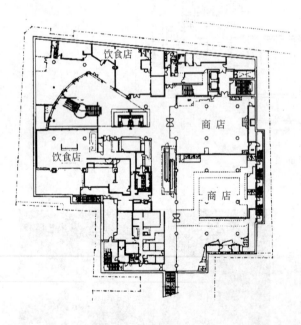

地下一层

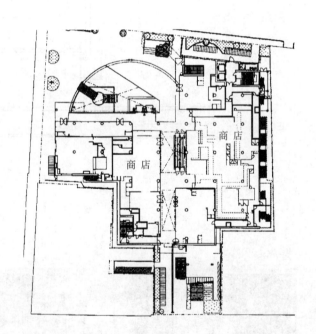

一层平面

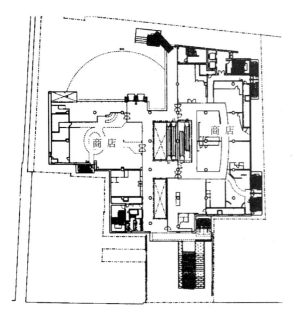
二层平面

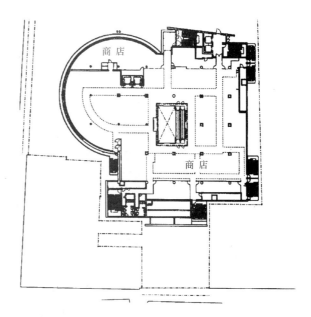
五层平面

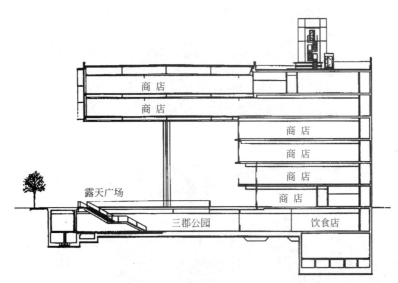
剖面

侧入口透视

局部透视

主入口处

43. Prada 东京专卖店（日本）

赫尔佐格与德穆隆事务所设计的 Prada 东京专卖店，奇异的玻璃外观，创造出如珠宝盒般的建筑形态。建筑透明、晶体形的外观，与沉重呆板的毗邻建筑形成鲜明对比，同时仿佛暗示着恒久与时尚融为一体。

这个建筑的透明、晶体形状与沉重呆板的毗邻建筑形成鲜明对比，同时仿佛暗示着持久与活泼，结构与时尚合为一体。作为 Prada 公司的一个在东京店的中心店，与纽约店、洛杉矶店与旧金山店等，都是由库哈斯设计的。

建筑师采用了住宅和广场的元素，创造了一个邻近的广场，为这个城市提供了一个宝贵的公共开放空间。这个建筑比周围普遍的四层楼要高一些，显得更苗条优雅。建筑奇异的泡泡状玻璃立面简单有特色，像一个老式的珍宝盒，成为了引人注目的焦点。为了创造一个无缝空间的感觉，建筑采用了特殊的结构系统及菱形的金属立面分格。最后用彩色丙烯酸树脂漆喷涂所有室内表面，从而达到"结构、空间、立面形式的纯净统一"。

Prada 承诺一种美的体验，而不只是一个购物场所。建筑师充分发扬这种精神，从众多的街边建筑中脱颖而出，隔一个街区都可以看到。

商店内部的每一个元素都经过仔细的考虑，从半透明的玻璃纤维展示台到兽皮遮蔽的衣物架。同时也利用电子宣传工具，比如墙面投影、嵌在通气管里的电视屏幕以及一些传声器。建筑师还很注意内部空间的整体性与延续性，从一层楼到另一层楼，配合楼梯及其他室内设施，空间过渡十分自然。商品都放在低矮的台面上或者没有支撑悬吊的衣物架上，不用隔离内部空间。

由于所有这些不同寻常的设计，Prada 东京新店在许多方面都被看成一个古老的日本时尚礼品盒。Roland Barthes 曾经写道："这个盒子有如下物品的标记作用：信封，屏幕，面具。"实际上，Prada 东京新店几乎没有什么标志——建筑本身就是标志。（彩图 121、122、123）

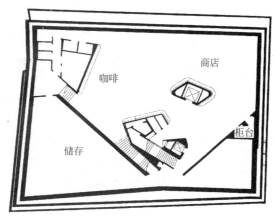

地下层平面

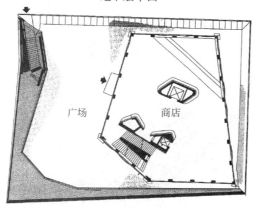

一层平面

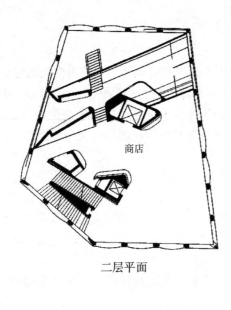
二层平面

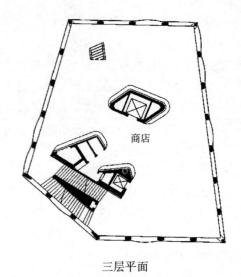
三层平面

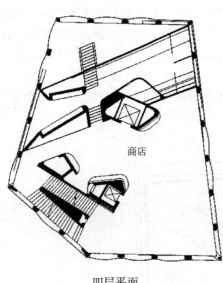
四层平面

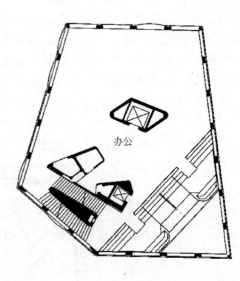
五层平面

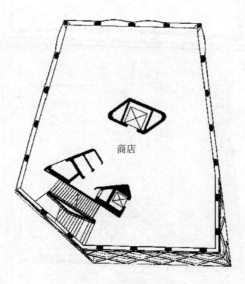
六层平面

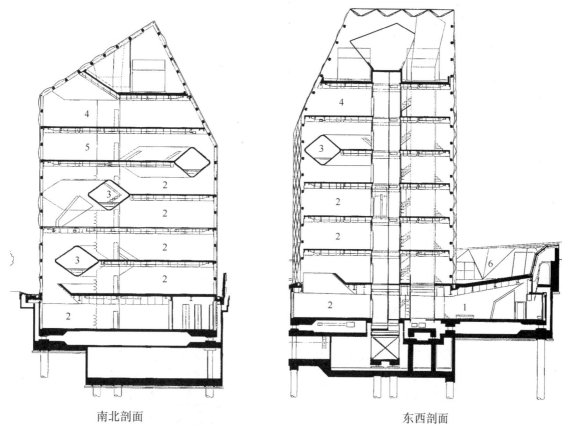

南北剖面　　　　　　　　　　　　　　东西剖面

1—咖啡馆；2—商店；3—管段空间；4—屋顶下空间；5—办公室；6—广场

模型夜景模拟

墙面细部

室内透视1

室内透视2

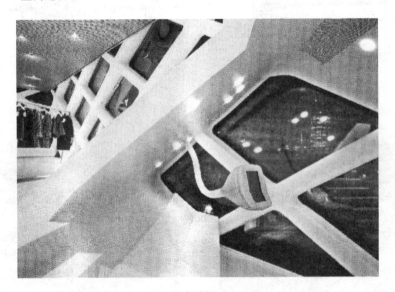
室内透视3

44. 欢乐之门（日本）

建筑设计：安井建筑设计事务所等
基地面积：14873.45m²
占地面积：12315.66m²

总建筑面积：55264.42m²
层　　数：地下1层、地面8层、塔楼1层
工　　期：1995年4月～1997年6月

日本欢乐之门是一个别具特色的购物中心。其交通方便，周围有著名的通天阁与天王寺动物园。基地所在区域曾是大阪的文化、艺术、娱乐的中心，充满活力。后来因城市结构的变化，人气减弱。欢乐之门是振兴该地区的重要项目之一。

45m高的巨大的"欢乐之门"，非常具有标志性，一方面意味着欢乐喜庆的世界，一方面是对以前存在于此的娱乐中心的一种尊重与回忆。该项目主要包含游乐设施、电影院、饮食店、购物店、公共汽车站、车库等。

为实现地区振兴的目标，欢乐之门以游玩作为吸引顾客的主要手段。建筑的外表普通，但内部却让人惊奇，2～5层设置有各种游戏设施，最醒目的全长750m的高速滑行车轨道，在施工时就引起了人们的广泛关注。在屋顶和室内还设置了大约20种游戏设备，即便在恶劣天气也可尽情享乐。4层的复式剧场和最新潮的各类游戏机，特别受到年轻人的好评。同时，该建筑还有大约80个店铺作为基本服务设施，每一楼层都设有别具特色的"异国风情"饮食店、零售店等。购物中心的室内设计，更使该建筑具有浓厚节日气氛和个性。

中央街区是欢乐之门最具特色的地方。游园场地四周设有十几个小型剧场、电影院，可以欣赏到众多的现代大众曲艺及日本传统文艺表演。游乐街区混合了日本与欧洲、现代与传统特色，形成该地规模最大的时髦街区。南侧街区是布置紧凑的饮食街，其中设有巨大的瀑布、镭射喷泉和木偶戏等独特的景观。（彩图124、125、126、127、128、129、130）

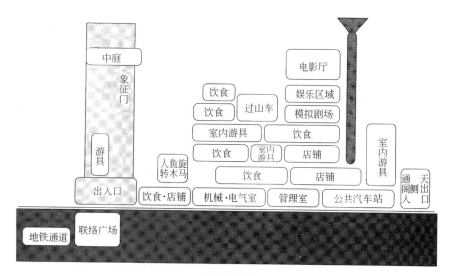

功能布局图1

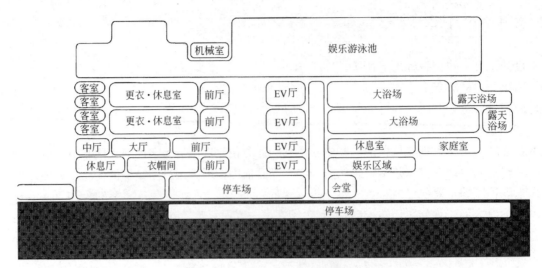

功能布局图 2

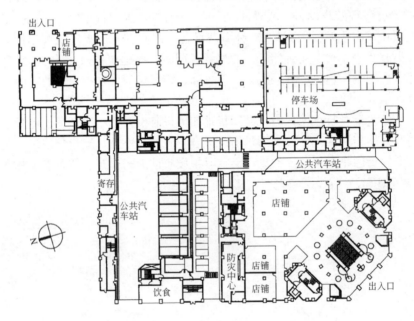

一层平面

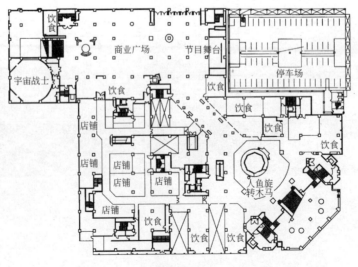

二层平面

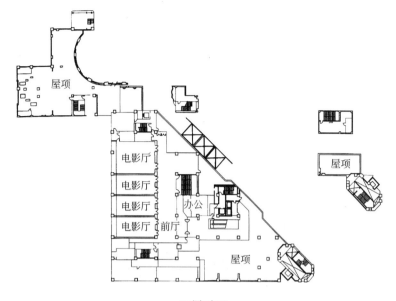

三层平面

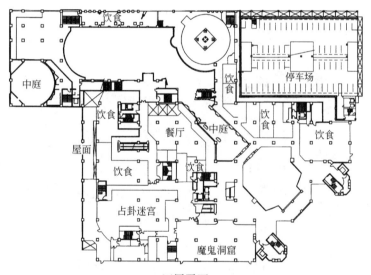

四层平面

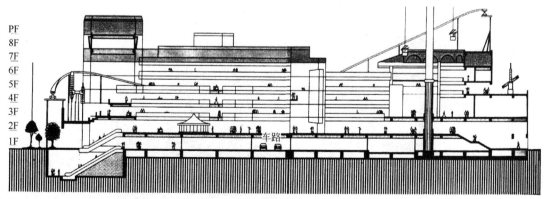

剖面图

45. 志木某购物中心（日本）

基地面积：5500m²
建筑占地面积：4829m²
建筑面积：37811m²

层　　数：地下2层，地上8层，塔楼2层
停车车位：243个
设计时间：1996年10月～1997年3月

志木市位于距离日本东京市区25km的郊外，很久以前这里就是与东京联系的重要交通要道，目前作为东京都市圈内的卧城而急速成长。志木站位于志木市的郊区，是通往东京上班、上学的重要交通枢纽，其周边地区商业设施不断增加，建设了几个大型商场。虽然该处商业圈已显繁荣，但公共设施仍然相对落后，商业活力也有待加强。该项目开发的目的是合理利用土地，建设以商业用途为主的建筑设施，更新城市机能，促进商业发展与地区商业活力，改善城市道路和站前交通广场等基础设施。

在缺乏公交车环状交叉路和出租车停车场的站前地区，建设站前广场，给人提供更多休息和散步的场所，尽可能种植花木，让来往的人们有公园的感觉，且与主体建筑融为一体。在站前广场和道路上，种植当地具有代表性的植物，特别是粗大的树木。

设计面对的主要问题是如何协调建筑、步行走廊、站前广场及周围街道的关系。设计者将重点放在步行走廊上，考虑街道与建筑的形态、关系与尺度，将其设计成轻巧的直线形态，采取铝与玻璃等色彩感不强的材料，在栏杆玻璃上刻蚀了该地的乡土景观，在廊中还设置了代表该市历史的纪念碑。（彩图131）

鸟瞰

夜景

主入口

空中步行走廊

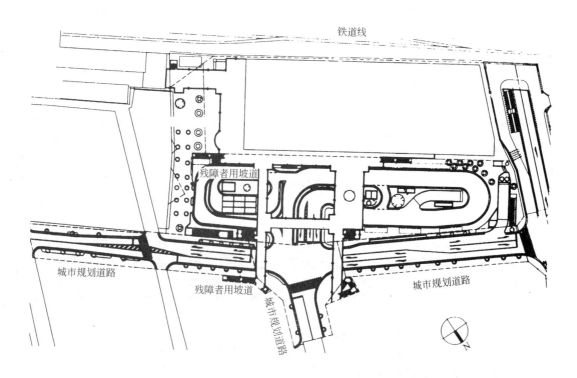
总平面

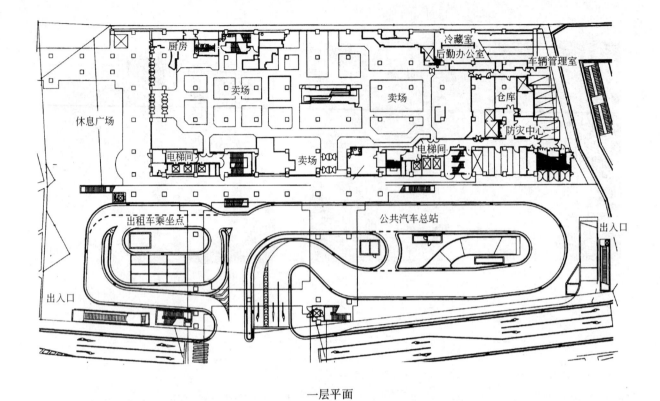

一层平面

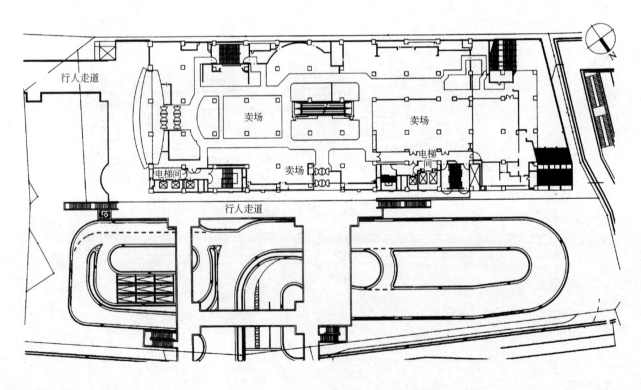

二层平面

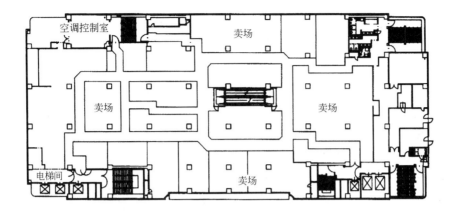

五层平面

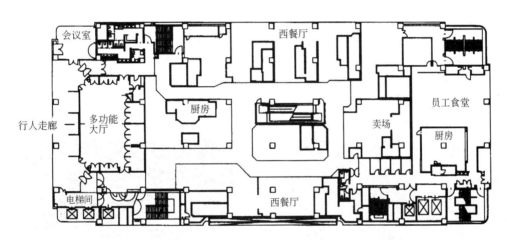

八层平面

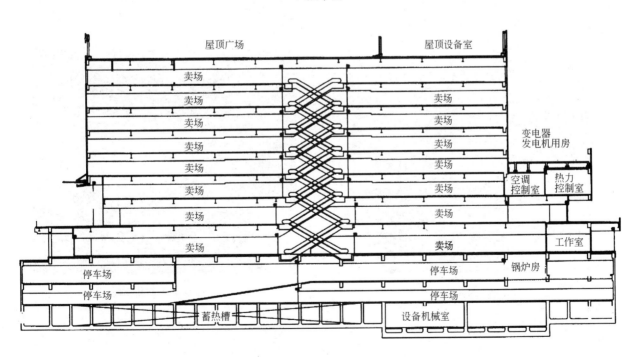

剖面

46. HEP购物中心(日本)

基地面积：5542.14m²
建筑面积：52755m²
层　　数：地下3层，地上10层，塔楼1层

最高高度：建筑物48.8m 摩天轮105.7m
停车车位：172个
设计时间：1995年4月～1996年6月

　　HEP是Hanryu Entertainment Park的缩写。该建筑位于日本大阪北部的商业中心，在竞争激烈的商业环境中，要求商业设施有较独特的吸引力。

　　为了使这个商业设施具有现代感，在建筑中添加了时下正流行的大型摩天轮——作为体现都市特征的不可缺少的象征之一。这个在都市景观中忽然出现的、悠缓地转动的巨大装置，作为一种特殊的几何形态，改变了城市天际线，让人感觉到是一种超越一般建筑尺度的东西，从城市的尺度来看，具有一定的凸兀感。但摩天轮给人的超逸感，使得一般尺度感开始发生变化，乘坐摩天轮吊篮的概念，已经超越了视觉形态，使得这种装置已经不再是一种与建筑物相对峙的东西。不过，建筑的基本形状和空间形态由这个巨大的装置主宰，是显而易见的。

　　摩天轮以7层的建筑物作为基础，直径75m，最高点106m，52个吊篮在大圆转盘的最外沿端悬挂。大圆转盘的主体构造是从内而外呈放射状的26组悬臂梁形式的桁架式大梁。大圆转盘重370t，包含支柱的总重量大约是600t。(彩图132、133、134)

以摩天轮为主要形态特征

空间交错的自动扶梯

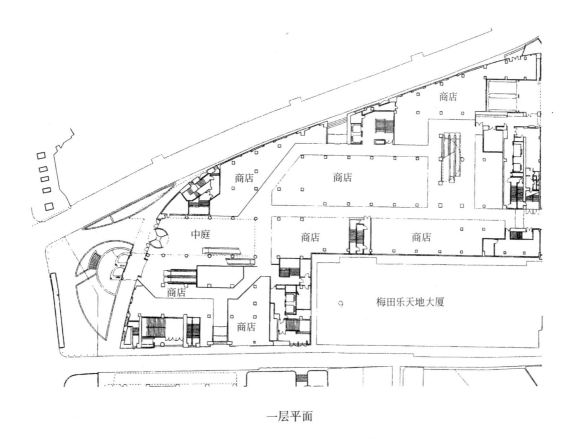

一层平面

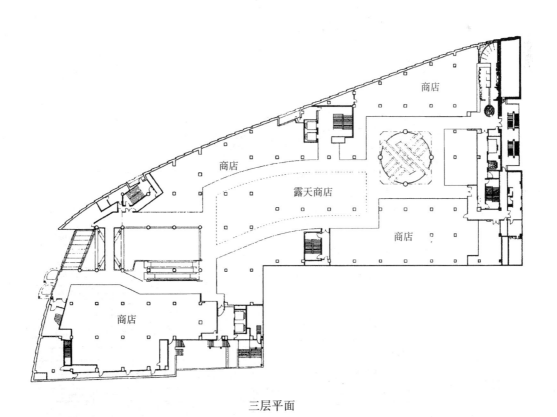

三层平面

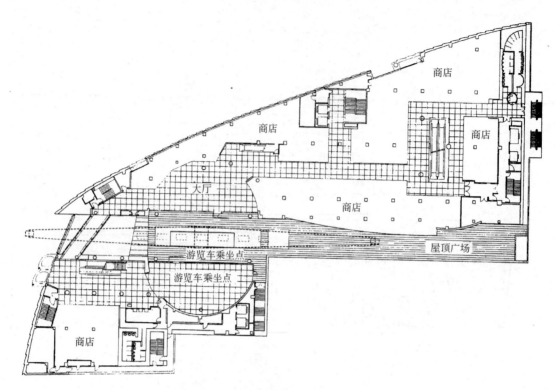

七层平面

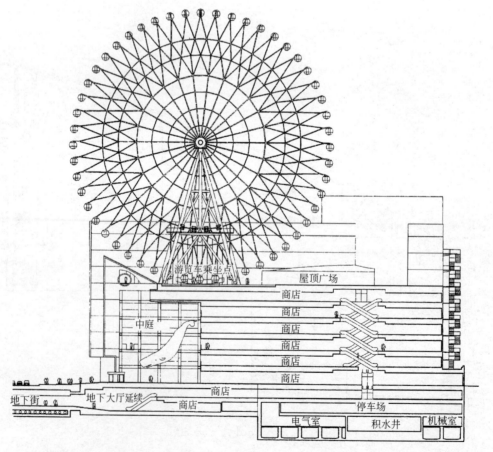

剖面1

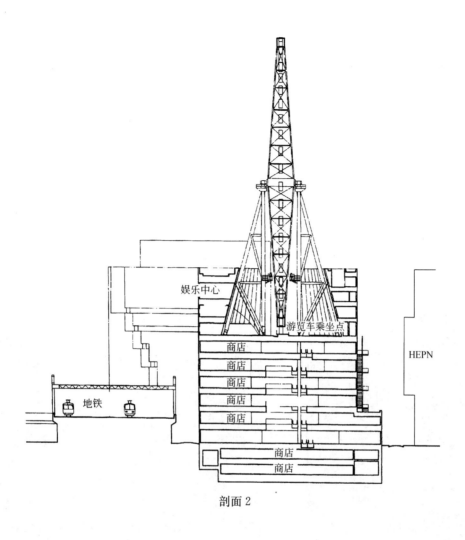

剖面2

47. 名古屋某商业综合体(日本)

基地面积：8271m²
建筑占地面积：6835m²
总建筑面积：91669m²（其中 A 座 34371m²，B 座 57298m²）
柱网尺寸：8.7m×8.7m

层　　数：A 座：地下 4 层，地上 12 层 B 座：地下 4 层，地上 23 层，塔楼 3 层
停 车 位：440 个
设计时间：1992 年 4 月～1993 年 12 月

建筑处于名古屋艺术馆、科学馆之间，因此定位为名古屋都市生活场所及文化、产业、娱乐情报交流场所。以此为主题，将其作为促进周边地区活力的据点来进行开发，青少年文化中心就设置在建筑物的最上层；作为设计创造场所的设计中心设置在建筑物的底层；商业和休闲设施设置于二者之间。在设计阶段，进行了环境影响评估，为了减少对周边造成影响，建筑物的部分墙面作了倾斜化和曲面化的处理。（彩图 135）

整体外观

室内一角

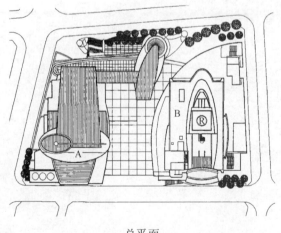
总平面

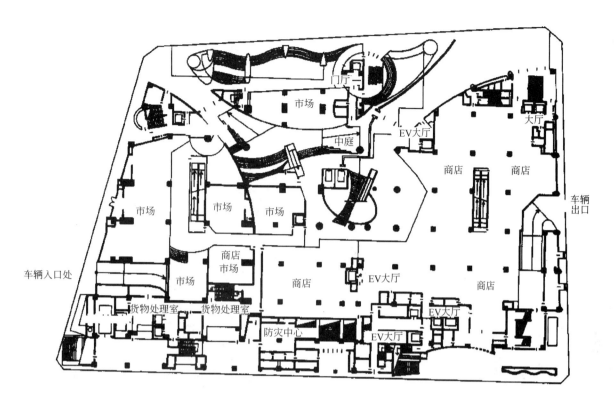

一层平面

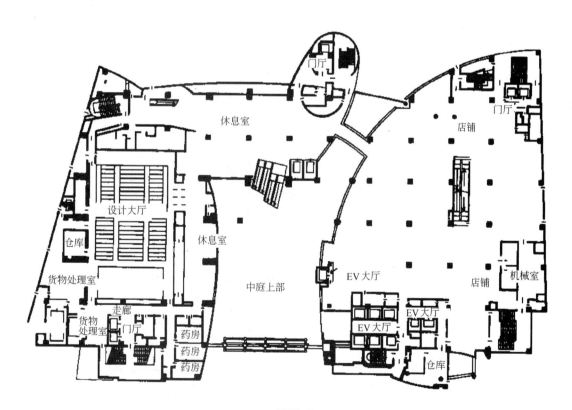

三层平面

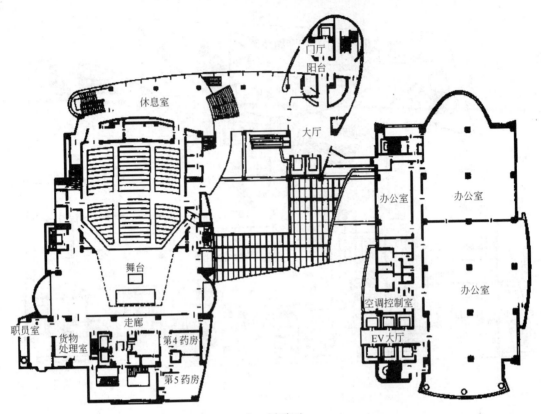

十一层平面

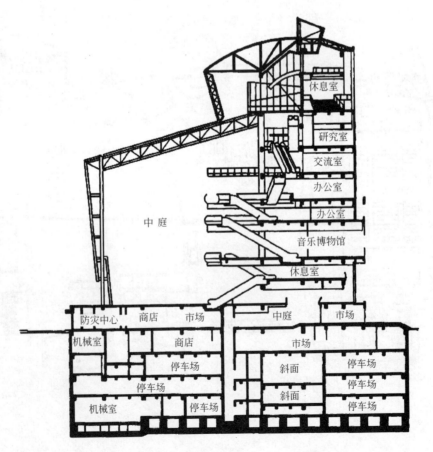

剖面1（中庭处）

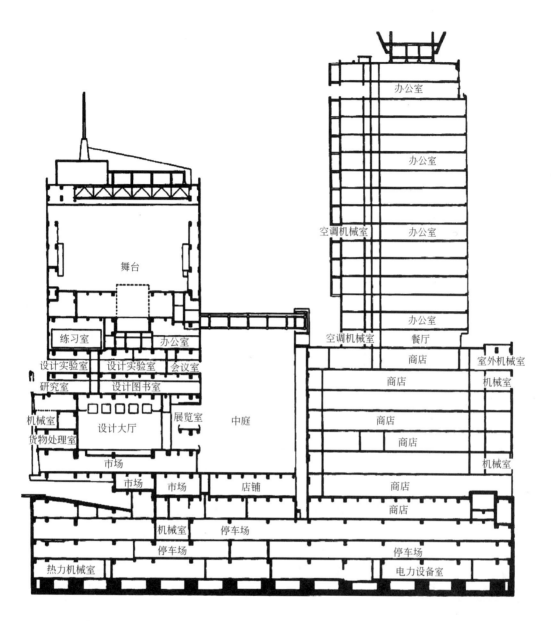

剖面2

48. Qfrent 购物中心（日本）

主要用途：商品销售商店、饮食店、电影院
基地面积：784.13m²
建筑占地面积：716.76m²
总建筑面积：6838.43m²

建筑高度：41.69m
层　　高：标准层：3.26m 底层：4.295m
停 车 位：35个

该项目离涉谷站8km，位于一个每天约有50万人来往的十字路口。场地中的原建筑含有电影院、饮食店等，因外墙贴满广告而闻名。在该项目建设前，涉谷附近已经显示出将会成为年轻人聚集活动的重要城市空间的迹象，因此这个工程受到当地社会的高度重视。建筑物地下三层是设备层，地下二层到地上四层为专卖店，主要销售CD、录像、书本等。店铺可租可卖。地上五、六层主要销售有关电脑的物品；七层是电影院，八层是西洋餐馆；七、八层可以方便地连接到各楼层，确保了从地下二层的地下街到地上各层的人流贯通。

"虚化"是高层建筑设计的新概念，即不主张将建筑物过分实体化，主张重视建筑室内布置，虚化外部实体形态，用透明、半透明的皮膜来覆盖建筑。本购物中心欲表现与一般建筑不同的特征，创造新颖的外观。具体的表现是，在外墙幕墙上设置了的大型电子显示屏（超高灰度LED显示屏是由百叶窗状构件构成的），可以放映最大面积为23.5m×19m的图像；西侧墙壁的折叠式表面比绘制的图画更具时尚感觉。Qfrcnt的五彩LED显示屏，成为不破坏都市风景的"虚化建筑"的重要因素。（彩图136）

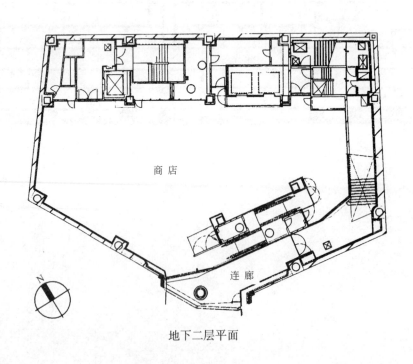

地下二层平面

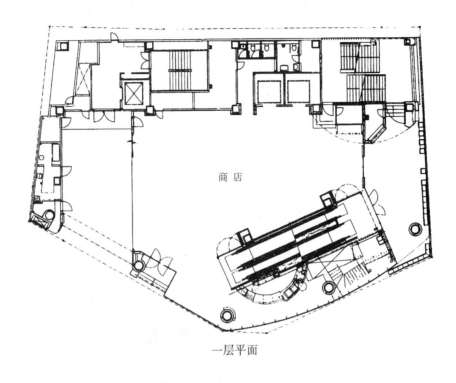

一层平面

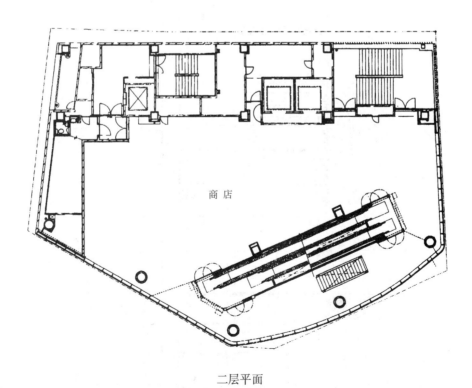

二层平面

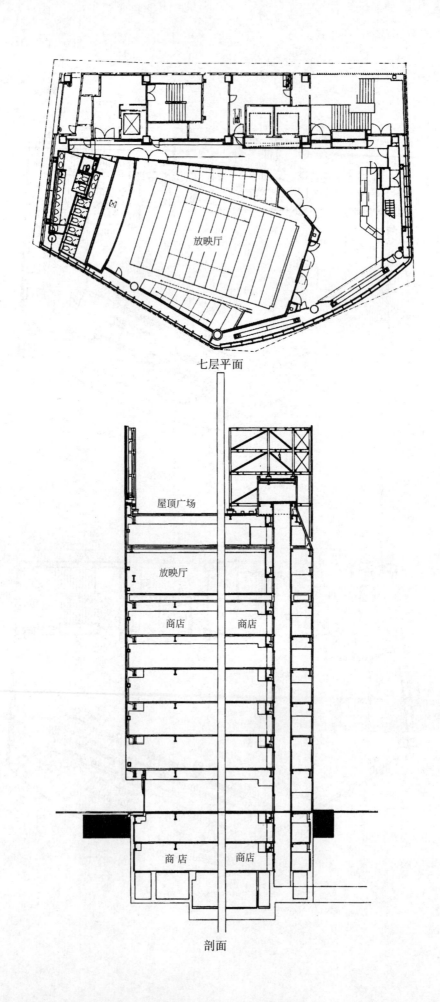

七层平面

剖面

室内空间局部

外观

入口处夜景

49. 亚太贸易中心（日本）

主要功能：批发买卖商店、餐馆、商店、办公室、展览大厅
基地面积：68116.44m²
建筑占地面积：45986.75m²
总建筑面积：335981.71m²
商店总建筑面积：108000m²（2～12层）
　　　　　　　O's15000m²（2～7层）
层　　数：地上12层，地下2层
竣工日期：1994年2月

亚太贸易中心是以进口商品批发为主的商业中心，其中包括对民众开放的餐馆、娱乐设施、展览大厅和会议设施等。

基地面临美丽的海景：风景变化多端的海面上，装有许多集装箱的大船繁忙地进出港，巨大的起重机将集装箱逐个卸下。如果对建筑进行过分装饰，必将会破坏现有环境的率真，所以新建建筑应当表现适当，而不是过分炫耀自我。

建筑师的最大挑战是，如何使巨大的建筑成为人们自由开放心情的环境背景。建筑师的解决方案是，利用地处海岸的优势创造了一个海岸公园，使人们可以欣赏港口的风景，尤其是夕阳时分美丽的海岸景色。建成的海岸公园，构成了大海与陆地、海岸和建筑结合的连接点。大阪繁忙与开阔的港口构成了这个商业设施的空间基调。贸易中心通过大胆、多样的空间、色彩与照明，营造出具有异国情调的独特环境。这个贸易中心建成后，增添了海岸的魅力，许多人喜欢时常来这里，沉浸于海边的开阔、优美与繁忙，感受自然的美丽与时代的脉动。（彩图137～彩图145）

鸟瞰

1—都市之门；2—ITM大楼；3—O's楼北部；4—O's楼南部；5—主入口；6—港口大厅；7—中心大厅；8—港口休息室；9—信息中心；10—商店；11—喷泉；12—O's公园北侧；13—O's公园南侧；14—餐饮商业区；15—餐饮区；16—瀑布广场；17—星广场；18—指现甲板；19—水晶室；20—波浪形步行道；21—了望台；22—预留旅馆用地；23—车道上部；24—大厅；25—会议室；26—办公室；27—交流区；28—入口通路桥；29—批发商店；30—表演室；31—设计中心大厅

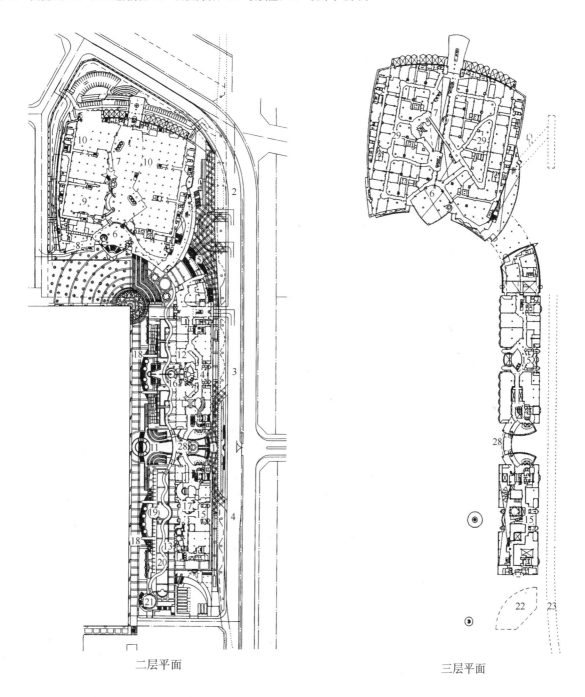

二层平面　　　　　　三层平面

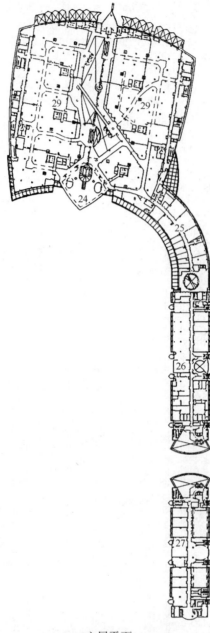

六层平面

十层平面

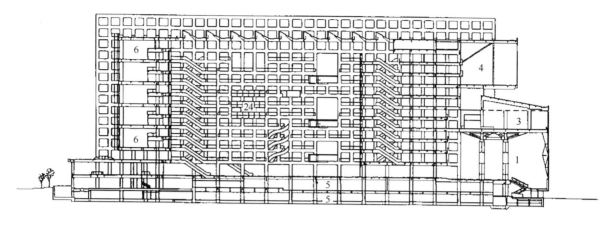

南北剖面
1—港口中庭；2—中心大厅；3—天空大厅；4—设计中心大厅；5—停车场；6—空中楼阁

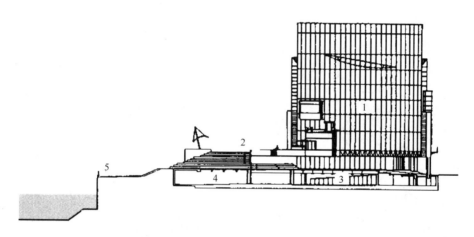

东西剖面
1—都市之门；2—O's公园；3—展示大厅；4—储存；5—河岸

主入口——都市之门

岸边广场

休息场地夜景

室内休闲空间

交通空间

购物休闲通道

 瀑布广场

 购物通道

50. 博多水城(日本)

博多水城位于日本福冈市，面临那田河，交通便捷，距博多火车站、地铁站与天神商业区(九州最大的一个商业开发区)都在700m左右，是一个建筑面积达23.6万余平方米的多功能超大型综合购物中心。博多水城宛如城市中的一个欢乐岛，包括零售、娱乐、餐饮、办公、旅馆、居住等多种功能。项目于1987年开始策划，1997年基本完成。

最初提出的博多水城开发方案都不符合开发商的观念。开发商在接手这一日本私营开发历史上空前规模的工程时，曾表示要创造"一个在都市发展方面焕然一新的概念，使建筑理念与活力、都市景观塑造都更具特色"。这一观念与捷得(Jerde)事务所的设计理念颇为接近。捷得的建筑师认为，城市的开发应该是以"人"为主体，核心是创造一种环境，与当地历史、文化、自然和人之间均能和谐地相处。

该建筑综合体由一系列不同功能的设施组成，涵盖了购物、休闲娱乐、文化、办公和宾馆。设计围绕"水街"展开，开放式的公共空间包括两条步道及三个中庭。从博多车站方向进入建筑，首先是露天咖啡座——星光中庭，星光中庭和福冈凯悦饭店的美食街以一座小桥连接。从星光中庭到博多水城中心点的太阳广场间的步道，叫"月光大道"，主色调是土黄色，道旁是一家家专卖店。建筑顶部面积大于底部，即使是炎热的夏日，阳光也不会晒到在公共空间玩乐的人；冬天也能有效地挡住寒风。

设计详解：

1. 空间布局

许多大型购物中心的开发方案，一般是将平面划分为不同的功能分区，如居住、办公、商业、娱乐等。分区之间功能分明，相互干扰小，可以分期开发。但对于一个建在高密度市中心区，同时又要作高密度开发的发展计划，这种平面式开发方案，由于结构过于松散，就显得不适合。于是，捷得的立体型复合开发案应运而生：在功能分区上，有水平划分，也有垂直叠加，使得人流的组织可以上下左右交织在一起，易于形成丰富多彩的室内外空间——这是捷得建筑师最爱使用的设计手法之一。该方案1988年提出，便立即得到开发商和市政当局的支持。在设计手法上，捷得独具匠心地以一条人工开发的运河(比建筑室外地面标高低一层)和一条在不同标高上的主街(在地面标高之上)作为中枢空间，一方面反映福冈多河的特点；另一方面，两个中枢空间就更易于布置商店与组织人流。在横向以福冈市剧院、某著名百货公司、凯悦旅馆和水城商务中心为其核心功能空间。在竖向上，底层以运河街、高层以百老汇娱乐街为其主要吸引点，在纵横两个方向组成空间基本结构。

2. "人性大舞台"的设计理念

捷得从城市观念入手，认为城市不仅仅是包罗万象的"容器"，而且更重要的是人性的一个舞台，因而城市开发应该从以人为本角度出发，综合考虑历史、文化、自然环境等与人类自身息息相关的要素，创造出"和谐"的栖息之境。建筑师认为，城市商业设施的设计基于一条简单的原则：提高人们在场所中体验生活的品质。这一原则贯穿博多水城设计的各个方面，以人为本，然后才是商业，结果反而使商业获得了更大的成功。

3. 围绕"水街"展开的空间布局

在该项目中，捷得独具匠心地引入人工运河及一条主要的步行走廊，极大地活跃了整体空间。人工运河是建筑的中心区，沿河精心设计了不规则的河岸、地面铺砌、座椅、喷泉等等，显得极为生动、令人神往。

4. 以"天象与神话"为主题的环境设计

该设计试图把福冈市的三块步行街区融合为一个整体，同时体现出周围环境的细小尺度和传统肌理。博多水城的环境设计中，非常强调当地历史、文化和地理因素的结合。捷得事务所极具创意地把对人类生活有影响的自然天象、神话传说与生命形态作为各个区域的创作主题：五个区域分别命名为星辰庭(Star Court)、明月街(Moon Walk)、太阳广场(Sun Plaza)、地球道(Earth Walk)与海洋院(Sea Court)。

5. 色彩与材质运用

在材质的处理上，立面从低于街道一层以下的运河升起，基座部分用石质材料，以不同色质的石材砌成断层形式，象征自然中河流常年的侵蚀。随标高的增加，石材的色彩亮度随之增加，也更趋时代感。在色彩的运用上，基本采用日本传统的色调：以暖土色为主调，强调了本土的特色。（彩图146、147、148、149）

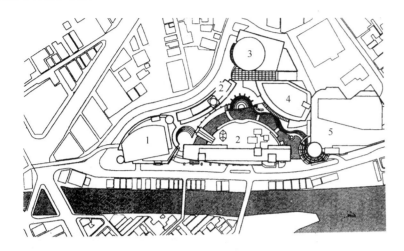

总平面
1—演艺中心；2—旅馆；3—写字楼；
4—影视城；5—屋顶停车场

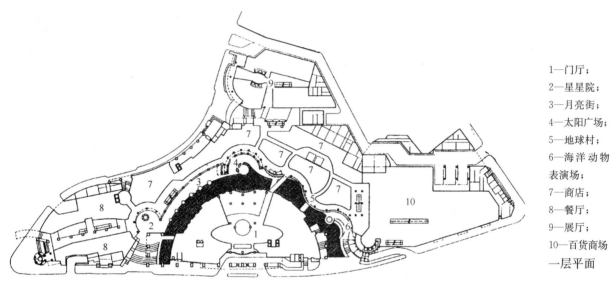

1—门厅；
2—星星院；
3—月亮街；
4—太阳广场；
5—地球村；
6—海洋动物表演场；
7—商店；
8—餐厅；
9—展厅；
10—百货商场
一层平面

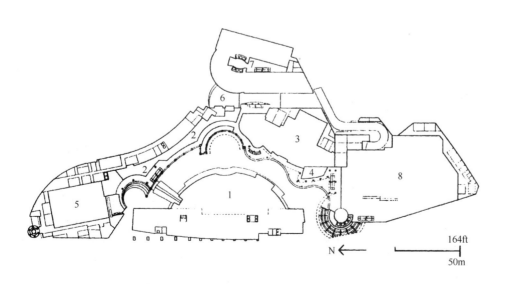

1—旅馆宴会厅；
2—商店；3—娱乐中心；4—电影院；5—餐厅；
6—办公大厅；
7—展厅；8—百货商场
四层平面

人工河河岸

室内之一

主 要 参 考 文 献

1. 李飞. 零售革命. 经济管理出版社，2003
2. 张金锁. 工程项目管理学. 科学出版社，2000
3. 许学强、周一星、宁越敏. 城市地理学. 高等教育出版社，1997
4. 陈建明. 商业房地产投资融资指南. 机械工业出版社，2003
5. 尹青. 建筑设计构思与创意. 天津大学出版社，2002
6. 建筑设计资料集编委会. 建筑设计资料集(5)第二版. 中国建筑工业出版社，1994
7. 刘德胜. 新店铺手册. 陕西旅游出版社，2003
8. 日本建筑学会编著，黄志瑞等译. 建筑策划实务. 辽宁科学技术出版社，2002
9. 江林. 消费者心理与行为(第二版). 中国人们大学出版社，2002
10. 曹静. 连锁店开发与设计. 立信会计出版社，2002
11. 段进. 城市空间发展论. 江苏科学技术出版社，1999
12. 谢清树. 城市土地经济学. 华中师范大学出版社，1995
13. 阿德里安娜. 施米茨、德博拉. L. 布雷特著，张红译. 房地产市场分析—案例研究方法. 中信出版社，2003
14. 陈顺清. 城市增长与土地增值. 科学出版社，2000
15. 顾馥保. 商业建筑设计. 中国建筑工业出版社，2003
16. 许家珍. 商店建筑设计. 中国建筑工业出版社，1993
17. 刘晓晖、杨宇振. 商业建筑. 武汉工业大学出版社，1999
18. 曾坚、陈岚、陈志宏. 现代商业建筑的规划与设计. 天津大学出版社，2002
19. 吴明伟、孔令龙、陈联. 城市中心区规划. 第一版. 东南大学出版社，1999
20. 王建国. 城市设计. 东南大学出版社，1999
21. 白德懋. 城市空间环境设计. 中国建筑工业出版社，2002
22. 姚时章. 高层建筑设计图集. 中国建筑工业出版社，2000
23. 日本店铺设计家协会监修，郑瑞全译. 商业建筑企划设计资料集成(1)—设计实例篇. 台北新形象出版事业有限公司，1987
24. 刘先觉. 现代建筑理论. 中国建筑工业出版社，1999
25. （日)谷口汎邦，黎雪梅译，商业设施. 中国建筑工业出版社，2002
26. 刘念雄. 购物中心开发设计与管理. 中国建筑工业出版社，2001
27. 庄惟敏. 建筑策划导论. 中国水利水电出版社，2000
28. 刘念雄. 购物中心开发设计与管理. 中国建筑工业出版社，2001
29. Marvey M. Rubenstein 著，曹源龙译. "林荫步道". 台湾詹氏书局，民国73年11月？
30. 中国城市规划协会、中国建筑工业出版社编. 商业步行街. 中国建筑工业出版社，2000. 9
31. 朱连庆. 上海的商业谋划. 立信会计出版社，2003
32. 中国计划出版社、贝思出版有限公司. 商业设施(外国建筑1)，2001
33. 李道增. 购物中心在美国. 世界建筑，1994年第3期
34. 赵仁冠、裘蒂. 斯拉斯基. 美国捷得建筑师事务所体验性设计和场所塑造. 时代建筑，1996年第3期
35. John Morris Dixon. Urban spaces No. 3: the design of public places. New York: Visual Reference Publications，2004
36. The Master Architect Series IV: selected and current works, HOK. The Images Publishing Group Ply Ltd，2001
37. Commmercial Facilities. Meisei Publications，1996
38. 朱达莎. 商业综合体内部空间环增设计及其发展. 西安建筑科技大学硕士论文
39. 韩西丽. 大型综合超级市场规划研究. 西安建筑科技大学硕士论文

40 陶石. 城市商业步行空间外部环境设计. 重庆大学硕士论文
41 杂志：建筑学报、世界建筑、建筑师、世界建筑导报、新建筑、时代建筑、华中建筑、建筑师（台湾）、空间（台湾）、台湾建筑（台湾），（日）新建筑、（日）近代建筑、（美）Architecture Record、（美）Architecture Review
42 网站：中华零售网：www.i18.cn
　　　广东商业网：www/gdchain.com.cn